国家科学技术学术著作出版基金资助出版

碳基材料改性水泥基材料

Cement-based Materials Modified with Carbon-based Additives

崔宏志　杨海宾　郑大鹏　著

中国建材工业出版社

北　京

图书在版编目（CIP）数据

碳基材料改性水泥基材料/崔宏志，杨海宾，郑大鹏著．--北京：中国建材工业出版社，2024.8

ISBN 978-7-5160-3367-8

Ⅰ.①碳… Ⅱ.①崔… ②杨… ③郑… Ⅲ.①碳/碳复合材料—应用—水泥基复合材料—研究 Ⅳ.①TB333.2

中国版本图书馆 CIP 数据核字（2021）第 247880 号

碳基材料改性水泥基材料

TANJI CAILIAO GAIXING SHUINIJI CAILIAO

崔宏志　杨海宾　郑大鹏　著

出版发行：中国建材工业出版社

地　　址：北京市西城区白纸坊东街 2 号院 6 号楼

邮　　编：100054

经　　销：全国各地新华书店

印　　刷：北京天恒嘉业印刷有限公司

开　　本：787mm×1092mm　1/16

印　　张：12.25

字　　数：290 千字

版　　次：2024 年 8 月第 1 版

印　　次：2024 年 8 月第 1 次

定　　价：128.00 元

本社网址：www.jccbs.com，微信公众号：zgjcgycbs

序 言

PREFACE

水泥基材料是国家重大工程和民用建筑的基础结构材料，改善水泥基材料微/细观结构特性并赋予其功能性，有利于突破水泥基材料前期强度不足、抗裂性差及功能性单一等局限，满足能源工程、国防工程和极端环境等不同场景对水泥基材料的更高要求。碳基材料具有超高的比表面积、韧性及导热性，为水泥基材料的微纳结构改性提供了机遇，使发展集高强度、高韧性、高耐久及多功能于一体的新型水泥基结构材料成为可能。

《碳基材料改性水泥基材料》一书深入探讨了碳基材料对水泥基材料早期水泥水化、微/细观结构、宏/微观力学性能及传热性能等方面的影响机理，深化了对材料微观结构与宏观性能之间关系的认识，并提出了多尺度碳基材料协同改性水泥基材料的思想。此外，本书也对现有碳基材料改性水泥基材料研究的不足及未来发展路径提出了见解，为水泥基材料的高性能、高耐久、多功能发展提供新思路。

发展新型水泥基结构材料是一项复杂且富有挑战性的工作，我对作者及其团队在本书中展现的扎实研究基础和创新成果表示赞赏。本书不仅创新性地提出了水泥基材料结构一功能一体化协同增强策略，而且为碳基材料改性水泥基材料提供了理论支撑和方法参考。

本书不仅适合建筑工程、材料学、能源等领域的科研人员和高校师生阅读，也为从事水泥基材料改性研究的工程技术人员提供借鉴。我相信本书将激励更多的科研工作者投身于建筑材料的创新与发展中，共同推动面向更高需求的新型水泥基结构材料发展。

中国工程院院士

东南大学教授

前言

PREFACE

以硅酸盐水泥混凝土为代表的传统水泥基复合材料，经历一百多年的发展，虽是应用最广泛的大宗建筑材料，却难以满足现代建筑向低环境负荷、绿色和功能化等方向的发展要求。建筑结构材料的蓄热储能功能化是现代建筑节能减排与可持续发展的重要途径之一。将相变储能材料与水泥基材料复合可制备出既有一定力学性能又有储能调温功能的结构-功能一体化相变储能水泥基材料。这种高蓄热性建筑材料可使建筑具备储存与利用可再生能源的优势。

为显著增强结构-功能一体化储能水泥基材料的力学和传热性能，作者利用碳基材料（碳纳米管、石墨烯和碳纤维），研究了碳基材料增强及碳纤维表面复合纳米材料的界面结合增强方法，有效破解结构-功能一体化储能水泥基材料增强策略缺失的难题。从复合材料微观结构决定宏观性能的原理入手，系统研究了纳米材料对水泥水化产物及微观结构的影响规律，揭示了碳基纤维和不同碳基纳米材料对水泥基材料性能增强的机理。针对结构-功能一体化储能混凝土力学性能和蓄热效率协同增强，形成了分层次、多尺度的纳米材料与宏观纤维综合增强的思路和方法。

本书共分7章，以提升结构-功能一体化储能水泥基材料的力学性能和功能性能为整体研究背景，从材料设计出发，重点讨论了碳基材料改性水泥基材料的制备及性能，呈现了材料从制备到应用的研究；以碳基材料种类为经，复合材料制备、表征、应用效果为纬，每个部分都有较完整的内容，各个章节组成了一个完整的体系。

第1章为水泥基材料改性研究现状，主要综述了目前碳纳米管、氧化石墨烯等碳基纳米材料和碳纤维这一宏观碳基材料对增强水泥基材料的力学性能和功能性能的研究进展，以及目前的技术瓶颈。

第2章为碳纳米管的分散及改性水泥基材料的研究，详细介绍了作者的科研团队在碳纳米管改性水泥基材料方面的研究成果。基于作者在纳米材料研究方面不断强调的“纳米材料分散是纳米材料改性水泥基材料的核心”这一学术观点，本章详细描述了碳纳米管分散性方面的研究。在此基础上，本章详细展示了作者在碳纳米管改性水泥基复合材料力学性能方面的研究。

第 3 章为氧化石墨烯改性水泥基材料的研究，详细介绍了作者的科研团队在氧化石墨烯改性水泥基材料方面的研究成果。同第 2 章一样，基于“纳米材料分散是纳米材料改性水泥基材料的核心”这一学术观点，本章详细描述了氧化石墨烯分散性的研究。在石墨烯良好的分散性研究的基础上，本章系统展示了作者在氧化石墨烯改性水泥净浆力学性能和水化特征，以及氧化石墨烯改性水泥砂浆力学性能和微观结构等方面的研究。

第 4 章为碳纤维改性水泥基材料的研究。基于宏观纤维-纳米材料复合改性的方法，本章详细介绍了作者在碳纤维定向排列和碳纤维-碳纳米管复合改性水泥基材料力学性能方面的系统研究。

第 5 章为储能功能化碳基材料改性水泥基材料的研究，详细描述了作者以膨胀石墨和石墨烯为载体制备复合相变储能材料及利用该复合相变材料制备结构-功能一体化水泥基材料的方法、性能表征及性能提升规律的研究。

第 6 章为碳纤维与二氧化硅协同增强储能水泥基材料的研究。本章详细描述了作者基于结构-功能共同增强的原则，利用碳纤维增强相变储能功能化水泥基材料力学性能和热传导性能的研究成果。

第 7 章为展望。基于碳基材料增强水泥基材料的物理和化学机理，本章探讨了碳基材料改性水泥基材料未来可能的发展趋势和技术路径。

附录部分，详细说明了本书各项研究中所使用的关键设备的性能参数。

本书适合建筑工程、材料学、能源等相关领域的研究人员和高校师生阅读，也可作为建筑材料工程界从事水泥基材料改性的广大工程技术人员参考。读者在阅读本书时，应具备物理化学、纳米材料及水泥基材料的微观结构分析方面的基础知识。必须指出的是，由于纳米级碳基材料改性水泥基材料的研究本身还处在快速发展中，现有理论尚不完善，请读者从分析的视角阅读本书所介绍的研究成果。

特别感谢国家科学技术学术著作出版基金、深圳市科技计划项目（KQTD20200909113951005）的资助和支持。本书在编写过程中得到了陈湘生院士、邢锋院士的指导，作者对此表示衷心感谢。作者在开展科研工作和撰写本书过程中得到了研究生严咸通、博士后 Manuel Monasterio 以及本科生吴虹的帮助，在此一并致谢。同时也感谢广大读者对本书的支持和爱护。本书在撰写过程中数易其稿，纰漏之处在所难免，敬请读者批评指正。

崔宏志
2024 年 7 月于深圳大学

目 录

CONTENT

1 水泥基材料改性研究现状

1.1 概述

混凝土的全球年产量约为 30 亿 t[1]，是世界上使用最广泛的材料[2-3]。此外，可预见的是，混凝土在未来仍将是城市建设和发展中不可或缺的基本材料。然而，在混凝土的生产和应用中仍然存在许多不足，如高碳排放、低抗拉强度、低弹性模量和易开裂，这导致了耐久性差、成本高和环境污染等问题[4]。研究表明，材料的宏观性能主要由其微观结构决定。水泥作为混凝土中最重要的胶凝成分，对混凝土的工作性、力学强度和耐久性有着决定性的影响[5-8]。因此，许多研究都集中在改善胶凝材料的微观结构以优化混凝土性能，主要包括用粉煤灰（FA）、磨细高炉矿渣（GGBFS）、偏高岭土等矿物掺和料替代水泥，改善水泥浆体的孔隙结构[9-11]，以及添加不同类型的纤维，如钢纤维、碳纤维、聚合物纤维和植物纤维，减少微裂缝[12-13]，从而优化水泥基材料的力学性能和耐久性。胶凝材料的性能主要取决于其凝胶产物水化硅酸钙（C-S-H）的密度、聚合度、弹性模量等[14-16]。因此，随着对混凝土内部组成研究的不断深入，应用纳米材料改性 C-S-H 的结构受到广泛关注。

近年来，纳米技术在混凝土中的应用也取得了重大进展。大多数研究人员采用“自上而下”的方法，将复杂的混凝土结构逐渐分解成单个纳米级组分。图 1.1 为混凝土内部结构的多尺度分析，从宏观（混凝土和砂浆）和细观（硅酸盐水泥）到微观（C-S-H 层）和纳米尺度（C-S-H 凝胶中的 dreierketten 链）。一方面，作为混凝土的“基因”，探索纳米尺度的 C-S-H 凝胶结构是大多数研究的重点，旨在了解胶凝材料的水化和硬化、力学性能的产生和发展以及混凝土中的界面结构[14-16]。另一方面，遵循“通过分子重组构件”的理念，应用纳米材料实现 C-S-H 凝胶结构的修饰和设计，是解决水泥基材料中一系列问题的最基本和最有前途的方法之一。

水泥水化产物中存在两种类型的 C-S-H，根据其密度和比表面积分为低密度（LD）C-S-H 和高密度（HD）C-S-H[17-18]。Jennings 等人[2,19]认为 LD C-S-H，也被称为“外产物”，在水化的早期和中期阶段生长在水泥颗粒的孔隙中，结构呈纤维状或箔状，并且有更多的孔隙，使其在内部或外部加载时更容易变形。HD C-S-H，也被称为“内产物”，是水化后期在水泥颗粒的原始边界“内部”形成的，形态细小且均匀，内部的孔隙直径小于 10nm[20]。C-S-H 作为水泥中不可缺少的组分和黏结剂，其性能在很大程度上决定了水泥基混凝土的宏观特性。C-S-H 凝胶的纳米结构如图 1.2 所示。

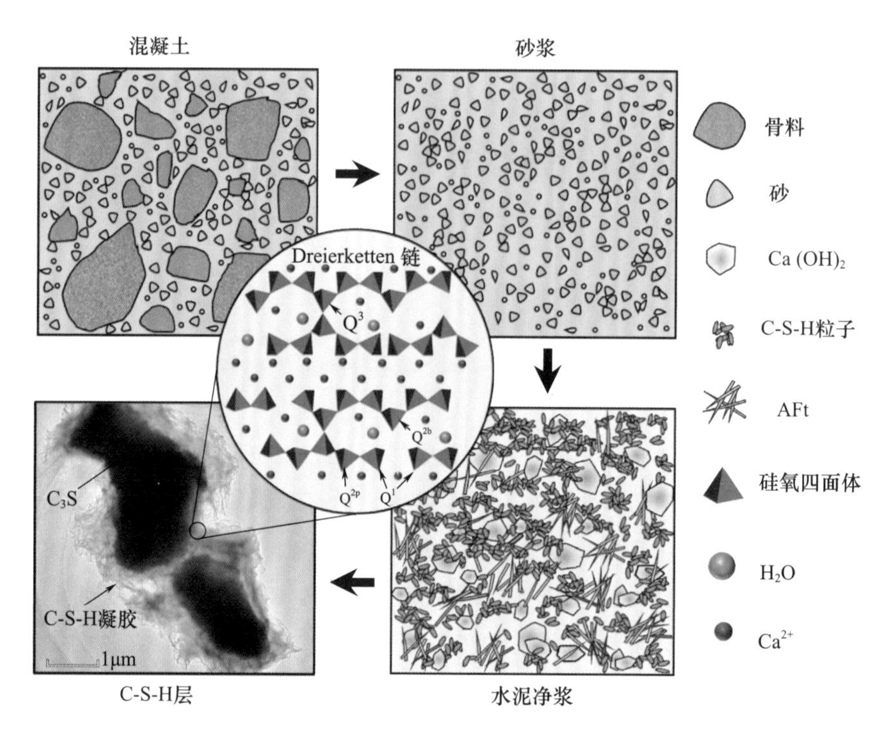

图 1.1 从宏观（混凝土和砂浆）和细观（水泥净浆）到微观（C-S-H 层）和纳米尺度（Dreierketten 链）的混凝土内部组分的结构分析

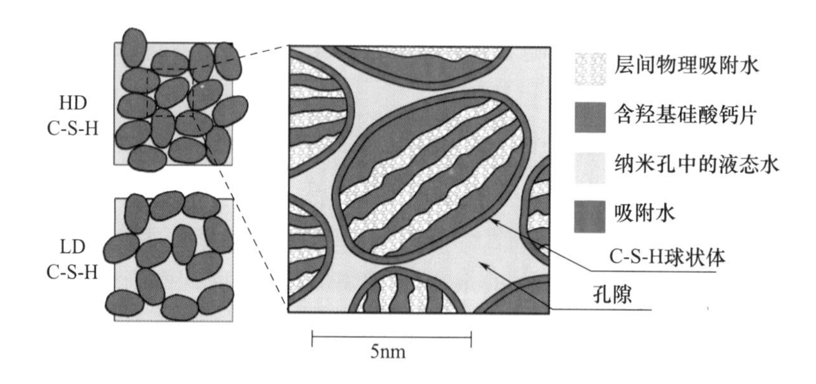

图 1.2 C-S-H 凝胶的纳米结构[21]

研究人员一直在尝试改善 C-S-H 的性能以获得高性能水泥基胶凝材料。经过几十年的发展，已经发表了许多关于 C-S-H 凝胶纳米结构改性的研究。研究人员通过水化和化学方法合成了 C-S-H 凝胶[22-24]，并通过添加各种纳米材料，如碳纳米材料（碳纳米纤维、碳纳米管和氧化石墨烯）、无机纳米材料（纳米 SiO_2、纳米 TiO_2、纳米 C-S-H 晶种）和有机纳米材料（聚羧酸盐、聚乙二醇和纤维素纳米晶）控制成核和生长，并改善 C-S-H 凝胶的性能[25-31]。此外，随着测试方法的不断发展，中子小角散射(SANS)[2,32-33]，电子显微镜[34]，纳米压痕（NI)[35]，透射电子显微镜（TEM)[36-37]，核磁共振（NMR)[38]，拉曼光谱[39-40]，高压同步加速器 X 射线衍射[41]，二维 X 射线衍射[42]，傅立叶变换红外光谱（FTIR）[43-44]和其他测试方法已被用于对C-S-H凝胶的纳米结构进行全面研究[28,38,45-47]。此外，基于分子动力学和各种原子结构模型模拟C-S-H凝胶的生长过程和结构变化方面也取得了一些进展[17-19,23,48]。

由于近几十年来研究人员在C-S-H的纳米材料改性领域完成了大量的研究，所选择的纳米材料和表征方法变得多样化，这一领域的研究和应用也在不断增长。根据现有的研究，纳米材料对C-S-H的影响可以分为以下四类：

（1）成核效应[49-50]。纳米粒子的高比表面积和官能团使它们能够作为成核位点，促进C-S-H凝胶的形成和生长。

（2）形态效应[51-52]。棒状或片状的纳米颗粒可以在C-S-H凝胶之间形成桥梁，促进它们的相互结合。

（3）火山灰效应[53-54]。纳米SiO_2和纳米Al_2O_3等活性纳米颗粒可以参与水化反应，改变C-S-H凝胶的链长和结构，从而提高弹性模量和密度。

（4）C-S-H结构的改变[55]。有机聚合物的加入可以形成有机/无机C-S-H纳米复合材料，增加硅酸盐的聚合，消除硅酸盐结构中的缺陷位点，从而提高水泥基材料的耐久性。

一些研究[56-57]也发现有机聚合物可以实现C-S-H层间嵌入，从而影响其体积密度和弹性模量。此外，添加纳米Al_2O_3可以加速水化过程，Al对Si的替代导致C-A-S-H凝胶团簇的形成，从而增强对氯化物的物理吸附，提高水泥基材料的耐久性[58]。

然而，纳米材料改性的水泥基材料在不同尺度下的性能尚未得到比较和分析。此外，对于不同类型的纳米材料对C-S-H的改性机理，一些研究者缺乏直观的试验证据，而另一些研究者则持不同的观点。更重要的是，由于成本控制、分散方法和改性机理等方面的问题，纳米材料在水泥基材料中的推广和应用仍然没有有效的方法和基础。因此，本节对近年来不同类型的纳米材料改性的C-S-H凝胶的研究进行了总结和评论，旨在为纳米材料在水泥基材料中的应用提供有价值的理论指导。为了便于比较和讨论，将水泥基材料中使用的纳米材料分为碳纳米材料、无机纳米材料和有机纳米材料三类。

1.2 分散方法

分散是影响纳米材料改性水泥基材料的基本因素[59]。由于高长径比、高比表面积和表面携带的化学基团，纳米材料容易出现分散不均匀的情况，如在碱性环境中容易出现颗粒团聚，这将导致水泥基材料内部缺陷的形成[60-61]。当水泥基材料受力时，这些内部缺陷会成为薄弱区域，应力集中导致裂纹扩展，从而降低水泥基材料的力学性能。研究人员使用了不同的方法来实现纳米材料在水泥基材料中的均匀分散。应用最广泛的分散方法可分为三种：物理分散，如快速搅拌和超声分散[50,62-63]；化学分散，如通过聚羧酸高效减水剂（P-HRWR）和甲基纤维素（MC）进行表面改性[60,64]；更多的研究采用物理和化学相结合的分散方法[65-67]。检测纳米材料分散情况的方法也在不断发展和丰富，包括光学显微镜[60]，X射线计算机断层扫描（XCT）[61]，冷冻透射电镜[68]，Zeta电位[64]和紫外-可见光（UV-vis）光谱技术[69]等。此外，Sargam等人[70]提出了一种结合电镜能谱（SEM-EDS）的新型图像分析方法，利用各种定量描述（如分形维数和Delaunay三角剖分）来描述水泥中纳米SiO_2颗粒的团聚和分散。

采用上述方法使纳米材料在水溶液中均匀分散相对容易。已有研究表明，超声能量和表面活性剂浓度对碳纳米纤维（CNFs）的分散有显著影响，对于不同浓度的CNFs，存在一个最优的超声能量和表面活性剂含量来实现均匀分散[71]。然而，由于水泥浆体体系中的高pH值和复杂的离子环境，有研究人员提出，为了保证碳纳米材料在水泥中的分散，有必要实现碳纳米材料在水泥孔隙溶液中的均匀分散。Stephens等[60]的研究表明，使用不同的分散剂和分散方法，不同数量的CNFs可以均匀地分散在水溶液中，如图1.3（a）所示。然而，当均匀分散的CNFs悬浮液与水泥孔隙溶液混合时，观察到二次团聚现象，如图1.3（b）所示。

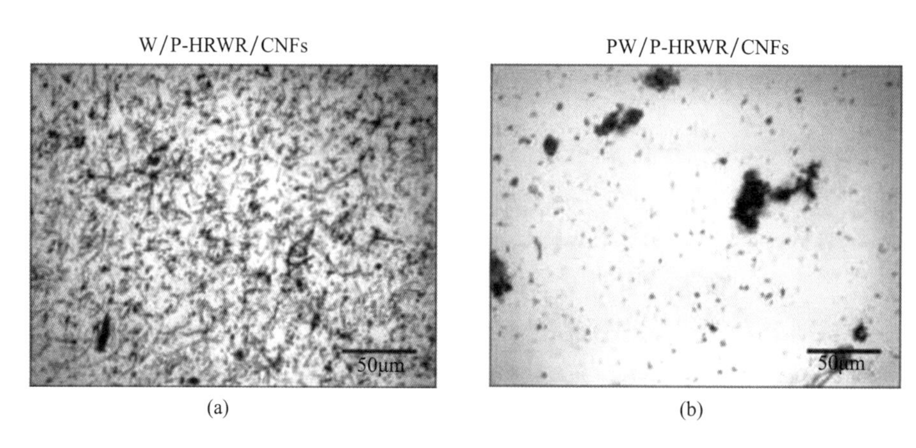

图1.3　CNFs的分散效果

（a）P-HRWR和超声协同分散水中CNFs的光学显微照片；

（b）P-HRWR和超声波协同分散水泥孔隙溶液中CNFs的光学显微照片[60]

研究表明，高浓度、高碱性阳离子以及静电相互作用和表面张力的变化将使悬浮液中CNFs周围的静电层不稳定[72]，如图1.4所示，导致CNFs的二次团聚[60]。

与碳纳米纤维（CNFs）相比，碳纳米管（CNTs）具有更高的长径比和更大的比表面积，CNTs在水泥中的分散也存在类似的问题[73]。为了避免二次团聚，选择具有增稠和成膜作用的表面活性剂，如甲基纤维素（MC），以改善碳纳米颗粒悬浮液的黏度和分散性。Du等人[64]探讨了MC对CNTs在模拟水泥孔隙溶液中分散的影响，并发现MC在CNTs周围形成包裹涂层，抑制了阳离子的吸附，并保持了CNTs之间的空间斥力。因此，CNTs在水泥基复合材料中的分散稳定性得到了改善。此外，MC还可以作为一种黏度调节剂来延缓CNTs的布朗运动，从而延缓其再团聚。

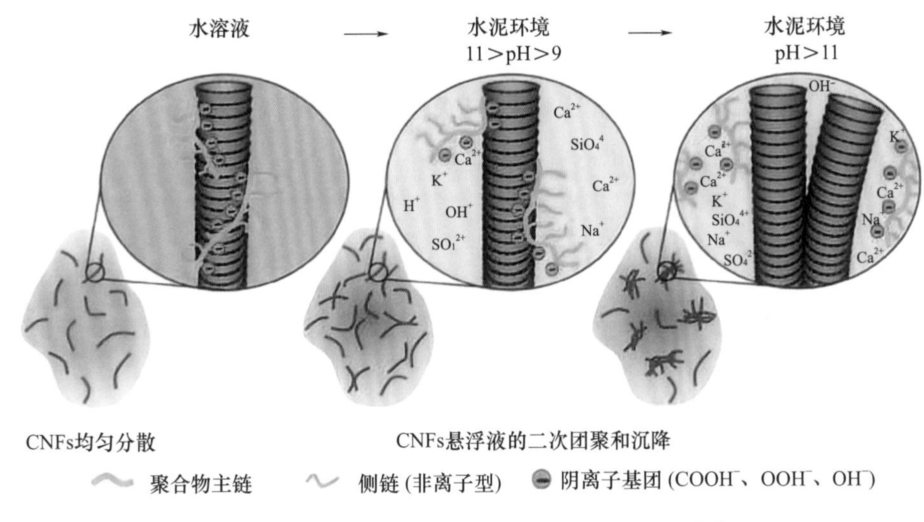

图 1.4 CNFs 在高碱性离子环境中的团聚机制[60]

由于氧化石墨烯（GO）表面携带羟基，通过快速搅拌和超声波很容易在水中分散，但在水泥基材料内部的碱性环境中，GO 容易与 Ca^{2+} 络合团聚[74]。现有的研究通过超声和功能化改善了 GO 在水泥基材料中的分散性，但基于 GO 本身的缺陷，可能会产生更多的负面影响[75]。用表面活性剂或分散剂对 GO 进行预处理，使其先分散在水中，再与水泥混合，这是目前最常用的分散方法。然而，重要的是，分散问题的解决不会同时导致硬化水泥浆体性能的损失。因此，表面活性剂的选择是值得商榷的，因为有些分散剂具有引气作用，会导致水泥浆的孔隙结构恶化[76]。许多研究也探讨了通过添加硅灰来改善 GO 分散的方法。Li 和 Bai 等人[77-78]发现，硅灰可以机械分离 GO，以防止 GO 在水泥浆中的团聚。然而，这种分散机制在水泥基材料中很难得到证实。Hou 等人[75]提出了一个不同的观点，认为 GO 可以通过氢键覆盖在硅灰的表面，从而通过更强的静电斥力增强 GO 在水中的分散性，但是在水泥孔隙溶液中，硅灰和 GO 形成交错，导致再团聚，分散性变差。事实上，目前的研究基本上都是利用扫描电镜（SEM）来观察碳纳米材料在水泥基材料中的分散程度，但结果并不理想，而且缺乏直观的表征方法，导致分散机制的不确定性。拉曼光谱对碳纳米材料有很强的敏感性，建议后续研究可以通过拉曼面扫来探讨碳纳米材料在水泥基材料中的分散情况。

由于无机氧化物纳米颗粒较高的比表面积会导致团聚的发生，导致其在水泥基材料中的改性效果降低。总结现有的研究，在与水泥混合之前，通过超声波处理实现纳米 SiO_2 在水或饱和 $Ca(OH)_2$ 溶液中的分散，可能是一种更合适的物理分散方法[79-80]。用化学方法对纳米 SiO_2 表面进行改性以达到充分分散也受到了广泛的关注。Feng 等[81]在纳米 SiO_2 颗粒表面接枝聚羧酸高效减水剂，制备出具有壳-核结构和良好分散性能的纳米 SiO_2 和 PCE，如图 1.5 所示。当纳米 SiO_2 和 PCE 的用量为 0.5%（质量分数）时，水泥的水化反应明显加快，硬化后的水泥孔隙结构变密。介质分散是指利用易分散的介质使纳米颗粒在水泥基材料中充分分散。Han 等[82]通过将纳米 SiO_2 涂在 TiO_2 的表面上，然后将其作为添加剂材料来改性活性粉末混凝土，结果证实，纳米 SiO_2 包覆 TiO_2 有利于在基体中的分散和火山灰效应，从而改善活性粉末混凝土的微观结构和力学性能。类似地，Cai 等人[83]在硅灰的表面进行了氨基功能化吸附纳米 SiO_2，从而实现了纳米 SiO_2 在水泥中的均匀分散。

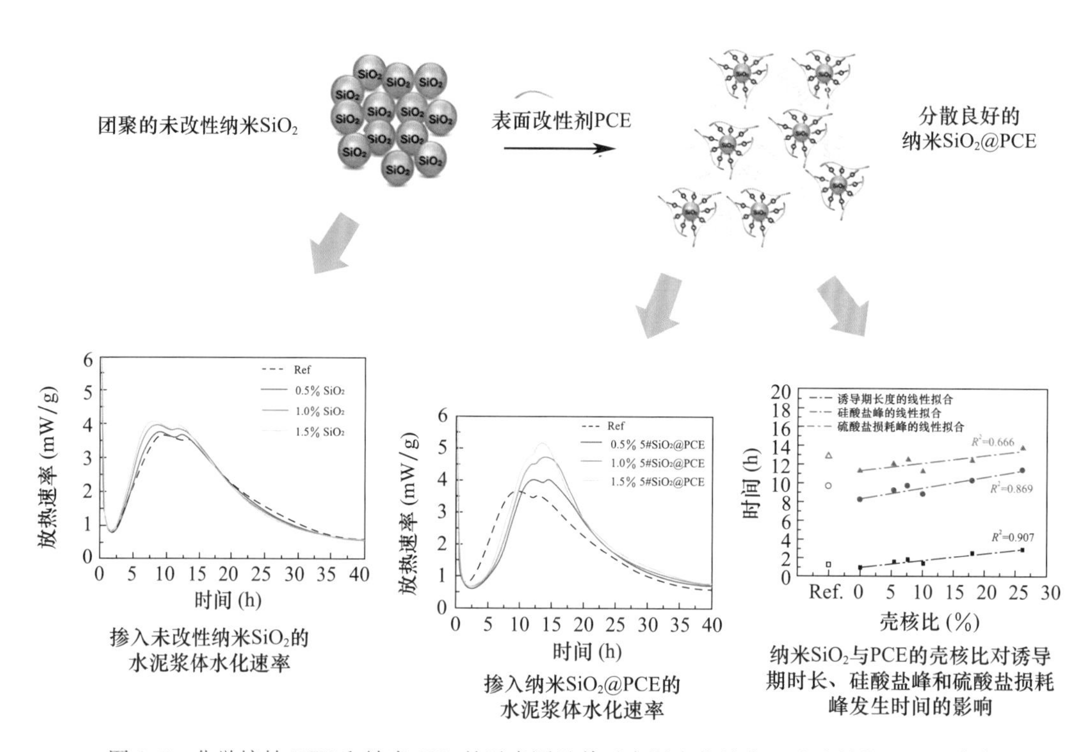

图 1.5　化学接枝 PCE 和纳米 SiO_2 的示意图及其对水泥水化放热和孔隙结构的影响[81]

此外，如何实现碳纳米材料在水泥孔隙溶液中的均匀分散，以确保其在水泥基材料中均匀分散的方法值得商榷。一方面，与模拟孔隙溶液不同，水泥与水混合后生成含钙离子的电解质溶液需要一定的时间，从而延迟了对碳纳米材料分散均匀性的影响。研究表明，在混合初期（大约 30min），电解质的存在对分散剂提供的位阻影响很小，这使得碳纳米材料的均匀分散得以保持[84]。另一方面，除了实现均匀分散之外，研究人员还致力于通过改性纳米材料的表面来实现与碳基材料（CBMs）的化学桥接。虽然研究证实分散剂在悬浮液中的位阻作用在 3h 后消失[85-86]，但分散剂在水泥基材料中形成的位阻效应和膜效应仍可能干扰化学桥接的实现，需要进一步的试验来证实这一猜想。此外，有机改性材料，如有机聚合物和最近出现的纤维素纳米晶（CNCs）在水泥基材料中的分散和表征方法还没有研究和讨论。因此，建议在今后的研究中增加对这部分内容的探索。

1.3　碳纳米材料改性 C-S-H

碳纳米材料由于其形态效应、更好的力学性能和更高的导电性，近年来在水泥基材料中的应用受到了广泛关注[87]。总结过去十年的现有研究，研究最广泛的碳纳米材料是碳纳米纤维（CNFs）、碳纳米管（CNTs）和氧化石墨烯（GO）[59]。要获得性能优异的碳纳米材料-水泥复合材料，两个最重要的因素和挑战是良好的分散性和碳纳米材料与C-S-H凝胶之间的黏合性[88]。然而，由于尺寸、形态和分散条件的不同，这三种碳材料的分散方法及其对水泥基材料和C-S-H凝胶性能的影响也不同。

1.3.1 碳纳米纤维

作为一种准脆性材料，混凝土在不同使用环境的影响下很容易形成裂缝，从而加速水、二氧化碳以及硫酸根离子、氯离子等有害离子的侵入，导致钢筋腐蚀和结构破坏。由于其体积小，长径比达到100～1000（平均直径为50～200nm，平均长度为20～200μm）[63,65,89]和力学性能高（杨氏模量为200～1000GPa，抗拉强度为10～50GPa）[51,90-91]，因此，CNFs已经成为减少水泥基材料内部裂缝的最有前途的纳米改性材料之一。

总结近年来CNFs改性水泥基材料的研究结果，如图1.6所示，CNFs在水泥基材料中的最佳掺量为0.05%～0.2%（质量分数），不同的研究结果表明，CNFs的加入对水泥基材料力学性能的提升效果差距较为悬殊。图1.6（a）显示，CNFs对水泥基材料抗折强度的贡献在0%～60%的范围内波动。然而，对于抗压强度，CNFs的加入并没有带来明显的改善，甚至导致强度下降。从图1.6（b）可以看出，CNFs对水泥基材料抗压强度的影响在−10%～15%的范围内。增强效果不一致是由CNFs的特性、分散方式和水泥基材料的强度等多种因素造成的。Metaxa等人[71]探讨了超声波处理、表面活性剂掺量对CNFs的分散和水泥基材料力学性能的影响。结果表明，超声能量为2800kJ/L，表面活性剂与CNFs的比值约为4.0时，可有效提高材料的抗弯强度。Meng等人[90]通过搅拌、添加表面活性剂和超声处理优化了CNFs的分散，与直接添加CNFs相比，混凝土的抗折强度提高了60%以上。

当CNFs应用于水泥基材料时，形态效应是影响其力学性能增强的一个重要因素。Chen等人[105]认为CNFs和水泥基材料之间界面的承载能力与纤维的长径比成正比。因此，CNFs的高长径比对水化产物的相互桥接产生了显著影响，从而提高了水泥基材料的拉伸应力。如图1.7（a）所示，Wang等人[94]通过扫描电子显微镜（SEM）观察到CNFs连接到水泥基材料断裂面的两侧，这验证了CNFs的桥接作用。此外，从图1.7（b）中可以看出，当水泥基材料被破坏时，大部分CNFs被拉出，而不是随着水泥基材料一起断裂，这表明拉伸力只作用于CNFs和水泥基材料之间的界面过渡区。水泥基材料的抗弯强度提高是由两相之间的黏附效应和荷载传递决定的，而不是CNFs的高抗拉强度。Stephens等人[60]观察到类似的拉拔现象，但是在拔出的CNFs表面没有观察到水化产物。Cui等人[99]通过化学方法在碳纤维（CFs）的表面接枝CNTs，以增加表面粗糙度，从而增强与水泥基材料的黏合效果，使抗弯强度提高了45%。与图1.7（c）所示的原

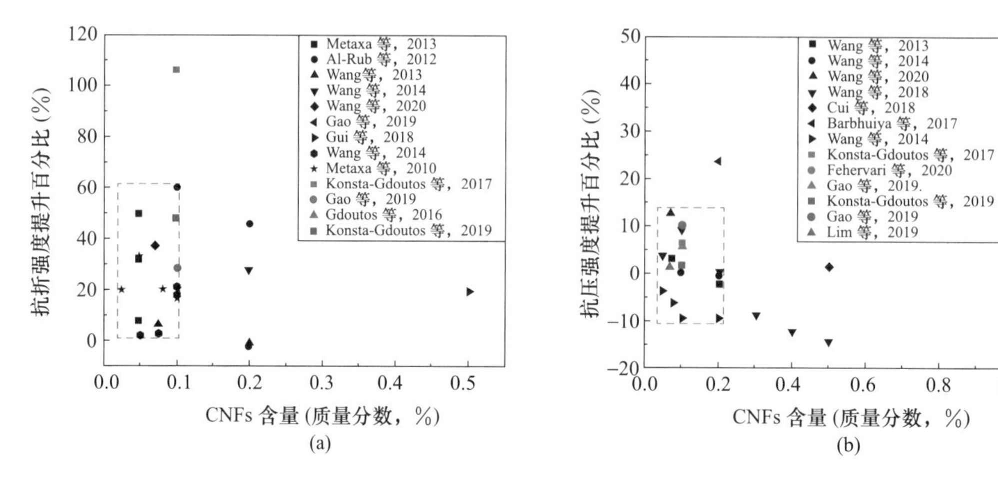

图 1.6　CNFs 含量对水泥基材料力学性能的影响[51,65,71,90,92-104]

注：图中的黑点代表基材是水泥，红点代表基材是砂浆，蓝点代表基材是混凝土。

始碳纤维-水泥复合材料相比，图 1.7（d）所示接枝 CNTs 的碳纤维表面明显含有大量水化产物，验证了碳纤维可以与水泥基材料紧密黏结，界面强度可以达到甚至超过水泥基材料的强度。虽然碳纤维和 CNFs 的尺寸不同，但 CF 表面改性方法仍然可以为提高 CNFs 在水泥基材料中的桥接效果提供参考。

图 1.7　硬化水泥样品断裂时 CNFs 和 CFs 的状态的 SEM 图像[99]

（a）CNFs 与 CBMs 的断裂面相连；（b）CNFs 从 CBMs 的断裂面拉出[94]；

（c）原始碳纤维和 CBMs 之间的界面；（d）表面接枝 CNTs 的碳纤维和 CBMs 之间的界面

当受到压应力时，CNFs 的形态效应和桥接作用似乎不能有效地提升水泥基材料抗压性能。除了形态效应外，CNFs 的成核位点效应会促进 C-S-H 的形成和生长，增加 HD C-S-H 凝胶的含量，如图 1.8 所示，从而增加水泥基材料的弹性模量[101]。Zhu 等人[106]证实，CNFs 增强了混凝土中界面过渡区（ITZ）的强度，此外，Gao 等人[107]观察到类似的结果，并指出 CNFs 会增加 C-S-H 的刚度。Fehervari 等人[51]认为，桥接效应、填充效应以及额外产生的 $CaCO_3$ 是添加 CNFs 后水泥基材料强度增加的主要原因。然而，CNFs 的团聚会导致水泥基材料内部出现微裂缝，导致抗压强度降低，这可能是 CNFs 对水泥基材料抗压强度的影响结果相对悬殊的主要原因。

基于以往的研究，可以得出结论，CNFs 在水泥基材料中的研究一般停留在微观尺度上，很少细化到纳米尺度的 C-S-H 凝胶。这可能是因为尽管 CNFs 的直径是纳米级

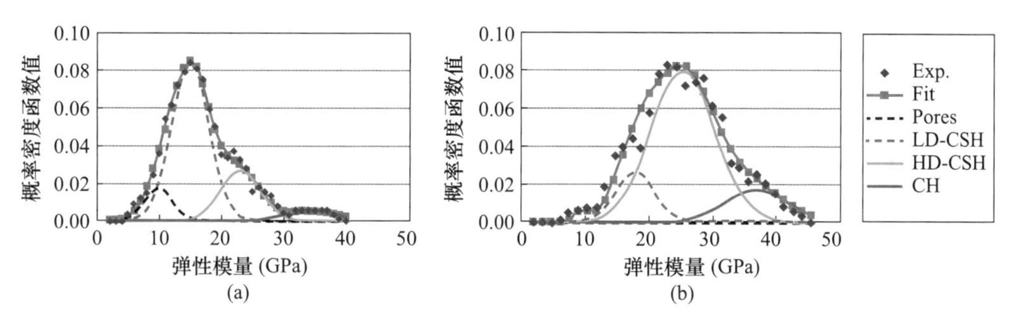

图 1.8 纯水泥和水泥-纳米纤维复合材料的弹性模量

(a) 纯水泥净浆的弹性模量；(b) 水泥-纳米纤维复合材料的弹性模量[101]

的，但它们的长度是微米级的。在完全分散的假设下，CNFs 与水泥基材料之间的桥接效果是影响水泥基材料力学性能的关键，而 CNFs 的表面粗糙度和所携带官能团是决定桥接效果的主要因素。因此，未来的研究重点应放在 CNFs 对 C-S-H 的形成和纳米结构的影响，以及 CNFs 与 C-S-H 凝胶之间的桥接领域。

1.3.2 碳纳米管

与 CNFs 类似，碳纳米管（CNTs）也具有非常好的力学性能，其抗拉强度为 10～500GPa，杨氏模量为 0.2～1TPa[108-110]。近十年来，通过添加 CNTs 来改善 CBMs 性能的研究非常广泛。由于 CNTs 的尺寸较小，将其添加到水泥基材料中可以防止纳米级裂缝的发展，并且成核效应可以促进 C-S-H 的形成，从而改善 CBMs 的力学性能[111-112]。

图 1.9 总结了近期研究中不同掺量的 CNTs 对水泥基材料抗折强度和抗压强度的影响。如图 1.9 所示，CNTs 的含量集中在水泥的 0.03%～0.15%（质量分数）之间，一般不超过 1.0%（质量分数）。一方面，这与 CNTs 的分散性有关，当 CNTs 含量过大时，CNTs 很容易在 CBMs 中聚集形成薄弱区域。另一方面，CNTs 的高比表面积会导致需水量迅速增加，从而导致新水泥浆的工作性大幅度下降。回顾已有的文献可以发现，即使在 CNTs 用量相同的情况下，不同的研究者对于 CNTs 对水泥基材料力学性能的影响得出的结果差异很大。CNTs 的加入对水泥的抗折强度有明显的优化，但改善的范围比较大，处于 0%～60%之间。相比之下，CNTs 对抗压强度的贡献较小，在 0%～35%之间。值得注意的是，相比于在砂浆中的应用，CNTs 在提高水泥净浆抗折强度方面明显更有效。然而，CNTs 对水泥浆体和砂浆的抗压强度的影响没有明显差异。Eftekhari 等人[21]通过分子动力学模拟探讨了 CNTs 改善水泥基材料力学性能的机制，如图 1.10 所示。模拟结果证实，由于 CNTs 的局部壳体屈曲效应，可以有效地防止微裂缝的形成和发展，从而使水泥基材料能够承受更大的塑性应变。当基体材料为纯水泥时，结构更密，微裂缝尺寸更小，因此，CNTs 的桥接作用更明显。然而，在水泥基材料中加入砂后，体系内部的薄弱区的尺寸增大，CNTs 的作用减弱。

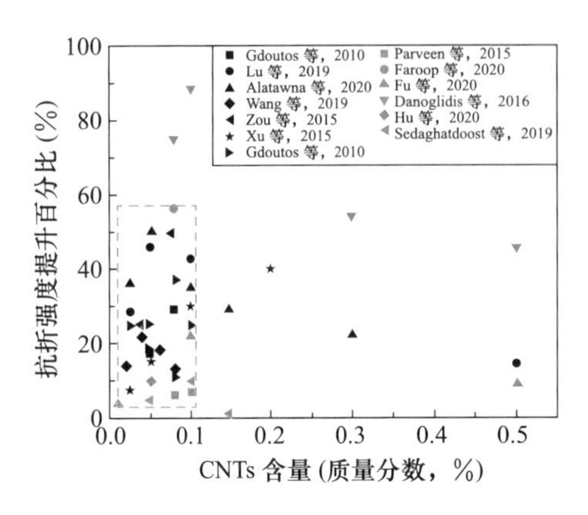

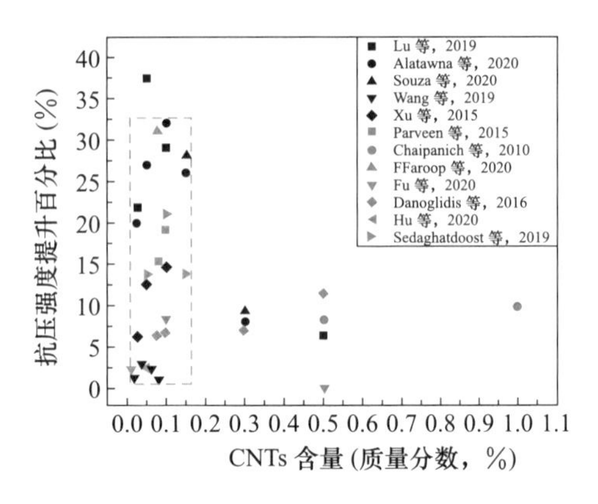

图 1.9 不同 CNTs 含量对 CBMs 力学性能的影响[76,112-129]

注：图中的黑点代表研究中的基材是水泥，彩书代表基材是砂浆。

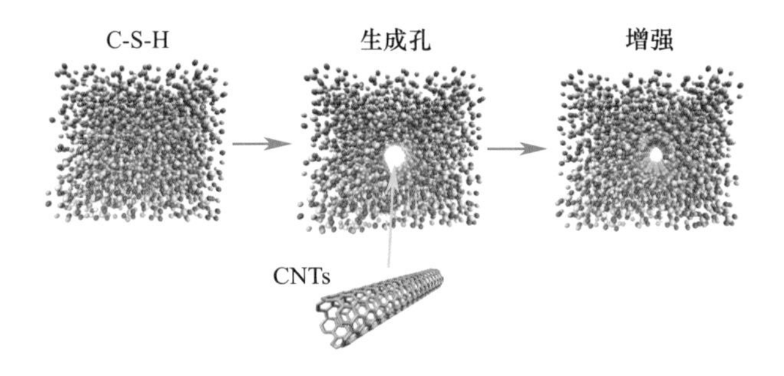

图 1.10 CNTs 增强的 C-S-H 结构示意图[21]

除了考虑水泥基材料的不同尺度外，还有两个原因导致不同研究者获得的数据如此悬殊。首先，不同研究中选择的 CNTs 的特征差异很大，如长度、直径、力学性能、表面携带的官能团等。Al-Rub 等人[130]探讨了不同尺寸的 CNTs 对水泥性能的影响，结果表明，添加低浓度的长 CNTs 和高浓度的短 CNTs 对水泥的力学性能有类似的改善效果。Konsta-Gdoutos 等人[112]认为，低含量（质量分数为 0.048%）的长 CNTs（10～100μm）和高含量（质量分数为 0.048%和 0.08%）的短 CNTs（10～30μm）对水泥 28d 后的抗折强度贡献更大。Kim 等人[131]通过酰胺桥键将硅灰（SF）与 CNTs 进行复合，如图 1.11（a）所示，发现 CNTs 的分散性改善明显，水泥基材料的抗压强度提高了 100%以上。此外，图 1.11（b）显示，加入 CNTs-SF 后，C-S-H 的弹性模量得到有效改善。其次，不同研究组采用的分散方法不同，这对强度的提高有重要影响。Zou 等人[124]发现，较强的超声能量和聚羧酸盐的组合可以实现 CNTs 的均匀分散和水泥浆的有效工作性。当超声能量为 50 J/mL（或 20 J/mL）每单位 C/s 时，水泥表现出最佳的力学性能。如图 1.12 所示，Macleod 等人[132]设计了不同的混合程序，发现 CNTs 的预分散可以有效地改善不同龄期的水泥基材料的力学性能。

与 CNFs 在水泥基材料中的应用研究相比，更多的研究者关注的是添加 CNTs 后 C-S-H的结构变化。作为水泥水化产物中最重要的成分，C-S-H 凝胶结构的变化及其与

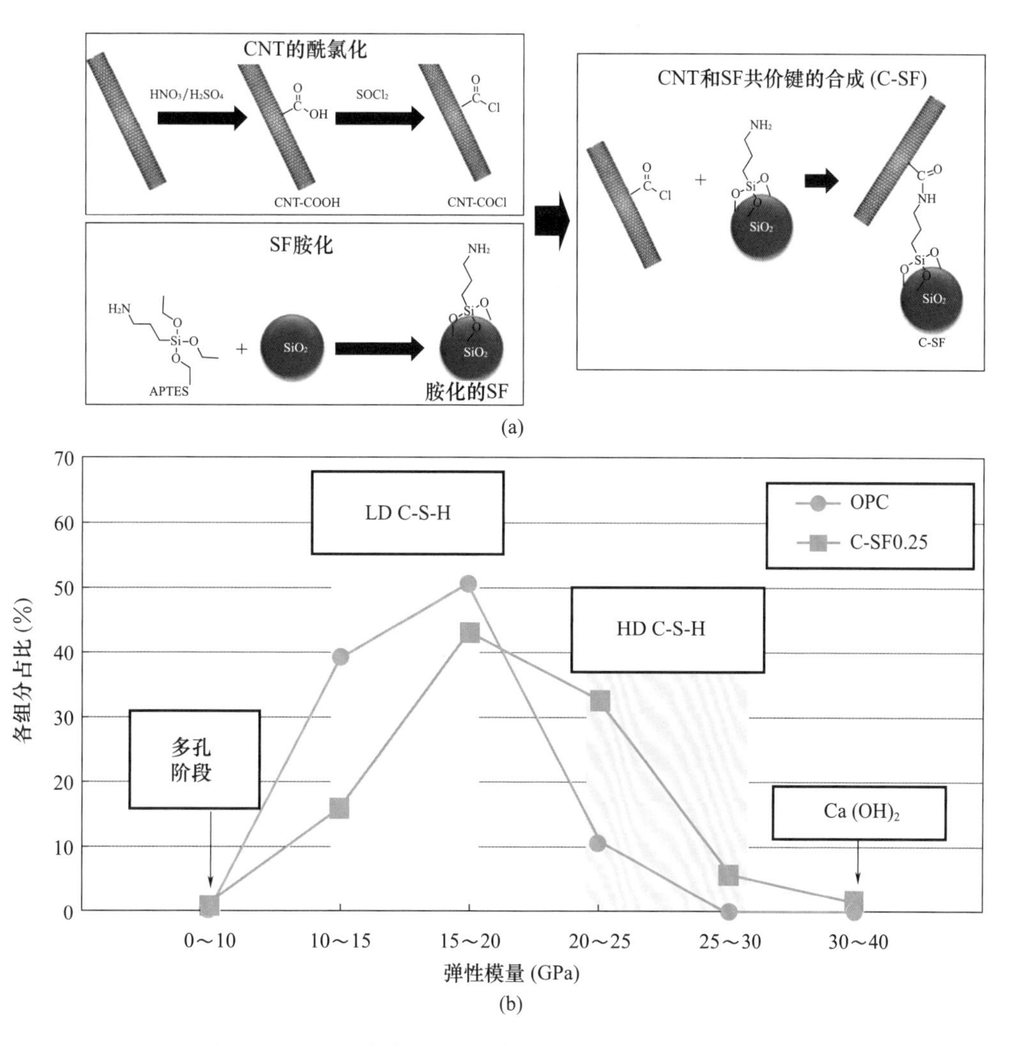

图 1.11 CNTs 复合 SF 的示意图以及复合材料的改性效果

(a) CNTs 和 SF 的化学复合过程；(b) CNTs 和 SF 化学复合对 C-S-H 弹性模量的影响 [131]

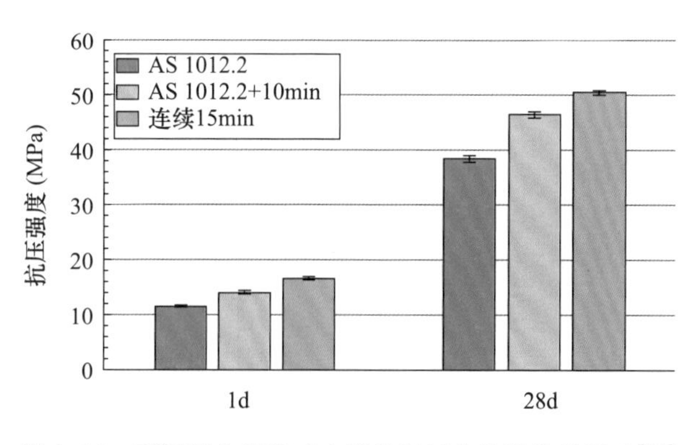

图 1.12 不同混合程序对水泥基材料力学性能的影响[132]

注：AS 1012.2 是澳大利亚的标准混合程序；AS 1012.2＋10min 表示在 AS 1012.2 标准程序之后增加 10min 的混合时间；在 15min 的连续混合中，骨料与部分水预混合 30s，然后加入水泥和 CNTs 分散体，再混合 15min。

CNTs 的化学结合对水泥基材料的力学性能影响很大。Wang 等人[133]认为，CNTs 不参与水泥的水化并导致新的水化产物的形成，但不同类型的 CNTs 对 C-S-H 的结构有不同的影响。如图 1.13 所示，加入不同类型的 CNTs 可以改善水泥的水化度（HD），但原始 CNTs 对 C-S-H 的聚合度（PD）和平均分子链长度（MCL）有负面影响。镍板对 CNTs 的表面改性增强了 CNTs 和 C-S-H 之间的界面活性，显著增加了 PD 和 MCL。Li 等人[134]研究了不同功能化程度的 CNTs 对 C-S-H 凝胶结构的影响，结果表明，随着 CNTs 用量的增加，CNTs 表面的—COOH 可以吸附溶液中的 Ca^{2+} 形成配位键，导致 C-S-H 凝胶的 Ca/Si 下降。同时，C-S-H 中间层的 Ca^{2+} 浓度降低，使 C-S-H 层间距增大。如图 1.14 所示，当 Ca/Si 较低时（Ca/Si＝0.8），随着 CNTs 含量的增加，C-S-H 凝胶中的 Q^2 含量下降，而 Q^1 含量不断增加，导致 PD 和 MCL 降低。然而，当 Ca/Si 较高时（Ca/Si＝1.5 或 2.0），CNTs 含量的持续增加导致 C-S-H 中的 Q^1 含量减少，Q^2 含量增加，导致 PD 和 MCL 增加。Li 等人[135]也通过红外光谱分析（FTIR）试验发现，CNTs 的加入可以促进水泥基材料的水化反应，提高 C-S-H 的 PD。

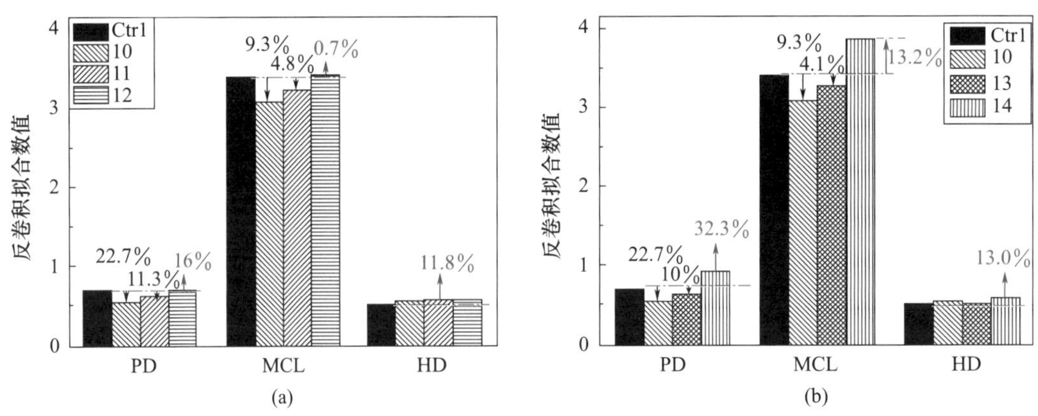

图 1.13　不同类型的 CNTs 水泥浆体的^{29}Si 核磁共振谱（NMR）反卷积参数

（a）对照样品（Ctrl-纯水泥净浆）与样品；（b）对照样品与样品

注：10 为含质量分数为 0.5%普通 CNTs 的水泥浆体；11 为含质量分数为 0.5%羧基 CNTs 的水泥浆体；12 为含质量分数为 0.5%羟基 CNTs 的水泥浆体；13 为含质量分数为 0.5%螺旋状 CNTs 的水泥浆体；14 为含有质量分数为 0.5%镍涂层 CNTs 的水泥浆体[133]。

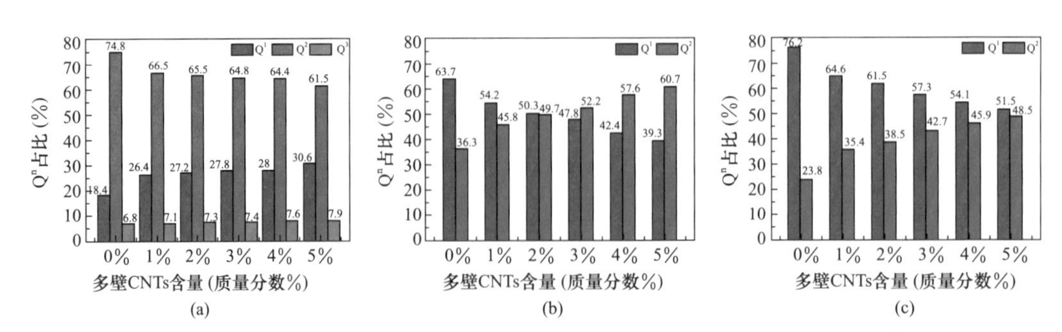

图 1.14　不同的多壁 CNTs 含量对不同 Ca/Si 值（C/S^D）C-S-H 结构中 Q^n（C/S^D）的影响

（a）C/S^D＝0.8；（b）C/S^D＝1.5；（c）C/S^D＝2.0[134]

1.3.3 氧化石墨烯（GO）

GO 由于其较小的尺寸和更好的性能，相比 CNFs 和 CNTs，作为水泥基材料的改性纳米材料展示出更大的潜力。作为一种二维片状纳米碳材料，GO 的长径比超过 30000，其杨氏模量和硬度分别高达 0.3TPa 和 112GPa[50]。同时，GO 表面携带的官能团具有更强的亲水性，使其更容易在 CBMs 中实现有效分散。

图 1.15 显示，加入 GO 后水泥基材料的抗折强度和抗压强度显著提高，但提升幅度波动依旧较大，水泥浆体抗折强度的增幅在 0%～100%之间，而抗压强度的增幅则在 5%～50%之间。与图 1.6 和图 1.9 所示的结果相比，GO 比 CNTs 和 CNFs 对改善水泥基材料的力学性能更有效。对于纯水泥浆体，GO 的纳米尺寸效应使其能够在更小尺度上改善 C-S-H 的结构[82]，这归功于 GO 对内部纳米级裂缝的控制。GO 的桥接效应可以为水泥基材料分担更大的负荷，从而提高抗折强度和抗拉强度，如图 1.16 所示[154]。

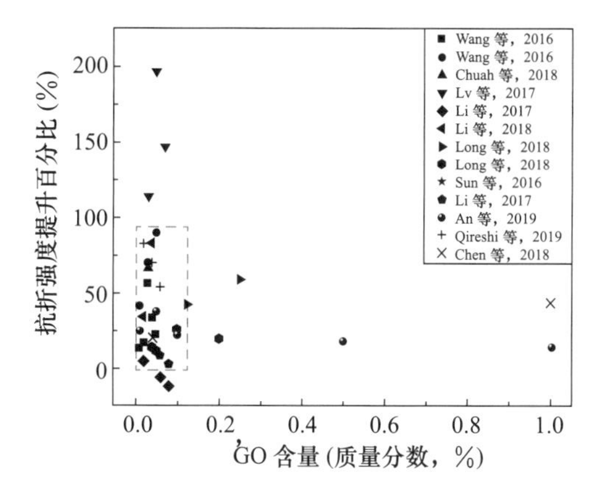

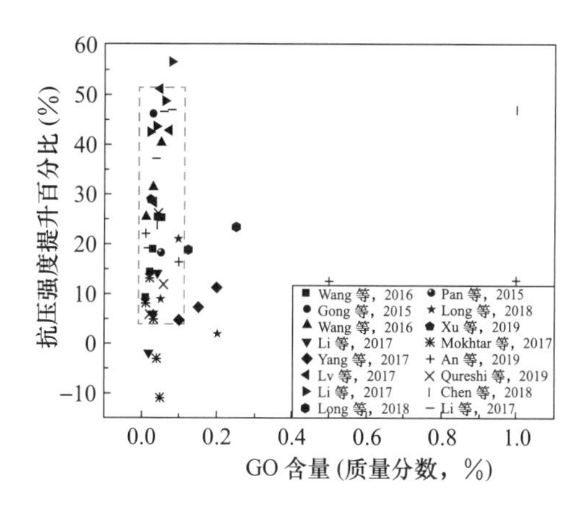

图 1.15 不同 GO 含量对水泥力学性能的影响[50,136-153]

GO 对水泥基材料力学性能的改善有以下原因：纳米级的 GO 可以作为 C-S-H 凝胶生长的成核位点，促进水泥的水化，进而减少孔隙率，形成更致密的微观结构，进而提高水泥的力学性能。Kamali 等人[155]证实 GO 纳米片可以改善 C-S-H 的成核，并提高生长在 GO 纳米片上的 C-S-H 颗粒的密度。Kang 等人[156]指出，GO 表面的官能团与不同形式的 Ca^{2+} 络合，以促进硅酸三钙（C_3S）的溶解，如图 1.17 所示。此外，Lin 等人[157]也提出，GO 所携带的含氧官能团不仅可以为 C-S-H 的形成提供成核位点，而且可以作为水分子的运输通道，从而加速水化反应。

羟基和羧基等官能团可以为硅酸盐链提供非桥接氧位，以稳定 C-S-H 中的原子，而 GO 的桥接作用可以防止微裂纹的形成和发展，从而提高水泥基材料的韧度[154,158]。GO 对 C-S-H 凝胶结构的影响主要体现在三个方面：PD、MCL 和桥接形式（BF）。Wang 等人[133]发现加入 GO 后，C-S-H 凝胶的 PD 和 MCL 分别提高了 786.2% 和 166.5%。具有高比表面积的 GO 可以吸附更多的 H_2O 分子，缩短凝胶中 Ca、O 和 Si

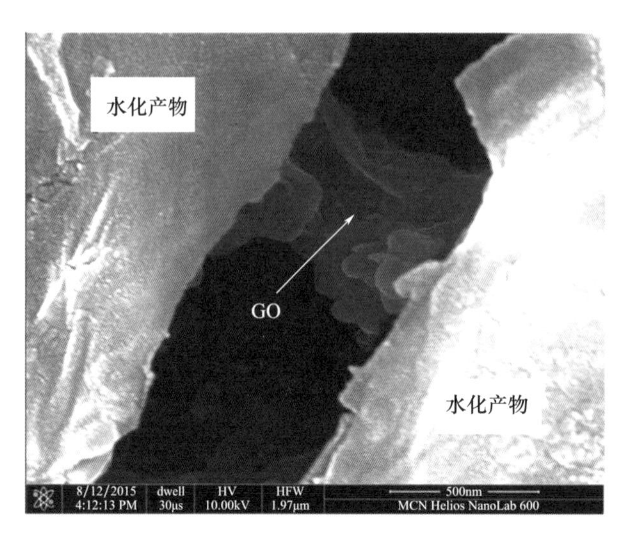

图 1.16　纳米级裂缝上的 GO 桥接[154]

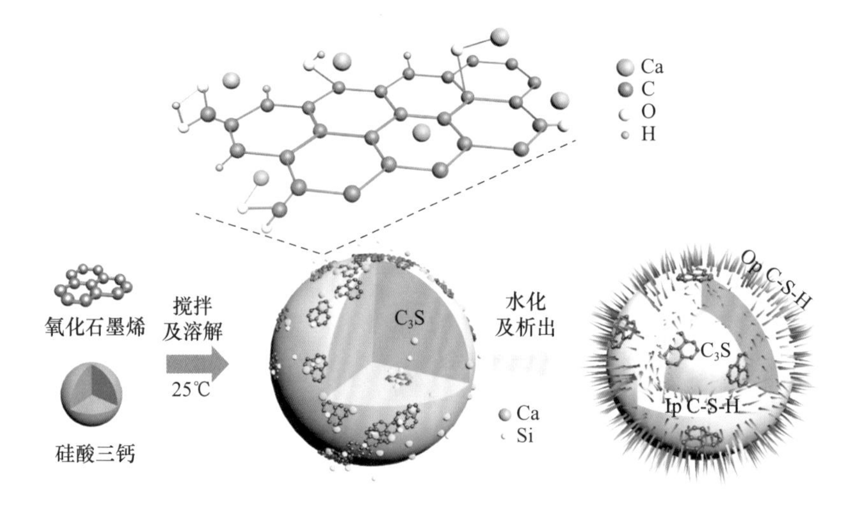

图 1.17　GO 促进 C_3S 水化反应生成 C-S-H 的反应示意图[156]

基团之间的距离，从而提高聚合度。GO 表面的含氧基团（羧基和羟基）可以与 Ca^{2+} 发生反应，从而导致 Ca/Si 比的下降以及 MCL 的增加。Hou 等人[154]使用分子动力学模拟得到了类似的结果，研究发现，凝胶附近的 Ca^{2+} 和 Al^{3+} 在 C-S-H 的氧原子和 GO 表面的含氧基团之间起到了桥梁作用。Li 等[159]认为 PCE 分散的 GO 可以为 C-S-H 的成核和生长提供模板，如图 1.18 所示，基于同步辐射，他们发现在 PCE 存在的情况下，GO 和 C-S-H 的层内 Ca 之间有很强的相互作用。

近年来，使用石墨烯作为水泥改性纳米材料的研究也有讨论，但其改性效果仍存在诸多矛盾[160]，其中最关键的因素是其分散性和与水泥基材料的界面结合。Vega 等人[161]制备了等离子体功能化的多层石墨烯（pf-MLG），发现 pf-MLG 在水中表现出良好的分散性。掺量为质量分数 0.5%时，砂浆的 28d 抗压强度增加了 56%，这是由于

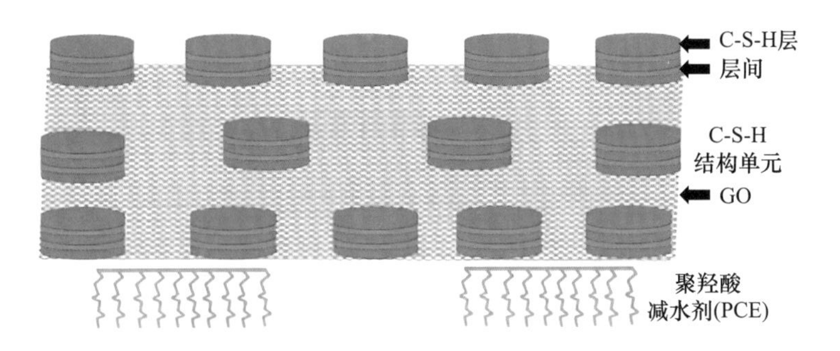

图 1.18 纳米复合材料中 C-S-H、PCE 和 GO 相互作用的示意图[159]

pf-MLG 可以促进水泥的水化，并与水泥形成较强的界面作用。Krystek 等人[162]发现添加化学剥离石墨烯（EEG）可以降低水泥的渗透性（初始和二次吸水率值下降 21%和 25%），从而提高水泥基材料的耐久性，如图 1.19 所示。Liu 等人[163]提出，石墨烯和 GO 在水泥中的最佳用量分别为质量分数 0.05%和 0.025%，可以发挥填充作用，提供额外的成核位点，加速水泥的水化。然而，高含量的石墨烯和 GO 很难在水泥中实现良好的分散，这对水泥的强度有不利的影响。Lavagna 等人进行了一项有意义的研究[164]，讨论了不同氧含量的石墨烯对水泥基材料性能的影响，并发现石墨烯的极性是决定其改性效果的重要因素，氧含量为 5%的石墨烯在水泥中有良好的分散性和化学相容性，当含量为质量分数 0.1%时，可使抗折强度和抗压强度分别提高 80%和 30%。

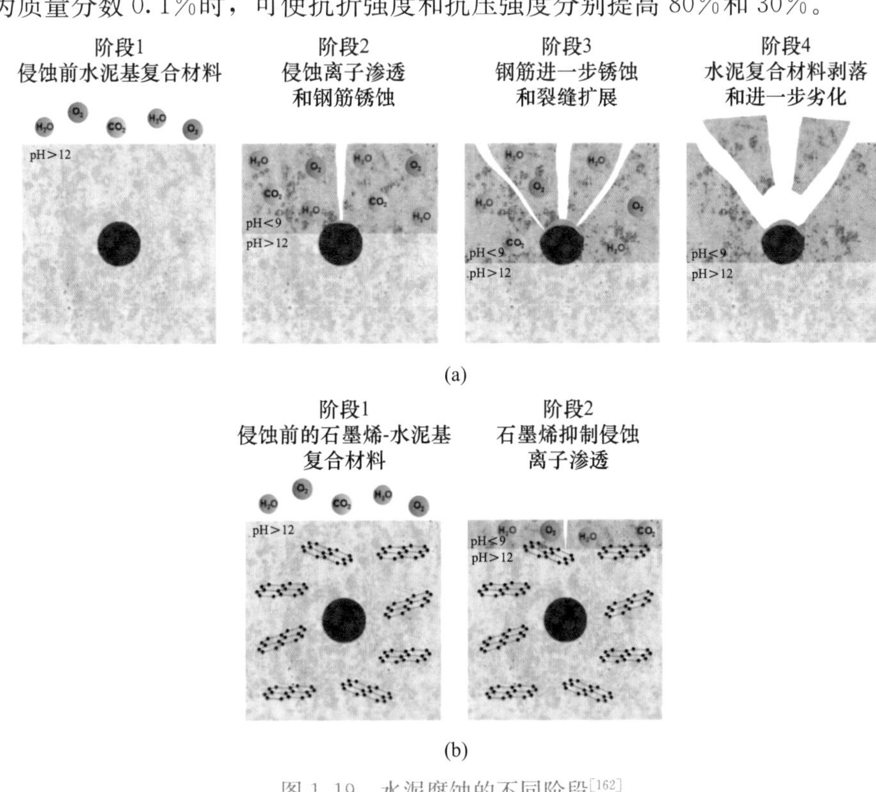

图 1.19 水泥腐蚀的不同阶段[162]

（a）纯水泥；（b）石墨烯-水泥复合材料

为了加强石墨烯和水泥基材之间的联系，人们通过各种方法研究表面功能化，包括氧化和有机聚合物改性。作为石墨烯的衍生物，GO 是由 sp^{2-} 杂化的碳原子组成的薄片，表面有羟基和羧基等官能团，这提高了它在水中的分散性[165]。Hou 等人[154,166]通过分子动力学模拟探讨了石墨烯与不同官能团和 C-S-H 的结合特性，结果显示，—COOH、—OH 和—NH_2可以与 C-S-H 形成离子键和氢键，从而提高界面结合强度，而且—COOH 与 C-S-H 之间的化学稳定性最好，界面结合强度最高。

回顾现有研究可以发现，随着碳纳米材料尺寸的不断减小，研究越来越集中在对 C-S-H 纳米结构和桥接状态的探索和讨论上，目的是从微观结构的角度获得对宏观现象的机理解释。值得注意的是，复合碳纳米材料可以在不同尺度上控制水泥基材料内部的纳米裂缝和微裂缝的发展。此外，碳纳米材料的形态效应和成核效应也可以有效结合。可以认为，在未来的研究中，应量化石墨烯表面的官能团，开发适合不同类型石墨烯的分散剂，明确石墨烯层数、尺寸和官能团对其分散性和相容性的影响，实现与水泥基材料宏观性能的定量联系。由于 CNFs、CNTs 和 GO 的尺寸呈梯度分布，以及空间结构的尺寸不同，两种或多种碳纳米材料的复合使用也成为当前的研究趋势。

1.4　无机纳米材料改性的 C-S-H

关于纳米颗粒如纳米 SiO_2、纳米 Al_2O_3、纳米 TiO_2、纳米 $CaCO_3$和纳米 C-S-H 晶种改善水泥混凝土的宏观性能和微观结构的能力的研究已经获得了越来越多的关注。然而，由于纳米颗粒的不同特性，如其结晶度和活性，无机纳米材料对 C-S-H 的纳米结构的影响是不同的。

1.4.1　无机氧化物纳米材料

无机氧化物纳米材料已经证实可以改善水泥基材料的性能，然而，对不同类型的纳米材料的性能和 C-S-H 的改性机制的研究仍然不足，本节选择了近年来研究最为广泛且特性完全不同的两种纳米材料，纳米 SiO_2（具有火山灰活性）和纳米 TiO_2（无火山灰活性），来讨论无机氧化物纳米材料对水泥基材料的改性效果及机理。

图 1.20 总结了近年来纳米 SiO_2和纳米 TiO_2对水泥基材料抗压强度影响的研究结果。图 1.20（a）中的散点图显示，纳米 SiO_2的掺量大多在胶凝材料质量分数为 0.5%～5%范围内，一般不超过 8.0%。此外，在大多数研究中，添加纳米 SiO_2所取得的抗压强度的改善处于 3%～30%的范围内。值得注意的是，图 1.20（a）中总结的数据没有考虑到 w/c 以及纳米 SiO_2粒径变化的影响。Behfarnia 等人[167]认为，在高 w/c 条件下，纳米 SiO_2对砂浆的抗压强度贡献更大。此外，Zhang 等人[168]指出，小尺寸的纳米 SiO_2（15nm）对提高混凝土的抗压强度有更大的影响。也有一些研究表明，添加纳米 SiO_2，会造成抗压强度的损失[169]。图 1.20（b）显示，在大多数研究中，纳米 TiO_2在水泥基

材料中的掺量在质量分数 0.5%～5%之间，且与纳米 SiO_2类似，纳米 TiO_2对水泥基材料的抗压强度的提高一般在 5%～30%之间。一些研究表明，纳米 TiO_2的改性效果受 w/c 的影响，在低 w/c 条件下，纳米 TiO_2对抗压强度的影响更为明显[170]。另外，有研究显示纳米 TiO_2对水泥基材料的早期抗压强度有较明显的改善[171-172]，但另有研究人员发现，纳米 TiO_2在水化的后期阶段发挥了更大的作用[173]，或者说，纳米 TiO_2的强度增强作用与水化时间没有密切关系[174]。一般认为，随着水泥基材料体系复杂程度的增加，纳米材料的作用会变弱，但值得注意的是，对于由混凝土、砂浆和水泥组成的三种规模的水泥基材料，加入纳米 SiO_2或纳米 TiO_2对抗压强度的改善没有明显差别。这种现象可能是由不同研究中的众多变量造成的。尽管两种纳米材料的火山灰活性完全不同，但多项研究的数据表明，纳米 SiO_2和纳米 TiO_2对水泥基材料力学性能的贡献是相似的。

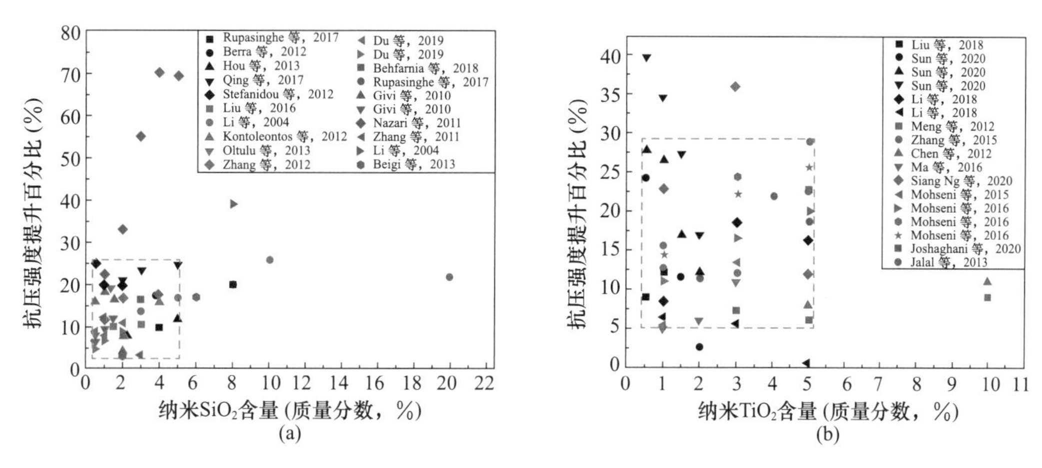

图 1.20 不同数量的纳米氧化物对水泥基材料抗压强度的影响

（a）纳米 SiO_2[53,54,79,167,175-187]；（b）纳米 TiO_2[170-174,188-193]

注：图中的黑点代表研究中的基材是水泥，红点代表基材是砂浆，蓝点代表基材是混凝土。

前期研究表明，添加少量的纳米 SiO_2可以促进水化并改善水泥基材料的性能，改善机制集中在两个方面。首先，纳米 SiO_2填充效应可有效增加水泥基材料的体积密度[194-195]。Azimi-Pour 等[196]指出，由于尺寸效应，微米 SiO_2和纳米 SiO_2的组合对改善水泥基材料的微观结构更为有效，如图 1.21 所示。其次，纳米 SiO_2可以促进水泥中矿物组分的溶解，加速 C-S-H 的形成，如图 1.22 所示[176,197]。同时，由于其高比表面积，纳米 SiO_2可以迅速与水泥水化反应产生的 $Ca(OH)_2$反应，形成额外的 C-S-H 凝胶，从而填充孔隙，产生更密集的微结构[198-199]。此外，纳米 SiO_2提高了 C-S-H 的 MCL，降低了 Ca/Si 比率，并提高了 C-S-H 的聚合度[176,200]。值得注意的是，作为一种新兴的纳米材料，2D-SiO_2结合了石墨烯和 SiO_2的优点，当用作水泥基材料的纳米改性材料时，可以嵌入到 C-S-H 的层间缺陷位置，而且 2D-SiO_2可以与 C-S-H 的非桥接氧原子反应，在界面处形成 Si—O—Si 键，显著提高了 C-S-H 的塑性和韧性[201]。

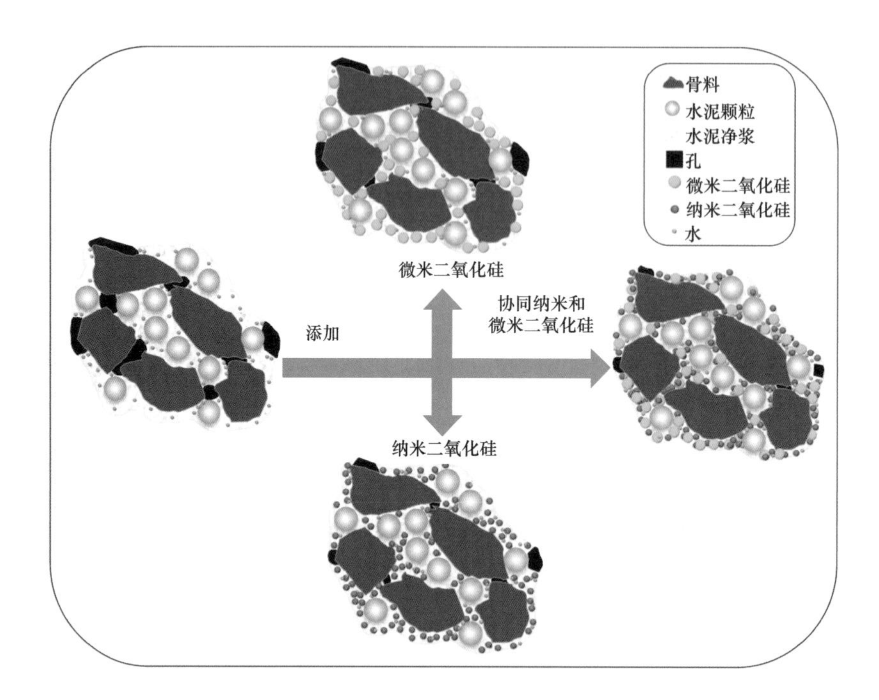

图 1.21　微米 SiO_2 和纳米 SiO_2 组合改善水泥微观结构的机理示意图[196]

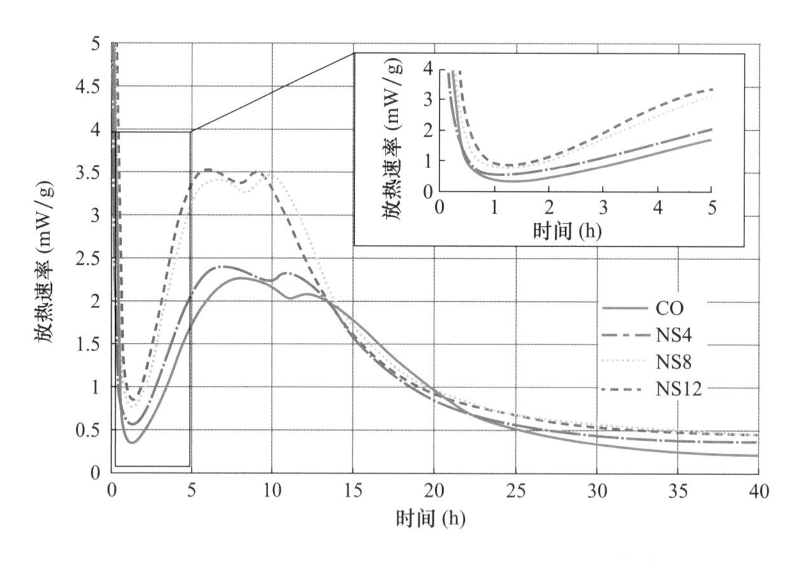

图 1.22　纳米 SiO_2 对水泥水化放热速率的影响[176]

注：CO 为纯水泥；NS4、NS8 和 NS12 分别为添加质量分数为 4%、8%和 12%的纳米 SiO_2 取代相同质量的水泥的样品。

与纳米 SiO_2 一样，纳米 Al_2O_3 也是一种具有火山灰活性的无机氧化物纳米材料。根据已有研究，添加纳米 Al_2O_3 可以提高硬化水泥的抗压强度和弹性模量[202]以及耐火性[203]、耐高温性[204]和防冻性能[167]。性能的提高主要由于水泥水化程度的提高和孔隙结构的优化，而分散仍然是影响纳米 Al_2O_3 改性水泥基材料的重要因素[205]。Zhou 等人[206]认为纳米 Al_2O_3 在水泥水化的早期阶段起到了纳米填充的作用，同时促进了 C_3A

的水化，导致了钙矾石含量的增加。此外，Shao 等人[207]认为，纳米 Al_2O_3的火山灰反应是一个缓慢的过程，而纳米 Al_2O_3的加入会在固化 7d 后显著增加水泥中的单硫型水化硫铝酸钙（AFm）含量，从而减少水泥中的孔隙，促进后期强度的提高。

与纳米 SiO_2和纳米 Al_2O_3不同的是，纳米 TiO_2并非是火山灰材料，它对水泥基材料性能的影响主要归因于填充效应[189]和成核效应[190]。Chen 等人[189]指出，纳米 TiO_2并不参与火山灰反应，而是作为水泥颗粒之间的精细填料，加速水化过程。Xiao 等人[208]发现纳米 TiO_2的加入比纳米 SiO_2更能有效地减少水泥基材料内部的有害孔隙。高活性的纳米 TiO_2可以作为成核位点，进一步促进水泥的早期水化，加速水化产物的沉淀和生长，从而使水泥基材料更加紧密和均匀。Ma 等人[190]报告说，纳米 TiO_2作为水泥添加剂使用时，可以补充粉煤灰，改善粉煤灰的火山灰反应程度，并提高产物凝胶的 MCL 和 Al/Si 值，如图 1.23 所示。

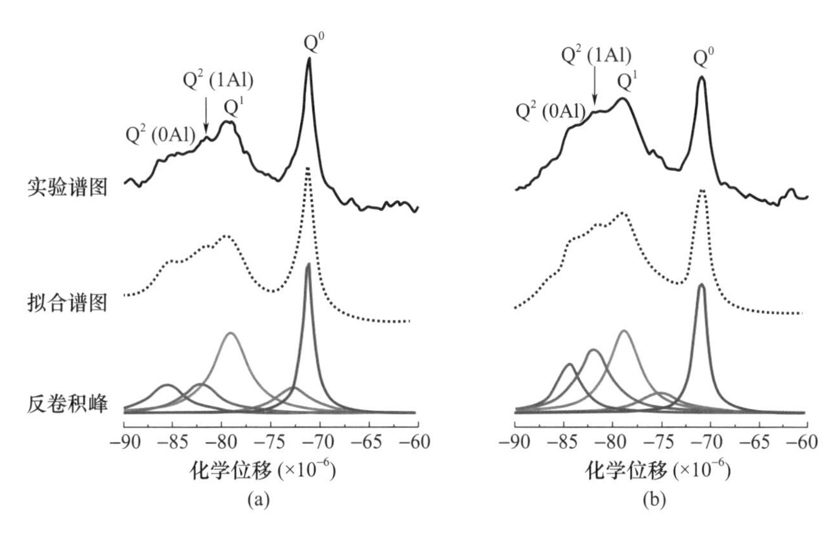

图 1.23 纳米 TiO_2的成核效应

（a）水泥基材料；（b）含有纳米 TiO_2的水泥基材料[190]

纳米 $CaCO_3$也是建筑材料领域中应用最广泛的纳米颗粒之一，其改性方式与纳米 TiO_2相似。纳米 $CaCO_3$对水泥基材料力学性能的影响主要取决于其含量。研究表明，随着纳米 $CaCO_3$含量的增加，抗压强度先增加后减少[209]。这是由于成核效应，纳米 $CaCO_3$加速了水泥的水化过程[210]，促进 C-S-H 的形成，并与 C_3A 反应，形成半碳铝酸盐和单碳铝酸盐[211]。但是，当含量较高时，纳米 $CaCO_3$的团聚现象将更加明显，并影响强度的发展，而且由于填充和成核效应，致密的基质不能为水化产物的形成提供空间[211]。此外，晶体结构也是影响纳米 $CaCO_3$改性效果的一个重要因素。Yeşilmen 等人[212]发现与文石型纳米 $CaCO_3$相比，方解石型纳米 $CaCO_3$在促进水泥水化方面有更好的效果，此外，其表面特性更有利于 C-S-H 凝胶的形成。

为了进一步探索纳米材料对 C-S-H 结构的影响，Li 等人[27]对 C-S-H 结构进行了研究，采用双溶液法制备 C-S-H 凝胶，并研究了纳米 TiO_2和纳米 SiO_2对 C-S-H 凝胶结构的影响。图 1.24 中的 TEM 图像显示了纯 C-S-H 的结构和加入纳米 SiO_2 和纳米 TiO_2 后的 C-S-H。结果表明，添加的纳米 TiO_2 可以作为 C-S-H 的成核位点，从而促进 C-S-H 纳米晶体结构的形成。此外，纳米晶体结构可以由添加的纳米材料本身的表面结构控制。然而，当纳米 SiO_2 作为添加的纳米材料时，无法观察到纳米晶体。

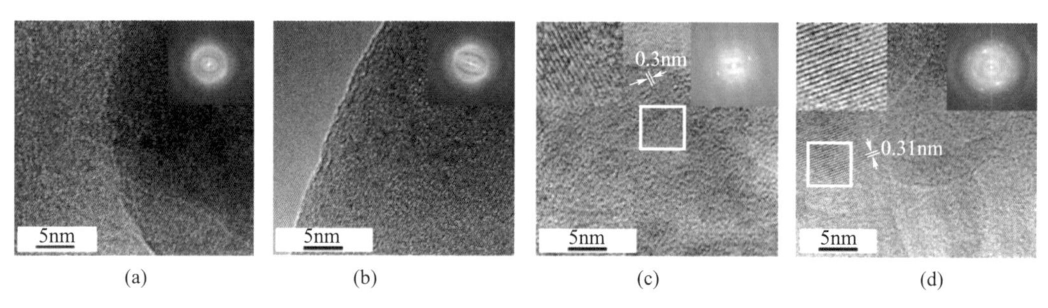

图 1.24　样品的高分辨率 TEM 图像[27]

(a) 纯 C-S-H；(b) 与纳米 SiO_2 的 C-S-H 复合材料；

(c) 与纳米 TiO_2 的 C-S-H 复合材料；(d) 与质量分数为 0.5% GO 的 C-S-H 复合材料

因为通过化学合成 C-S-H 和通过 C_3S 水化形成的 C-S-H 是两个完全不同的过程，近年来，对由 C_3S 水合反应形成的 C-S-H 晶域进行研究。如图 1.25（a）所示，在 C_3S 水化 3d 后的水化产物中观察到 C-S-H 的纳米晶体结构。此外，Taylor 等人[37]在水化一年后观察到了 C-S-H 的晶域，如图 1.25（b）所示。Kong 等人[213]在最近的研究中也对成核机制提出了质疑，通过对试验结果和成核理论的讨论，认为纳米 SiO_2 和纳米 TiO_2 在 C-S-H 凝胶的形成和沉淀过程中没有出现成核现象。虽然成核机制已被广泛认可，但还需要更直观的证据来验证不同纳米材料的改性机制。

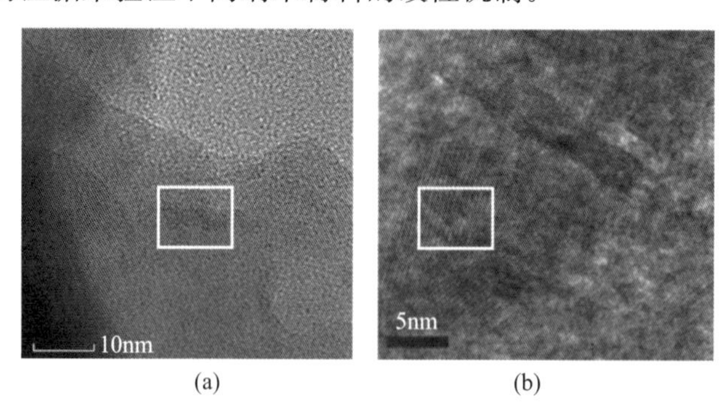

图 1.25　高分辨率 TEM 图像

(a) 水化 3d 后的 C_3S 水化产物，(b) 水化约 1 年后的 C_3S 糊状物[37]

注：(a) 是作者的 TEM 结果。

1.4.2　纳米 C-S-H 晶种

在水泥中加入纳米 C-S-H 晶种可以提高水化反应速度，大大改善早期强度，弥补聚羧酸盐（PCE）和粉煤灰等胶凝材料造成的早期强度下降[49,214-215]。纳米 C-S-H 晶种促进水化的潜力和减少水泥用量的环境优势已经引起了人们的极大兴趣。

图1.26总结了最近研究中获得的C-S-H晶种掺量对水泥基材料早期抗压强度的影响。散点图显示，C-S-H晶种在水泥基材料中的混合含量在质量分数为0.1%～2%之间，水泥基材料抗压强度表现出不同程度的影响，增幅在−20%～140%之间。另一个值得注意的现象是，对于砂浆和复合水泥浆这两种不同的水泥基材料，C-S-H晶种的增强效果存在显著差异，在复合水泥浆中加入C-S-H晶种显然可以起到更好的改善作用。当C-S-H晶种作为改性材料在砂浆中使用时，一些研究表明，它们对早期抗压强度有负面影响[216,217]。

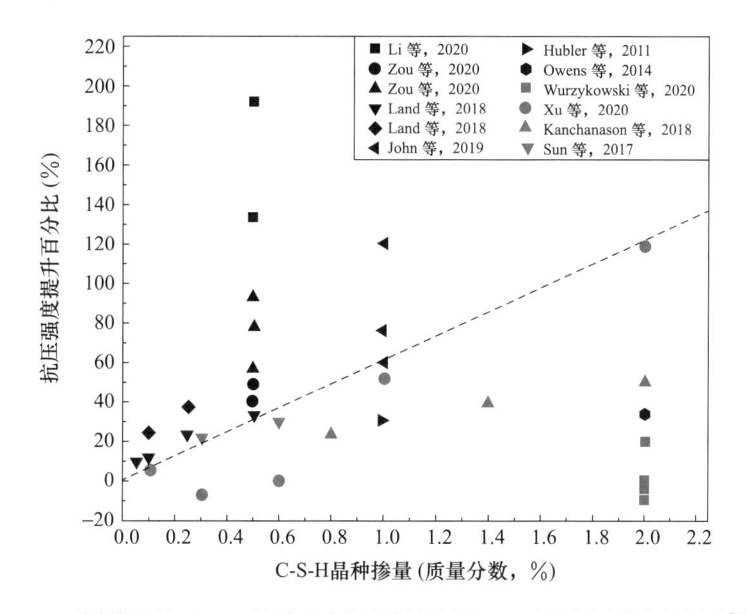

图1.26 不同数量的C-S-H晶种对水泥基材料固化1d后的抗压强度的影响[215-225]

注：图中的黑点代表研究中的基材是水泥，红点代表基材是砂浆。

除了水泥基材料之外，w/c、温度、Ca/Si值和pH值都会影响C-S-H晶种的应用[216,219,223,226]。Zhang等人[227]发现C-S-H晶种可以在低温下明显加速水泥的强度发展。含有C-S-H晶种的水泥在−5℃下水化28d后的强度相当于在室温下固化28d水泥的强度。Owens等人[228]认为纳米C-S-H晶种加速了水泥的早期水化（特别是在6h和12h），使水化程度增加了50%，并使早期强度增加了一倍。Pedrosa等人[226]也指出，C-S-H晶种通过降低水泥浆的表观活化能来促进水化，而且这种成核的效果在较低的温度下更加明显。Kanchanason等人[229]通过化学合成法制备了C-S-H PCE（聚羧酸盐）纳米复合材料晶种，发现当溶液的pH值较高时（pH＝12.4～13.8），晶种的结晶度较高，其在水泥中的应用可以带来更大的强度提升。Ca/Si值是影响C-S-H凝胶结构和力学性能的一个重要因素[230]，改变晶种的结构可能是控制C-S-H凝胶结构的有效手段。

尽管在不同的研究中，C-S-H晶种对水泥基材料强度的影响有很大的不同，但其影响机制大多被认为是成核效应。Zou等人[220]认为C-S-H晶种和Na_2SO_4的联合使用具有协同增强的效果，在 Na_2SO_4 存在的情况下，C-S-H 晶种可以加速钙矾石（AFt）和水化硅酸铝钙（C-A-S-H）凝胶的形成，从而为早期水化样品提供强度[221]。Thomas 等人[231]将 C-S-H 晶种对水泥早期水化率的提高归因于成核效应，并指出 C-S-H 晶种在水泥颗粒的孔隙中提供了额外的成核位点，如图 1.27（a）所示。Wang 等人[49]使用分离水化法证实了这种成核效应，如图 1.27（b）所示。溶液中的掺杂纳米 C-S-H 晶种可以为 C-S-H 凝胶的生长提供有效的成核位点，从而促进水泥的水化。此外，C-S-H 晶种还可以影响 C-S-H 凝胶的纳米结构，如图 1.28 所示。Alizadeh 等人[232]发现，与由 C_3S 水化产生的 C-S-H 凝胶相比，生长在晶种表面的 C-S-H 具有更高的聚合度。

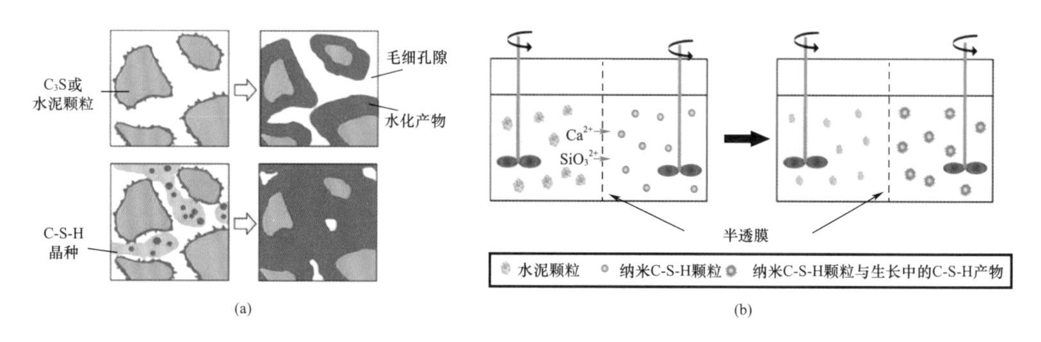

图 1.27　纳米 C-S-H 晶种的成核机制[49]

（a）C-S-H 成核效应的示意图[231]；（b）通过分离水化法验证成核效应

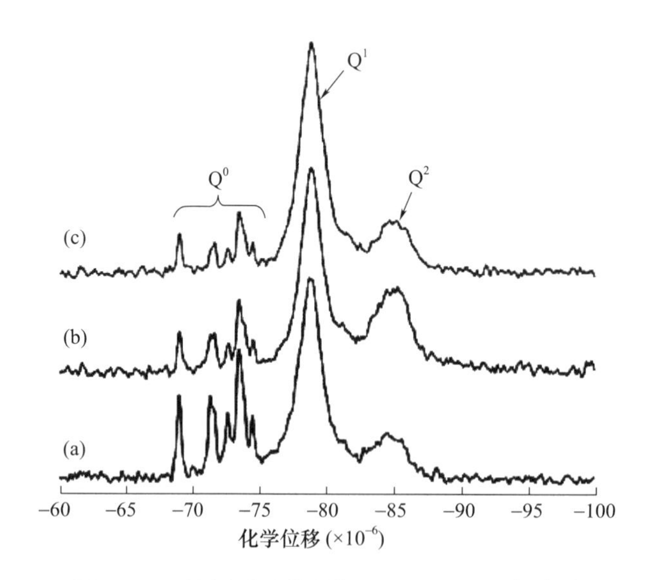

图 1.28　不同水化产物的 ^{29}Si MAS NMR 谱图[232]

（a）纯 C_3S；（b）C_3S 为 20% C-S-H 晶种（C/S=0.8）；（c）C_3S 为 20% C-S-H 晶种（C/S=1.2）

C-S-H 晶种的加入提高了水泥基材料的早期强度，这可以提供诸如减少水泥含量和 CO_2 排放以及缩短施工期等好处。然而，水化反应的加速也导致了化学收缩的增加，这大大增加了早期开裂的风险。Wyrzykowski 等人[216]认为 C-S-H 晶种可以在水化的早期阶段显著改善 CBMs 的孔隙结构，但也会导致更快的干燥收缩。Li 等人[233]报告说，

C-S-H晶种的加入只对化学收缩有轻微影响，但它可以在促进水泥水化的同时显著降低凝胶孔的比例，从而减少砂浆的吸水率和干燥收缩，有助于提高强度和抗渗性。此外，当GGBS被用作胶凝材料时，无论是复合水泥还是碱激发矿渣，加入C-S-H晶种已被证实具有成核作用，并引起化学收缩[217,224]。

1.5 有机纳米添加剂改性C-S-H

通过在硅酸盐水泥中加入一定量的PCE和聚乙二醇（PEG）等有机大分子化合物，可获得多种施工方便、性能优良的工程材料。可以预见，这种有机-无机复合材料也将成为深入研究和广泛应用的重点。然而，对于有机大分子化合物和C-S-H凝胶之间的结构和结合原理，还需要进一步的理论研究。在本节中，我们会总结和讨论广泛研究的高分子有机添加剂和新兴的有机纳米材料对C-S-H结构的影响。

1.5.1 聚羧酸/C-S-H纳米复合材料

PCE或其他类型的高效减水剂已经成为混凝土制备中调整工作性的必要成分，然而，PCE的加入会减缓早期强度的发展。在分子结构层面，PCE对水泥的C-S-H结构和宏观性能的影响是目前研究的重点。Plank等人[36]通过$Ca(NO_3)_2$和Na_2SiO_3水溶液沉淀制备C-S-H，并使用TEM研究PCE对C-S-H成核和晶体生长的影响。TEM成像显示，随着PCE的加入，C-S-H的初始沉淀出现为亚稳态球形纳米颗粒，随后在1h内转化为具有纳米线形态的早期C-S-H。当溶液中存在PCE时，这一转化过程延迟了几个小时。最明显的现象是，亚稳态球形纳米粒子被一层PCE外壳所覆盖，从而形成核壳形态，如图1.29所示。已有研究[234-235]表明，带有高负电荷的PCE可以大大延迟混凝土的早期强度发展。这一转化过程的延迟引入了新的概念来解释早期强度发展的延迟。

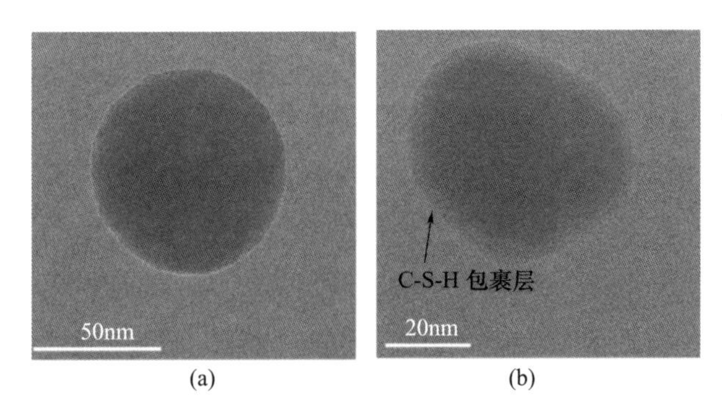

图1.29　添加与不添加PCE时亚稳态C-S-H球形纳米粒子的TEM图像[36]

（a）添加PCE的C-S-H微观形貌；（b）未添加PCE的C-S-H微观形貌

C-S-H颗粒的外表面带有正电荷，从而促进了阴离子聚合物（如PCE高效减水剂）的吸附[236-238]，且受到其分子结构和链长的影响，从而产生不同大小和形态的C-S-H颗粒[239]。更重要的是，PCE的存在会影响C-S-H中硅酸盐链的长度，这可以为水泥混凝土的宏观性能提供一个原子层级的机理解释[55,236-237,240]。Cappelletto等人[240]发现在加入PCE后，C_3S的水化反应被延迟，并获得了聚合度更高的C-S-H凝胶，这表明PCE增加了C-S-H的MCL。如图1.30所示，PCE的浓度和分子结构，包括链长、侧链长度和密度、电荷密度，都会影响C-S-H的结构。也有报道说，由于吸附在C-S-H表面缺陷上的有机物的屏蔽作用，长度较短的PCE可以显著提高C-S-H的聚合度。此外，Puertas等人[241]在水泥浆中加入质量分数为1%的PCE，发现在固化2d后，水化产物中Q^2单位的比例更高，这与前面的结论一致。

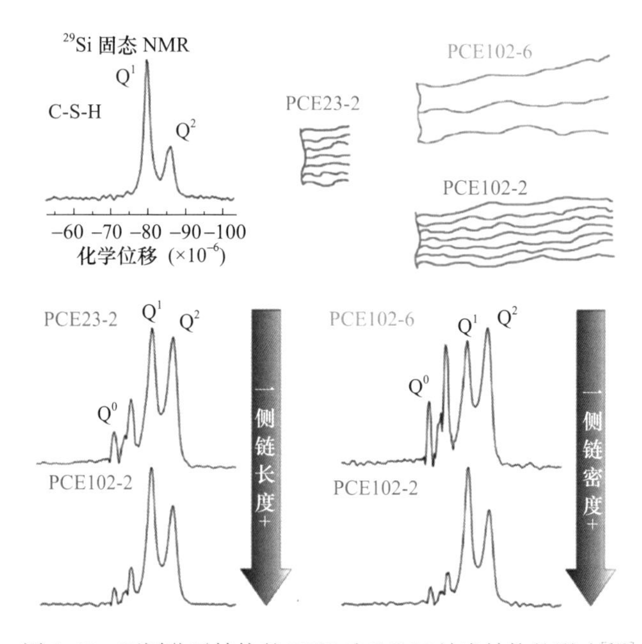

图1.30 不同分子结构的PCE对C-S-H纳米结构的影响[240]

为了满足水泥材料的不同需求，也有研究通过化学方法对PCE进行改性，使其具有新的功能。最近，Orozco等人[242]通过化学接枝法制备了带有硅基官能团的PCE-Sil，并发现PCE-Sil中的羧基可以通过配体型键与C-S-H表面的Ca相互作用，从而改变Ca的对称性和配位数。此外，PCE-Sil的硅基官能团可以与C-S-H中的非结合氧形成共价键，形成新的桥接硅位，从而提高C-S-H的聚合度，如图1.31所示。C-S-H和PCE-Sil之间的相互作用主要发生在C-S-H的表面，没有证据表明PCE-Sil被嵌入C-S-H层之间。

1.5.2 有机高分子材料

近年来，许多研究试图通过添加聚合物来修饰和优化C-S-H的结构，以创造具有独特性能的更可持续建筑材料。许多类型的有机大分子，如醇胺和硅烷大分子，已被用于优化C-S-H凝胶的结构和性能。研究证实，有机材料和C-S-H凝胶的结合可以增加聚合度[55]。通过有机-无机复合材料制备水泥基材料成核剂也有研究。如图1.32所示，Nicoleau等人[243]发现丙烯酸或2-(膦酰基氧基)-甲基丙烯酸乙酯单体和PEG单体的共

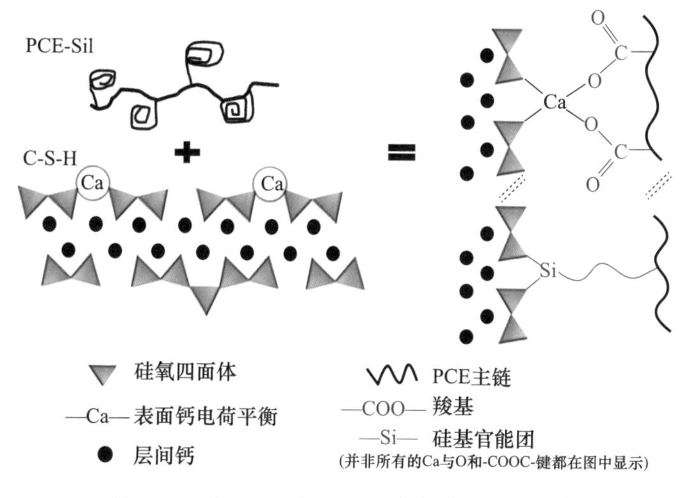

图 1.31 PCE-Sil 和 C-S-H 的结合示意图[242]

聚物可以在反应的初始阶段有助于生产具有高比表面积的二维初始 C-S-H 颗粒聚集体。研究还证实，由复合共聚物稳定的低密度 C-S-H 颗粒的聚集体可以作为促进水泥水化的加速剂。

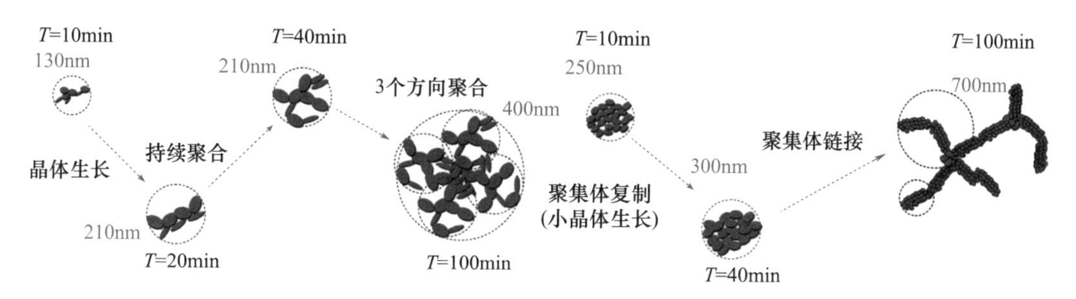

图 1.32 添加两种聚合物后 C-S-H 沉淀过程中的结构发展示意图[243]

用不同的大分子优化 C-S-H 凝胶的机制可以分为两种：插层和接枝。Pelisser 等人[56]研究了 C-S-H/聚合物纳米复合材料的性能和相互作用，发现在合成低 Ca/Si 值的 C-S-H时，少量的聚二烯丙基二甲基氯化铵（PDC）可以插在 C-S-H 层之间，并大大降低 C-S-H 的弹性模量和硬度。Beaudoin 等人[244]发现 PEG 分子与合成 C-S-H 的表面有很强的相互作用。试验结果表明，PEG 聚合物可以嵌入层间空间，影响 C-S-H 的热分解行为。在另一项研究中，Khoshnazar 等人[245]报道了在低浓度的聚合物下，低分子量的硝基苯甲酸（NBA）在 C-S-H 层之间插层的可能性。如图 1.33（a）所示，当 NBA 的浓度较低时，C-S-H 层表面的缺陷可以被填充，一些 NBA 也可能插入 C-S-H 层之间。然而，当聚合物浓度增加时，NBA 和 C-S-H 之间的相互作用受到限制，如图 1.33（b）所示。Minet 等人[246]使用溶胶-凝胶法制备了 C-S-H/有机纳米复合材料，发现三烷氧基硅烷可以插入 C-S-H 层之间以增加层间间距。此外，有机基团的引入并没有破坏 C-S-H 无机框架。在最近的一项研究中，Moshiri 等人[247]通过阳离子化双烷氧基硅氧烷调整 C-S-H 的纳米结构获得了类似的结果，并报告说有机分子的链长控制了 C-S-H 层间的间距。

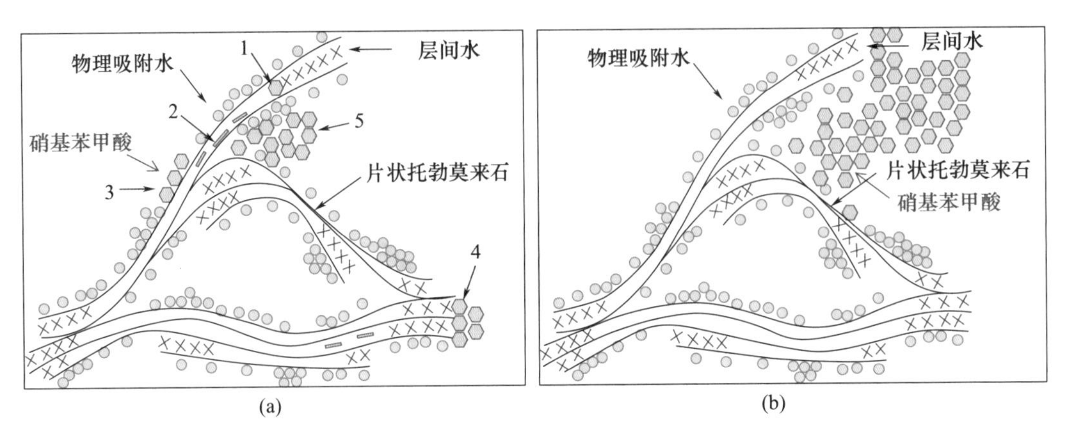

图 1.33 C-S-H 层状结构和不同浓度的硝基苯甲酸的组合[245]

(a) 0.01mol/mol 的 Ca；(b) 0.02mol/mol 的 Ca

Zhou 等人[248]对聚合物和 C-S-H 之间的联系程度进行了一系列研究，结果表明其受官能团的极性和聚合物本身的扩散性影响。在另一项研究中，Zhou 等人[249]用原位聚合方法制备了 C-S-H/苯胺复合材料，发现苯胺对 C-S-H 纳米结构的影响与 Ca/Si 值密切相关。当 C-S-H 的 Ca/Si 值较低时（0.7），苯胺的加入降低了体积密度，导致 C-S-H 凝胶的弹性模量下降，这与 Pelisser 等人的结论一致[56]。然而，当 Ca/Si 值增加到 1.0 时，苯胺的加入对 C-S-H 的体积密度和力学性能的影响并不明显。至于有机相和无机相之间的相互作用机制，据报道，在聚合反应之前，苯胺单体位于 C-S-H 层之间，通过氢键与非桥接的氧原子借助—NH_2 基团桥接。在聚合反应过程中，聚苯胺从 C-S-H 层中释放出来重新架桥，从而导致聚合度的增加，如图 1.34 所示。

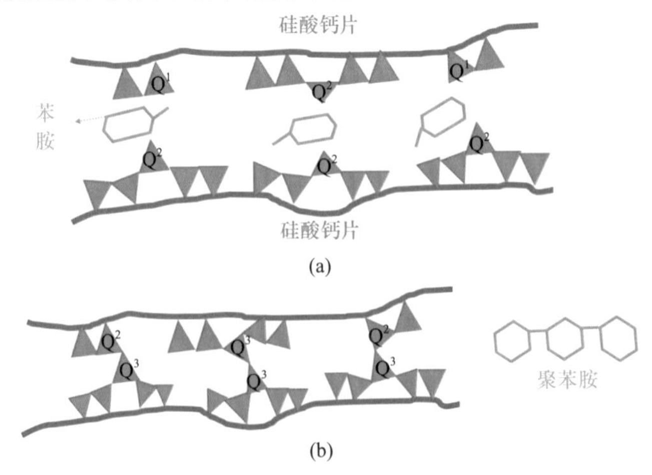

图 1.34 聚合前后 C-S-H 和聚苯胺之间的桥接模型[249]

(a) 聚合前；(b) 聚合后

然而，在最近的一项研究中，Zhou 等人[250]进行了分子模拟，排除了在 C-S-H 中间层嵌入 PEG 聚合物的可能性。他们指出，PEG 的加入缩短了硅酸盐四面体的平均链长，形成更多的二聚体。本书提出的 C-S-H/PEG 模型如图 1.35 所示。在该模型中，PEG 聚合物与 C-S-H 片平行，形成的 C—C 或 C—O 共价键有利于提供高刚度，从而获得更高的 C-S-H/PEG 体积模量。尽管 PEG 分子的存在引入了更多的孔隙，但保持的高蠕变模量表明，中间复合物的形成限制了相邻 C-S-H 片之间的滑动。

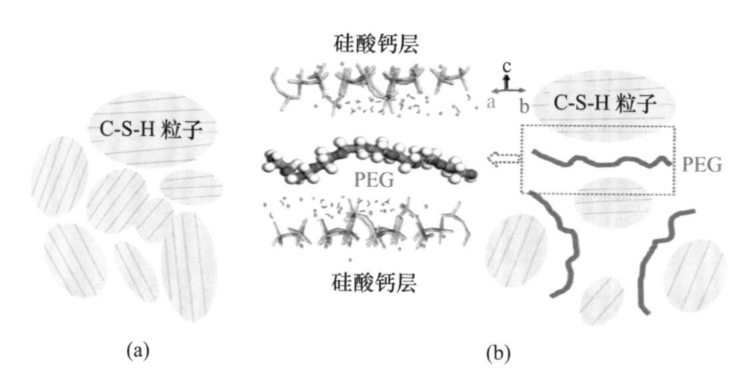

图 1.35 PEG 对 C-S-H 颗粒的堆积结构的影响[250]

（a）纯 C-S-H 颗粒；（b）PEG 分子位于 C-S-H 颗粒之间，与相邻的 C-S-H 片平行

鉴于一些由生物大分子合成的生物纳米复合材料具有优异的力学性能，一些研究人员发现，可以用生物大分子来改善 C-S-H 的结构，提高其性能[251-253]。Kamali 等人[254]探讨了氨基酸和蛋白质对 C-S-H 凝胶的纳米结构和机械刚度的影响，发现当 Ca/Si 值越高，C-S-H 的结构受带负电荷的氨基酸影响越大，蛋白质改性的 C-S-H 的聚合度明显提高。氨基酸和蛋白质的加入降低了 C-S-H 的杨氏模量。C-S-H 力学性能的改善源于其与有机材料的界面连接。Picker 等人[255]通过研究多肽在不同 Ca/Si 值的 C-S-H 凝胶上的吸附，揭示了多肽和 C-S-H 的各种功能团之间的联系机制。如图 1.36 所示，带负电荷的残基（Asp）通过 Ca^{2+}，酰胺基（Asn）通过 Ca^{2+} 和 H^- 键架起静电作用，疏水残基（Leu）通过分子间力与 C-S-H 的表面相连。

此外，在借鉴自然界智能运输的基础上，有研究者将智能聚合物引入水泥中，实现了对水泥内部离子输运的控制。Zhou[256]等人通过分子动力学设计了一种一端为高极性的羧基，其余为疏水性的烷基的智能聚合物，其中的羧基可以与 C-S-H 表面形成高强度的界面连接。当在干燥的环境中，聚合物链位于基材的表面上。然而，当环境变得足够湿润时，聚合物可以迅速与基体垂直，疏水基团与液体接触后可以最大限度地发挥抑制作用，从而显著降低水泥基材料的氯化物扩散系数，如图 1.37 所示。

与无机纳米材料相比，有机纳米材料作为水泥改性材料的研究还处于起步阶段。有机大分子的结构多变，易于用化学合成方法获得。因此，通过改变有机大分子的结构来改性 C-S-H 凝胶的纳米结构，可实现 C-S-H 凝胶结构的定制。各种有机纳米材料对 CBMs 的改性机制、其在碱性环境中的耐久性以及 C-S-H/有机纳米材料的有效应用还需要进一步探索。

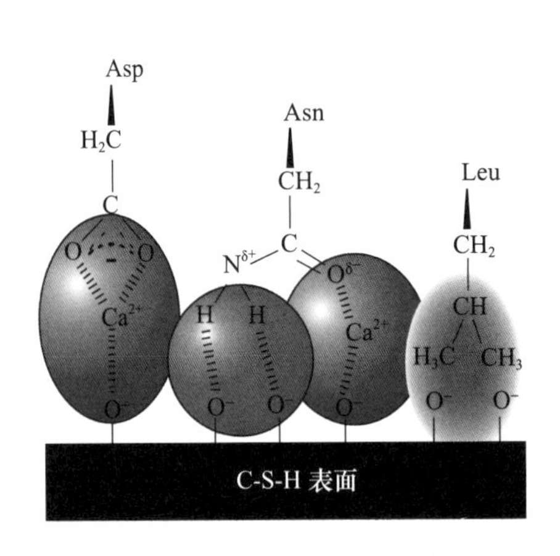

图 1.36 氨基酸与 C-S-H 表面连接的模型[255]

图 1.37 纳米凝胶孔隙中的智能聚合物对水泥运输性能的影响示意图[256]

1.5.3 纤维素纳米晶体

木质素是自然界中最丰富的芳香族聚合物，可作为混凝土的减水剂，以减少实现良好工作性的需水量，从而改善混凝土的力学性能[257-258]。纤维素是可以从自然界获得的最丰富的生物高分子材料。纤维素纳米晶体（CNCs）是从木材、棉花、稻壳和废弃木质素中提取的纳米级纤维素棒。材料的来源和制备方法将影响所获得的 CNCs 的尺寸、强度、表面活性和其他特性[259-260]。与传统纤维素相比，CNCs 具有较低的长径比（直径 3～20nm，长度 100～500nm），高结晶度，优异的力学性能（2～7.7GPa 抗拉强度和 150GPa 弹性模量），低热膨胀系数和高表面活性。CNCs 被广泛应用于传感器、导电材料、医疗设备、储能和废水处理等领域[261-263]。此外，CNCs 表面大量羟基的存在使其具有高亲水性，如图 1.38 所示[263-264]。优良的力学性能、高表面活性、高亲水性和广泛的材料来源使 CNCs 成为一种具有巨大潜力的纳米材料，可作为 CBMs 的改性剂。

近年来，土木工程领域的研究人员通过添加 CNCs 进行改性 CBMs 已取得部分进展。图 1.39 总结了现有研究中 CNCs 添加对 CBMs 抗折和抗压强度的影响。Mazlan 等人[265]在添加了质量分数为 0.2%的 CNCs 的情况下，通过 28d 的覆膜养护，砂浆的抗压强度提高了 40%。此外，Claramunt 等人[266]在高温养护（60℃）下，加入质量分数为 0.1%的 CNCs，铝酸钙水泥（CAC）的抗折强度增加了 60%以上。然而，如图 1.39 所示，CNCs 对 CBMs 的强度提高效果一般在 0%～30%之间，而 CNCs 在水泥中的添加量的胶凝材料质量分数为 0.1%～1.0%，一般不超过 2.0%。

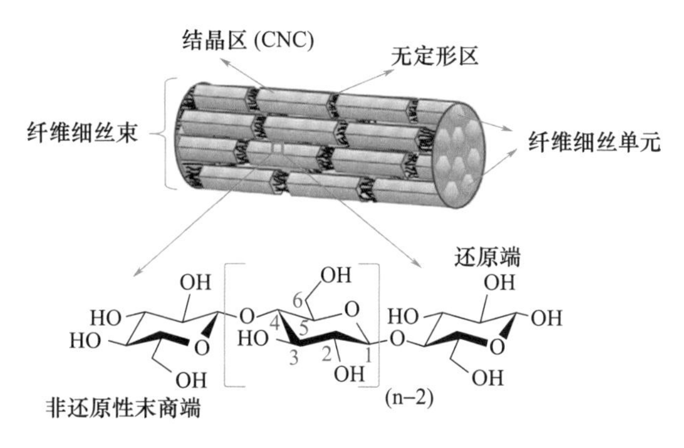

图 1.38 纤维素和 CNCs 分子结构的示意图[263]

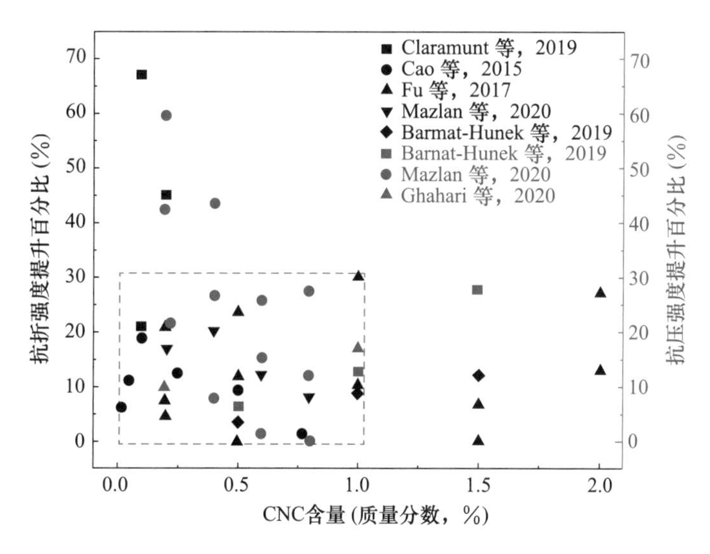

图 1.39 不同数量的 CNCs 对 CBMs 固化 28d 后的抗折强度和抗压强度的影响[265-270]

注：图中的黑点代表研究中的基材是水泥，红点代表基材是砂浆。

关于 CNCs 增加水泥强度的机制，Cao 等人[267,271]指出，CNCs 的加入提高了水泥的尺寸稳定性，而短路扩散（SCD）的形成促进了内部未水化部分的反应。CNCs 的 zeta 电位比水泥颗粒的 zeta 电位高得多，这使得大部分的 CNCs 黏附在水泥颗粒的表面，如图 1.40 所示。随后，水会通过 CNCs 网络扩散，形成水通道进入水泥颗粒，促进未水化区域的水化反应。Lee 等人[272]发现，加入 CNCs 的水泥水化产生的水化产物比纯水泥多 7%，这与 SCD 的机制一致。

然而，CNCs 在水泥颗粒表面的覆盖减少了水泥和水在水化早期的接触面积，导致水化反应的延迟。Cao 等人[267]发现了水化热释放延迟的现象（3～5h），如图 1.41 所示。虽然水泥的水化反应延迟，但加入 CNCs 后样品的水化放热峰高于纯水泥，这可能是由于形成 SCD 后水泥水化加速所致。Lee 等人[272]表示支持 SCD 机制，并评估了水泥-CNC 复合材料样品的长期耐久性。他们发现，加入 CNCs 后，水泥碳化深度降低了约 60%，同时，复合材料的电阻值也降低了 5%。

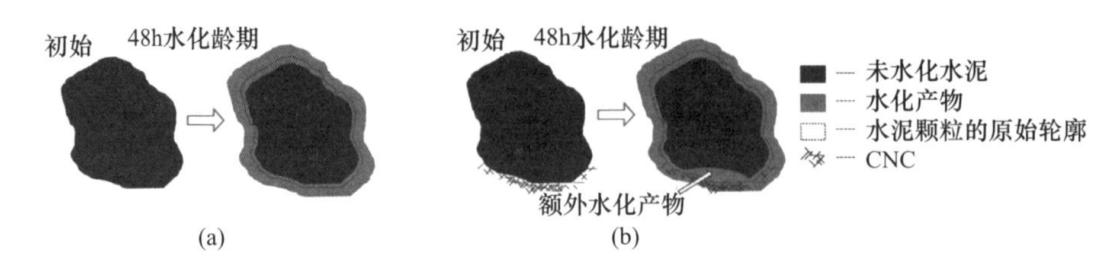

图 1.40 附着不同水泥颗粒的水化过程示意图[267]

(a) 纯水泥颗粒；(b) 表面附着 CNCs 的水泥颗粒的水化过程示意图

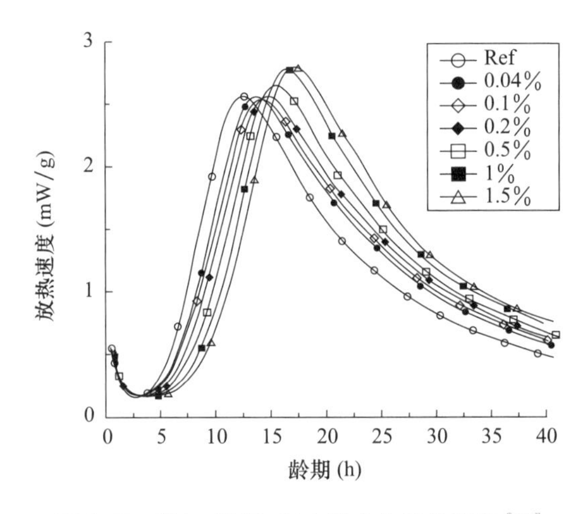

图 1.41 添加 CNCs 对水泥水化热的影响[267]

作为一种可持续发展的纳米材料，CNCs 代表了水泥改性剂纳米材料的发展方向。现有的研究集中在添加了 CNCs 后水泥的宏观性能的改善上，但对不同尺寸的 CNCs 所对应的 C-S-H 纳米结构的研究却很少。CNCs 在 CBMs 中的成核效应和对水分子的迁移作用也需要通过实验来证实。

1.6 结论和建议

本章综述了碳纳米材料、无机氧化物材料和有机纳米材料对 CBMs 的力学性能和 C-S-H 纳米结构的影响。综合分析发现，纳米材料主要通过形态效应、成核效应、火山灰效应和化学改性来影响 C-S-H 的纳米结构，从而促进了 CBMs 宏观力学性能的改善。然而，值得注意的是，不同类型的纳米材料在 CBMs 中的分散性，特别是分散性的表征方法，仍需进一步探索。基于减少碳排放和成本的考虑，可持续纳米材料如 CNCs 在 CBMs 中的应用应该得到更多的关注。不同类型的纳米材料与 C-S-H 之间的结合模式以及影响 C-S-H 纳米结构的机制还没有确定。此外，从微观到宏观尺度上削弱或改善纳米材料对 CBMs 的影响也需要进一步关注和探索。

参考文献

[1] MILLER S A, MOORE F C. Climate and health damages from global concrete production [J]. Nature Climate Change, 2020 (10): 439-443.

[2] ALLEN A J, THOMAS J J, Jennings H M. Composition and density of nanoscale calcium-silicate-hydrate in cement [J]. Nature Materials, 2007 (6): 311-316.

[3] LIU Q F, FENG G L, XIA J, et al. Ionic transport features in concrete composites containing various shaped aggregates: a numerical study [J]. Composite Structures, 2018 (183): 371-380.

[4] ANDERSSON R, STRIPPLE H, GUSTAFSSON T, et al. Carbonation as a method to improve climate performance for cement based material [J]. Cement and Concrete Research, 2019 (124): 105819.

[5] BERRA M, CARASSITI F, MANGIALARDI T, et al. Effects of nanosilica addition on workability and compressive strength of Portland cement pastes [J]. Construction and Building Materials, 2012 (35): 666-675.

[6] GLASSER F P, MARCHAND J, SAMSON E. Durability of concrete-Degradation phenomena involving detrimental chemical reactions [J]. Cement and Concrete Research, 2008 (38): 226-246.

[7] SORELLI L, CONSTANTINIDES G, ULM F J, et al. The nano-mechanical signature of Ultra High Performance Concrete by statistical nanoindentation techniques [J]. Cement and Concrete Research, 2008 (38): 1447-1456.

[8] SCHERER G W. Structure and properties of gels [J]. Cement and Concrete Research, 1999 (29): 1149-1157.

[9] CHINDAPRASIRT P, JATURAPITAKKUL C, SINSIRI T. Effect of fly ash fineness on microstructure of blended cement paste [J]. Construction and Building Materials, 2007 (21): 1534-1541.

[10] RAFATSIDDIQUE J. Influence of metakaolin on the properties of mortar and concrete: A review [J]. Applied Clay Science, 2009 (43): 392-400.

[11] PARIS J M, ROESSLER J G, FERRARO C C, et al. A review of waste products utilized as supplements to Portland cement in concrete [J]. Journal of Cleaner Production, 2016 (121): 1-18.

[12] HAN B, ZHANG L, ZHANG C, et al. Reinforcement effect and mechanism of carbon fibers to mechanical and electrically conductive properties of cement-based materials [J]. Construction and Building Materials, 2016 (125): 479-489.

[13] ONUAGULUCHI O, BANTHIA N. Plant-based natural fibre reinforced cement composites: A review [J]. Cement and Concrete Composites, 2016 (68): 96-108.

[14] SCRIVENER K L, KIRKPATRICK R J. Innovation in use and research on cementitious material [J]. Cement and Concrete Research, 2008 (38): 128-136.

[15] JENNINGS H M, THOMAS J J, GEVRENOV J S, et al. A multi-technique investigation of the nanoporosity of cement paste [J]. Cement and Concrete Research, 2007 (37): 329-336.

[16] CONSTANTINIDES G, ULM F J. The effect of two types of C-S-H on the elasticity of cement-based materials: Results from nanoindentation and micromechanical modeling [J]. Cement and Concrete Research, 2004 (34): 67-80.

[17] JENNINGS H M. A model for the microstructure of calcium silicate hydrate in cement paste [J]. Cement and Concrete Research, 2000 (30): 101-116.

[18] PAUL H M J, TENNIS D. A model for two types of calcium silicate hydrate in the microstructure of portland cement pastes [J]. Cement and Concrete Research, 2000 (30): 855-863.

[19] JENNINGS H M. Refinements to colloid model of C-S-H in cement: CM-Ⅱ [J]. Cement and Concrete Research, 2008 (38): 275-289.

[20] RICHARDSON I G. The nature of C-S-H in hardened cements [J]. Cement and Concrete Research, 1999 (29): 1131-1147.

[21] EFTEKHARI M, MOHAMMADI S. Molecular dynamics simulation of the nonlinear behavior of the CNT-reinforced calcium silicate hydrate (C-S-H) composite [J]. Composites Part A: Applied Science and Manufacturing, 2016 (82): 78-87.

[22] ZHANG L, YAMAUCHI K, LI Z, et al. Novel understanding of calcium silicate hydrate from dilute hydration [J]. Cement and Concrete Research, 2017 (99): 95-105.

[23] TAJUELO E RODRIGUEZ, GARBEV K, MERZ D, et al. Thermal stability of C-S-H phases and applicability of Richardson and Groves' and Richardson C-(A)-S-H (I) models to synthetic C-S-H [J]. Cement and Concrete Research, 2017 (93): 45-56.

[24] BELLMANN F, SOWOIDNICH T, LUDWIG H M, et al. Dissolution rates during the early hydration of tricalcium silicate [J]. Cement and Concrete Research, 2015 (72): 108-116.

[25] BERNARD E, LOTHENBACH B, GOFF F LE, et al. Effect of magnesium on calcium silicate hydrate (C-S-H) [J]. Cement and Concrete Research, 2017 (97): 61-72.

[26] NALET C, NONAT A. Effects of hexitols on the hydration of tricalcium silicate [J]. Cement and Concrete Research, 2017 (91): 87-96.

[27] LI H, DU T, XIAO H, et al. Crystallization of calcium silicate hydrates on the surface of nanomaterials [J]. Journal of the American Ceramic Society, 2017 (100): 3227-3238.

[28] SINGH L P, ZHU W, HOWIND T, et al. Quantification and characterization of C-S-H in silica nanoparticles incorporated cementitious system [J]. Cement and Concrete Composites, 2017 (79): 106-116.

[29] BORRMANN T, JOHNSTON J H, MCFARLANE A J, et al. Nano-structured calcium silicate hydrate functionalised with iodine [J]. Journal of Colloid and Interface Science, 2009 (339): 175-182.

[30] PELISSER F, GLEIZE P J P, MIKOWSKI A. Structure and micro-nanomechanical characterization of synthetic calcium-silicate-hydrate with Poly (Vinyl Alcohol) [J]. Cement and Concrete Composites, 2014 (48): 1-8.

[31] MORALES-FLOREZ V, FINDLING N, BRUNET F. Changes on the nanostructure of cementitius calcium silicate hydrates (C-S-H) induced by aqueous carbonation [J]. Journal of Materials Science, 2011 (47): 764-771.

[32] ALLEN A J, THOMAS J J. Analysis of C-S-H gel and cement paste by small-angle neutron scattering [J]. Cement and Concrete Research, 2007 (37): 319-324.

[33] CHIANG W S, FRATINI E, BAGLIONI P, et al. Microstructure determination of calcium-silicate-hydrate globules by small-angle neutron scattering [J]. The Journal of Physical Chemistry C, 2012 (116): 5055-5061.

[34] NICOLEAU L, BERTOLIM M A, STRUBLE L. Analytical model for the alite (C3S) dissolution topography [J]. Journal of the American Ceramic Society, 2015 (99): 773-786.

[35] PELISSER F, GLEIZE P J P, MIKOWSKI A. Effect of the Ca/Si Molar ratio on the micro/nanomechanical properties of synthetic C-S-H measured by nanoindentation [J]. The Journal of Physical Chemistry C, 2012 (116): 17219-17227.

[36] SCHÖNLEIN M, PLANK J. A TEM study on the very early crystallization of C-S-H in the presence of polycarboxylate superplasticizers: Transformation from initial C-S-H globules to nanofoils [J]. Cement and Concrete Research, 2018 (106): 33-39.

[37] TAYLOR R, SAKDINAWAT A, CHAE S R, et al. Developments in TEM nanotomography of calcium silicate hydrate [J]. Journal of the American Ceramic Society, 2015 (98): 2307-2312.

[38] TRAPOTE-BARREIRA A, PORCAR L, CAMA J, et al. Structural changes in C-S-H gel during dissolution: Small-angle neutron scattering and Si-NMR characterization [J]. Cement and Concrete Research, 2015 (72): 76-89.

[39] TORRES-CARRASCO M, DEL CAMPO A, DE LA RUBIA M A, et al. In situ full view of the Portland cement hydration by confocal Raman microscopy [J]. Journal of Raman Spectroscopy, 2019 (50): 720-730.

[40] BLACK L, BREEN C, YARWOOD J, et al. Structural features of C-S-H (I) and its carbonation in air—a Raman spectroscopic study. Part II: carbonated phases [J]. Journal of the American Ceramic Society, 2007 (90): 908-917.

[41] OH J E, CLARK S M, WENK H R, et al. Experimental determination of bulk modulus of 14Å tobermorite using high pressure synchrotron X-ray diffraction [J]. Cement and Concrete Research, 2012 (42): 397-403.

[42] MADDALENA R, LI K, CHATER P A, et al. Direct synthesis of a solid calcium-silicate-hydrate (C-S-H) [J]. Construction and Building Materials, 2019 (223): 554-565.

[43] ZHU X, QIAN C, HE B, et al. Experimental study on the stability of C-S-H nanostructures with varying bulk CaO/SiO_2 ratios under cryogenic attack [J]. Cement and Concrete Research, 2020 (135): 106114.

[44] GARCÍA-LODEIRO I, FERNÁNDEZ-JIMÉNEZ A, BLANCO M T, et al. FTIR study of the sol-gel synthesis of cementitious gels: C-S-H and N-A-S-H [J]. Journal of Sol-Gel Science and Technology, 2007 (45): 63-72.

[45] VALORI A, MCDONALD P J, SCRIVENER K L. The morphology of C-S-H: Lessons from 1H nuclear magnetic resonance relaxometry [J]. Cement and Concrete Research, 2013 (49): 65-81.

[46] CHIANG W S, FRATINI E, RIDI F, et al. Microstructural changes of globules in calcium-silicate-hydrate gels with and without additives determined by small-angle neutron and X-ray scattering

[J]. Journal of colloid and interface science, 2013 (398): 67-73.

[47] PÉREZ G, GUERRERO A, GAITERO J J, et al. Structural characterization of C-S-H gel through an improved deconvolution analysis of NMR spectra [J]. Journal of Materials Science, 2013 (49): 142-152.

[48] FAUCON J M D P, VIRLET J, JACQUINOT J F, et al. Study of the structural properties of the C-S-H (I) by molecular dynamics simulation [J]. Cement and Concrete Research, 1997 (27): 1581-1590.

[49] WANG F, KONG X, JIANG L, et al. The acceleration mechanism of nano-C-S-H particles on OPC hydration [J]. Construction and Building Materials, 2020 (249): 118734.

[50] XU G, DU S, HE J, et al. The role of admixed graphene oxide in a cement hydration system [J]. Carbon, 2019 (148): 141-150.

[51] FEHERVARI A, MACLEOD A J N, GARCEZ E O, et al. On the mechanisms for improved strengths of carbon nanofiber-enriched mortars [J]. Cement and Concrete Research, 2020 (136): 106178.

[52] MENDOZA REALES O A, DIAS TOLEDO FILHO R. A review on the chemical, mechanical and microstructural characterization of carbon nanotubes-cement based composites [J]. Construction and Building Materials, 2017 (154): 697-710.

[53] DU H, PANG S D. High performance cement composites with colloidal nano-silica [J]. Construction and Building Materials, 2019 (224): 317-325.

[54] OLTULU M, ŞAHIN R. Effect of nano-SiO_2, nano-Al_2O_3 and nano-Fe_2O_3 powders on compressive strengths and capillary water absorption of cement mortar containing fly ash: A comparative study [J]. Energy and Buildings, 2013 (58): 292-301.

[55] BEAUDOIN J J, RAKI L, ALIZADEH R. A ^{29}Si MAS NMR study of modified C-S-H nanostructures [J]. Cement and Concrete Composites, 2009 (31): 585-590.

[56] PELISSER F, GLEIZE P J P, MIKOWSKI A. Effect of poly (diallyldimethylammonium chloride) on nanostructure and mechanical properties of calcium silicate hydrate [J]. Materials Science and Engineering: A, 2010 (527): 7045-7049.

[57] BEAUDOIN J J, DRAMÉ H, RAKI L, et al. Formation and properties of C-S-H-PEG nano-structures [J]. Materials and Structures, 2008 (42): 1003-1014.

[58] YANG Z, SUI S, WANG L, et al. Improving the chloride binding capacity of cement paste by adding nano-Al_2O_3: The cases of blended cement pastes, Construction and Building Materials [J]. 2020 (232): 117219.

[59] LU D, ZHONG J. Carbon-based nanomaterials engineered cement composites: a review [J]. Journal of Infrastructure Preservation and Resilience, 2022 (3): 1-20.

[60] STEPHENS C, BROWN L, SANCHEZ F. Quantification of the re-agglomeration of carbon nanofiber aqueous dispersion in cement pastes and effect on the early age flexural response [J]. Carbon, 2016 (107): 482-500.

[61] BROWN L, SANCHEZ F. Influence of carbon nanofiber clustering on the chemo-mechanical behavior of cement pastes [J]. Cement and Concrete Composites, 2016 (65): 101-109.

[62] HOGANCAMP J，GRASLEY Z. The use of microfine cement to enhance the efficacy of carbon nanofibers with respect to drying shrinkage crack resistance of portland cement mortars [J]. Cement and Concrete Composites，2017 (83)：405-414.

[63] LIU Y，WANG M，TIAN W，et al. Ohmic heating curing of carbon fiber/carbon nanofiber synergistically strengthening cement-based composites as repair/reinforcement materials used in ultra-low temperature environment [J]. Composites Part A：Applied Science and Manufacturing，2019 (125)：105570.

[64] DU M，GAO Y，HAN G，et al. Stabilizing effect of methylcellulose on the dispersion of multi-walled carbon nanotubes in cementitious composites [J]. Nanotechnology Reviews，2020 (9)：93-104.

[65] KONSTA-GDOUTOS M S，BATIS G，DANOGLIDIS P A，et al. Effect of CNT and CNF loading and count on the corrosion resistance，conductivity and mechanical properties of nanomodified OPC mortars [J]. Construction and Building Materials，2017 (147)：48-57.

[66] KONSTA-GDOUTOS M S，METAXA Z S，SHAH S P. Highly dispersed carbon nanotube reinforced cement based materials [J]. Cement and Concrete Research，2010 (40)：1052-1059.

[67] YU J，GROSSIORD N，KONING C E，et al. Controlling the dispersion of multi-wall carbon nanotubes in aqueous surfactant solution [J]. Carbon，2007 (45)：618-623.

[68] TYSON B M，ABU AL-RUB R K，YAZDANBAKHSH A，et al. Carbon Nanotubes and Carbon Nanofibers for Enhancing the Mechanical Properties of Nanocomposite Cementitious Materials [J]. Journal of Materials in Civil Engineering，2011 (23)：1028-1035.

[69] YAN X，ZHENG D，YANG H，et al. Study of optimizing graphene oxide dispersion and properties of the resulting cement mortars [J]. Construction and Building Materials，2020 (257)：119477.

[70] SARGAM Y，WANG K. Quantifying dispersion of nanosilica in hardened cement matrix using a novel SEM-EDS and image analysis-based methodology [J]. Cement and Concrete Research，2021 (147)：106524.

[71] METAXA Z S，KONSTA-GDOUTOS M S，SHAH S P. Carbon nanofiber cementitious composites：Effect of debulking procedure on dispersion and reinforcing efficiency [J]. Cement and Concrete Composites，2013 (36)：25-32.

[72] SALEH N B，PFEFFERLE L D，ELIMELECH M. Aggregation kinetics of multiwalled carbon nanotubes in aquatic systems：measurements and environmental implications [J]. Environmental Science & Technology，2008 (42)：7963-7969.

[73] BOGAS J A，HAWREEN A，OLHERO S，et al. Selection of dispersants for stabilization of unfunctionalized carbon nanotubes in high pH aqueous suspensions：Application to cementitious matrices [J]. Applied Surface Science，2019 (463)：169-181.

[74] LU Z，LI X，HANIF A，et al. Early-age interaction mechanism between the graphene oxide and cement hydrates [J]. Construction and Building Materials，2017 (152)：232-239.

[75] LU Z，HOU D，HANIF A，et al. Comparative evaluation on the dispersion and stability of graphene oxide in water and cement pore solution by incorporating silica fume [J]. Cement and Con-

crete Composites, 2018 (94): 33-42.

[76] PARVEEN S, RANA S, FANGUEIRO R, et al. Microstructure and mechanical properties of carbon nanotube reinforced cementitious composites developed using a novel dispersion technique [J]. Cement and Concrete Research, 2015 (73): 215-227.

[77] LI X, KORAYEM A H, LI C, et al. Incorporation of graphene oxide and silica fume into cement paste: A study of dispersion and compressive strength [J]. Construction and Building Materials, 2016 (123): 327-335.

[78] BAI S, JIANG L, XU N, et al. Enhancement of mechanical and electrical properties of graphene/cement composite due to improved dispersion of graphene by addition of silica fume [J]. Construction and Building Materials, 2018 (164): 433-441.

[79] ZHANG M-H, ISLAM J, PEETHAMPARAN S. Use of nano-silica to increase early strength and reduce setting time of concretes with high volumes of slag [J]. Cement and Concrete Composites, 2012 (34): 650-662.

[80] YOUSEFI A, ALLAHVERDI A, HEJAZI P. Effective dispersion of nano-TiO_2 powder for enhancement of photocatalytic properties in cement mixes [J]. Construction and Building Materials, 2013 (41): 224-230.

[81] FENG P, CHANG H, LIU X, et al. The significance of dispersion of nano-SiO_2 on early age hydration of cement pastes [J]. Materials & Design, 2020 (186): 108320.

[82] HAN B, LI Z, ZHANG L, et al. Reactive powder concrete reinforced with nano SiO_2-coated TiO_2 [J]. Construction and Building Materials, 2017 (148): 104-112.

[83] CAI Y, HOU P, CHENG X, et al. The effects of nanoSiO_2 on the properties of fresh and hardened cement-based materials through its dispersion with silica fume [J]. Construction and Building Materials, 2017 (148): 770-780.

[84] SOMASUNDARAN P. Encyclopedia of surface and colloid science [M]. CRC press, 2006.

[85] SCHWYZER I, KAEGI R, SIGG L, et al. Colloidal stability of suspended and agglomerate structures of settled carbon nanotubes in different aqueous matrices [J]. Water Res, 2013 (47): 3910-3920.

[86] NTIM S A, SAE-KHOW O, WITZMANN F A, et al. Effects of polymer wrapping and covalent functionalization on the stability of MWCNT in aqueous dispersions [J]. J Colloid Interface Sci, 2011 (355): 383-388.

[87] LEE H K, NAM I W, TAFESSE M, et al. Fluctuation of electrical properties of carbon-based nanomaterials/cement composites: Case studies and parametric modeling [J]. Cement and Concrete Composites, 2019 (102): 55-70.

[88] NAQI A, ABBAS N, ZAHRA N, et al. Effect of multi-walled carbon nanotubes (MWCNTs) on the strength development of cementitious materials [J]. Journal of Materials Research and Technology, 2019 (8): 1203-1211.

[89] SHI T, LI Z, GUO J, et al. Research progress on CNTs/CNFs-modified cement-based composites-A review [J]. Construction and Building Materials, 2019 (202): 290-307.

[90] MENG W, KHAYAT K H. Effect of graphite nanoplatelets and carbon nanofibers on rheology,

hydration, shrinkage, mechanical properties, and microstructure of UHPC [J]. Cement and Concrete Research, 2018 (105): 64-71.

[91] GDOUTOS E E, KONSTA-GDOUTOS M S, DANOGLIDIS P A. Portland cement mortar nanocomposites at low carbon nanotube and carbon nanofiber content: A fracture mechanics experimental study [J]. Cement and Concrete Composites, 2016 (70): 110-118.

[92] KONSTA-GDOUTOS M S, DANOGLIDIS P A, SHAH S P. High modulus concrete: Effects of low carbon nanotube and nanofiber additions [J]. Theoretical and Applied Fracture Mechanics, 2019 (103): 102295.

[93] ABU AL-RUB R K, TYSON B M, YAZDANBAKHSH A, et al. Mechanical properties of nanocomposite cement incorporating surface-treated and untreated carbon nanotubes and carbon nanofibers [J]. Journal of Nanomechanics and Micromechanics, 2012 (2): 1-6.

[94] WANG B M, ZHANG Y, LIU S. Influence of Carbon Nanofibers on the Mechanical Performance and Microstructure of Cement-Based Materials [J]. Nanoscience and Nanotechnology Letters, 2013 (5): 1112-1118.

[95] WANG B, ZHANG Y, MA H. Porosity and pore size distribution measurement of cement/carbon nanofiber composites by 1H low field nuclear magnetic resonance [D]. Journal of Wuhan University of Technology-Mater. Sci. Ed., 2014 (29): 82-88.

[96] WANG S, LIM J L G, TAN K H. Performance of lightweight cementitious composite incorporating carbon nanofibers [J]. Cement and Concrete Composites, 2020 (109): 103561.

[97] GAO Y, ZHU X, CORR D J, et al. Characterization of the interfacial transition zone of CNF-Reinforced cementitious composites [J]. Cement and Concrete Composites, 2019 (99): 130-139.

[98] WANG B, FAN C. Effect of carbon nanofibers on rheological and mechanical properties of cement composites [J]. Materials Research Express, 2018 (5): 065058.

[99] CUI H, JIN Z, ZHENG D, et al. Effect of carbon fibers grafted with carbon nanotubes on mechanical properties of cement-based composites [J]. Construction and Building Materials, 2018 (181): 713-720.

[100] LIM J L G, RAMAN S N, SAFIUDDIN M, et al. Autogenous shrinkage, microstructure, and strength of ultra-high performance concrete incorporating carbon nanofibers [J]. Materials (Basel), 2019 (12): 320.

[101] BARBHUIYA S, CHOW P. Nanoscaled mechanical properties of cement composites reinforced with carbon nanofibers [J]. Materials (Basel), 2017 (10): 662.

[102] GDOUTOS E E, KONSTA-GDOUTOS M S, DANOGLIDIS P A, et al. Advanced cement based nanocomposites reinforced with MWCNTs and CNFs [J]. Frontiers of Structural and Civil Engineering, 2016 (10): 142-149.

[103] WANG B M, ZHANG Y. Synthesis and properties of carbon nanofibers filled cement-based composites combined with new surfactant methylcellulose [J]. Materials Express, 2014 (4): 177-182.

[104] METAXA Z S, KONSTA-GDOUTOS M S, SHAH S P. Carbon nanofiber-reinforced cement-based materials [J]. transportation research record: Journal of the Transportation Research

Board, 2010 (2142): 114-118.

[105] CHEN Y, WANG S, LIU B, et al. Effects of geometrical and mechanical properties of fiber and matrix on composite fracture toughness [J]. Composite Structures, 2015 (122): 496-506.

[106] ZHU X, GAO Y, DAI Z, et al. Effect of interfacial transition zone on the Young's modulus of carbon nanofiber reinforced cement concrete [J]. Cement and Concrete Research, 2018 (107): 49-63.

[107] GAO Y, CORR D J, KONSTA-GDOUTOS M S, et al. Effect of carbon nanofibers on autogenous shrinkage and shrinkage cracking of cementitious nanocomposites [J]. ACI Materials Journal, 2018 (115): 4.

[108] YU M F, LOURIE O, DYER M J, et al. Strength and breaking mechanism of multiwalled carbon nanotubes under tensile load [J]. Science, 2000 (287): 637-640.

[109] RUAN Y, HAN B, YU X, et al. Carbon nanotubes reinforced reactive powder concrete [J]. Composites Part A: Applied Science and Manufacturing, 2018 (112): 371-382.

[110] YUE LI H L, ZIGENG WANG. Caiyun Jin Effect and mechanism analysis of functionalized multi-walled carbon nanotubes (MWCNTs) on C-S-H gel [J]. Cement and Concrete Research, 2020 (128): 105955.

[111] COLEMAN J N, KHAN U, BLAU W J, et al. Small but strong: A review of the mechanical properties of carbon nanotube-polymer composites [J]. Carbon, 2006 (44): 1624-1652.

[112] KONSTA-GDOUTOS M S, METAXA Z S, SHAH S P. Multi-scale mechanical and fracture characteristics and early-age strain capacity of high performance carbon nanotube/cement nanocomposites [J]. Cement and Concrete Composites, 2010 (32): 110-115.

[113] MARIA Z S M, KONSTA-GDOUTOS S, SURENDRA P SHAH. Highly dispersed carbon nanotube reinforced cement based materials [J]. Cement and Concrete Research 2010 (40): 1052-1059.

[114] LU S, WANG X, MENG Z, et al. The mechanical properties, microstructures and mechanism of carbon nanotube-reinforced oil well cement-based nanocomposites [J]. RSC Advances, 2019 (9): 26691-26702.

[115] CHAIPANICH A, NOCHAIYA T, WONGKEO W, et al. Compressive strength and microstructure of carbon nanotubes-fly ash cement composites [J]. Materials Science and Engineering: A, 2010 (527): 1063-1067.

[116] FAROOQ F, AKBAR A, KHUSHNOOD R A, et al. Experimental investigation of hybrid carbon nanotubes and graphite nanoplatelets on rheology, shrinkage, mechanical and Microstructure of SCCM [J]. Materials (Basel), 2020 (13): 230.

[117] ALATAWNA A, BIRENBOIM M, NADIV R, et al. The effect of compatibility and dimensionality of carbon nanofillers on cement composites [J]. Construction and Building Materials, 2020 (232): 117141.

[118] FU C, XIE C, LIU J, et al. A Comparative Study on the Effects of Three Nano-Materials on the Properties of Cement-Based Composites [J]. Materials (Basel), 2020 (13): 857.

[119] DANOGLIDIS P A, KONSTA-GDOUTOS M S, GDOUTOS E E, et al. Strength, energy ab-

sorption capability and self-sensing properties of multifunctional carbon nanotube reinforced mortars [J]. Construction and Building Materials，2016 (120)：265-274.

[120] SOUZA T C DE，PINTO G，CRUZ V S，et al. Evaluation of the rheological behavior，hydration process，and mechanical strength of Portland cement pastes produced with carbon nanotubes synthesized directly on clinker [J]. Construction and Building Materials，2020 (248).

[121] HU S，XU Y，WANG J，et al. Modification effects of carbon nanotube dispersion on the mechanical properties，pore structure and microstructure of cement mortar [J]. Materials (Basel)，2020 (13)：1101.

[122] WANG B，PANG B. Properties improvement of multiwall carbon nanotubes-reinforced cement-based composites [J]. Journal of Composite Materials，2019：2379-2387.

[123] SEDAGHATDOOST A，BEHFARNIA K，HENDI A，et al. Void characteristics and mechanical strength of cementitious mortars containing multi-walled carbon nanotubes [J]. Journal of Composite Materials，2019：2283-2295.

[124] ZOU B，CHEN S J，KORAYEM A H，et al. Effect of ultrasonication energy on engineering properties of carbon nanotube reinforced cement pastes [J]. Carbon，2015 (85)：212-220.

[125] XU S，LIU J，LI Q. Mechanical properties and microstructure of multi-walled carbon nanotube-reinforced cement paste [J]. Construction and Building Materials，2015 (76)：16-23.

[126] CUI H，YANG S，MEMON S A. Development of carbon nanotube modified cement paste with microencapsulated phase-change material for structural-functional integrated application [J]. Int J Mol Sci，2015 (16)：8027-8039.

[127] KUMAR S，KOLAY P，MALLA S，et al. Effect of multiwalled carbon nanotubes on mechanical strength of cement paste [J]. Journal of Materials in Civil Engineering，2012 (24)：84-91.

[128] HU Y，LUO D，LI P，et al. Fracture toughness enhancement of cement paste with multi-walled carbon nanotubes [J]. Construction and Building Materials，2014 (70)：332-338.

[129] CARMEN CAMACHO M DEL，GALAO O，BAEZA F J，et al. Mechanical properties and durability of CNT cement composites [J]. Materials (Basel)，2014 (7)：1640-1651.

[130] AL-RUB R K ABU，ASHOUR A I，et al. On the aspect ratio effect of multi-walled carbon nanotube reinforcements on the mechanical properties of cementitious nanocomposites [J]. Construction and Building Materials，2012 (35)：647-655.

[131] KIM G M，KIM Y K，KIM Y J，et al. Enhancement of the modulus of compression of calcium silicate hydrates via covalent synthesis of CNT and silica fume [J]. Construction and Building Materials，2019 (198)：218-225.

[132] MACLEOD A J N，FEHERVARI A，GATES W P，et al. Enhancing fresh properties and strength of concrete with a pre-dispersed carbon nanotube liquid admixture [J]. Construction and Building Materials，2020 (247)：118524.

[133] WANG J，HAN B，LI Z，et al. Effect investigation of nanofillers on C-S-H gel structure with Si NMR [J]. Journal of Materials in Civil Engineering，2019 (31)：04018352.

[134] LI Y，LI H，WANG Z，et al. Effect and mechanism analysis of functionalized multi-walled carbon nanotubes (MWCNTs) on C-S-H gel [J]. Cement and Concrete Research，2020

(128): 105955.

[135] LI Z, CORR D J, HAN B, et al. Investigating the effect of carbon nanotube on early age hydration of cementitious composites with isothermal calorimetry and Fourier transform infrared spectroscopy [J]. Cement and Concrete Composites, 2020 (107): 103513.

[136] WANG M, WANG R, YAO H, et al. Study on the three dimensional mechanism of graphene oxide nanosheets modified cement [J]. Construction and Building Materials, 2016 (126): 730-739.

[137] GONG K, PAN Z, KORAYEM A H, et al. Reinforcing effects of graphene oxide on portland cement paste [J]. Journal of Materials in Civil Engineering, 2015 (27): A4014010.

[138] WANG Q, WANG J, LV C-X, et al. Rheological behavior of fresh cement pastes with a graphene oxide additive [J]. New Carbon Materials, 2016 (31): 574-584.

[139] LI X, LIU Y M, LI W G, et al. Effects of graphene oxide agglomerates on workability, hydration, microstructure and compressive strength of cement paste [J]. Construction and Building Materials, 2017 (145): 402-410.

[140] CHUAH S, LI W, CHEN S J, et al. Investigation on dispersion of graphene oxide in cement composite using different surfactant treatments [J]. Construction and Building Materials, 2018 (161): 519-527.

[141] YANG H, MONASTERIO M, CUI H, et al. Experimental study of the effects of graphene oxide on microstructure and properties of cement paste composite [J]. Composites Part A: Applied Science and Manufacturing, 2017 (102): 263-272.

[142] LV S, HU H, ZHANG J, et al. Fabrication of GO/cement composites by incorporation of few-layered go nanosheets and characterization of their crystal/chemical structure and properties [J]. Nanomaterials (Basel), 2017 (7): 457.

[143] LI W, LI X, CHEN S J, et al. Effects of nanoalumina and graphene oxide on early-age hydration and mechanical properties of cement paste [J]. Journal of Materials in Civil Engineering, 2017 (29): 04017087.

[144] LI X, WANG L, LIU Y, et al. Dispersion of graphene oxide agglomerates in cement paste and its effects on electrical resistivity and flexural strength [J]. Cement and Concrete Composites, 2018 (92): 145-154.

[145] LONG W J, GU Y C, XIAO B X, et al. Micro-mechanical properties and multi-scaled pore structure of graphene oxide cement paste: synergistic application of nanoindentation, X-ray computed tomography and SEM-EDS analysis [J]. Construction and Building Materials, 2018 (179): 661-674.

[146] LONG W J, WEI J J, XING F, et al. Enhanced dynamic mechanical properties of cement paste modified with graphene oxide nanosheets and its reinforcing mechanism [J]. Cement and Concrete Composites, 2018 (93): 127-139.

[147] SUN G, LIANG R, LU Z, et al. Mechanism of cement/carbon nanotube composites with enhanced mechanical properties achieved by interfacial strengthening [J]. Construction and Building Materials, 2016 (115): 87-92.

[148] PAN Z, HE L, QIU L, et al. Mechanical properties and microstructure of a graphene oxide-cement composite [J]. Cement and Concrete Composites, 2015 (58): 140-147.
[149] AN J, NAM B H, ALHARBI Y, et al. Edge-oxidized graphene oxide (EOGO) in cement composites: cement hydration and microstructure [J]. Composites Part B: Engineering, 2019 (173): 106795.
[150] QURESHI T S, PANESAR D K, SIDHUREDDY B, et al. Nano-cement composite with graphene oxide produced from epigenetic graphite deposit [J]. Composites Part B: Engineering, 2019 (159): 248-258.
[151] MOKHTAR M M, ABO-EL-ENEIN S A, HASSAAN M Y, et al. Mechanical performance, pore structure and micro-structural characteristics of graphene oxide nano platelets reinforced cement [J]. Construction and Building Materials, 2017 (138): 333-339.
[152] LI W, LI X, CHEN S J, et al. Effects of graphene oxide on early-age hydration and electrical resistivity of Portland cement paste [J]. Construction and Building Materials, 2017 (136): 506-514.
[153] CHEN Z S, ZHOU X, WANG X, et al. Mechanical behavior of multilayer GO carbon-fiber cement composites [J]. Construction and Building Materials, 2018 (159): 205-212.
[154] HOU D, LU Z, LI X, et al. Reactive molecular dynamics and experimental study of graphene-cement composites: structure, dynamics and reinforcement mechanisms [J]. Carbon, 2017 (115): 188-208.
[155] KAMALI M, GHAHREMANINEZHAD A. A study of calcium-silicate-hydrate/polymer nanocomposites fabricated using the layer-by-layer method [J]. Materials (Basel), 2018 (11): 527.
[156] KANG X, ZHU X, LIU J, et al. Dissolution and precipitation behaviours of graphene oxide / tricalcium silicate composites [J]. Composites Part B: Engineering, 2020 (186): 107800.
[157] LIN C, WEI W, HU Y H. Catalytic behavior of graphene oxide for cement hydration process [J]. Journal of Physics and Chemistry of Solids, 2016 (89): 128-133.
[158] RANJBAR N, MEHRALI M, MEHRALI M, et al. Graphene nanoplatelet-fly ash based geopolymer composites [J]. Cement and Concrete Research, 2015 (76): 222-231.
[159] LI J, ZHENG Q. The first experimental evidence for improved nanomechanical properties of calcium silicate hydrate by polycarboxylate ether and graphene oxide [J]. Cement and Concrete Research, 2022 (156): 106787.
[160] YANG H, CUI H, TANG W, et al. A critical review on research progress of graphene/cement based composites [J]. Composites Part A: Applied Science and Manufacturing, 2017 (102): 273-296.
[161] DELA VEGA M S D C, VASQUEZ M R. Plasma-functionalized exfoliated multilayered graphene as cement reinforcement [J]. Composites Part B: Engineering, 2019 (160): 573-585.
[162] KRYSTEK M, PAKULSKI D, GORSKI M, et al. Electrochemically exfoliated graphene for high-durability cement composites [J]. ACS Appl Mater Interfaces, 2021 (13): 23000-23010.
[163] LIU J, LI Q, XU S. Reinforcing mechanism of graphene and graphene oxide sheets on cement-based materials [J]. Journal of Materials in Civil Engineering, 2019 (31): 04019014.

[164] LAVAGNA L, MASSELLA D, PRIOLA E, et al. Relationship between oxygen content of graphene and mechanical properties of cement-based composites [J]. Cement and Concrete Composites, 2021 (115): 103851.

[165] GEORGAKILAS V, TIWARI J N, KEMP K C, et al. Noncovalent functionalization of graphene and graphene oxide for energy materials, biosensing, catalytic and biomedical applications [J]. Chem Rev, 2016 (116): 5464-5519.

[166] WANG P, QIAO G, HOU D, et al. Functionalization enhancement interfacial bonding strength between graphene sheets and calcium silicate hydrate: Insights from molecular dynamics simulation [J]. Construction and Building Materials, 2020 (261): 120500.

[167] BEHFARNIA K, SALEMI N. The effects of nano-silica and nano-alumina on frost resistance of normal concrete [J]. Construction and Building Materials, 2013 (48): 580-584.

[168] ZHANG M H, ISLAM J. Use of nano-silica to reduce setting time and increase early strength of concretes with high volumes of fly ash or slag [J]. Construction and Building Materials, 2012 (29): 573-580.

[169] JI T. Preliminary study on the water permeability and microstructure of concrete incorporating nano-SiO_2 [J]. Cement and Concrete Research, 2005 (35): 1943-1947.

[170] SUN J, TIAN L, YU Z, et al. Studies on the size effects of nano-TiO_2 on Portland cement hydration with different water to solid ratios [J]. Construction and Building Materials, 2020 (259): 120390.

[171] MENG T, YU Y, QIAN X, et al. Effect of nano-TiO_2 on the mechanical properties of cement mortar [J]. Construction and Building Materials, 2012 (29): 241-245.

[172] MOHSENI E, MIYANDEHI B M, YANG J, et al. Single and combined effects of nano-SiO_2, nano-Al_2O_3 and nano-TiO_2 on the mechanical, rheological and durability properties of self-compacting mortar containing fly ash [J]. Construction and Building Materials, 2015 (84): 331-340.

[173] ZHANG R, CHENG X, HOU P, et al. Influences of nano-TiO_2 on the properties of cement-based materials: hydration and drying shrinkage [J]. Construction and Building Materials, 2015 (81): 35-41.

[174] JALAL M, RAMEZANIANPOUR A A, POOL M K. Split tensile strength of binary blended self compacting concrete containing low volume fly ash and TiO_2 nanoparticles [J]. Composites Part B: Engineering, 2013 (55): 324-337.

[175] RUPASINGHE M, MENDIS P, NGO T, et al. Compressive strength prediction of nano-silica incorporated cement systems based on a multiscale approach [J]. Materials & Design, 2017 (115): 379-392.

[176] RUPASINGHE M, SAN NICOLAS R, MENDIS P, et al. Investigation of strength and hydration characteristics in nano-silica incorporated cement paste [J]. Cement and Concrete Composites, 2017 (80): 17-30.

[177] HOU P, KAWASHIMA S, KONG D, et al. Modification effects of colloidal nano-SiO_2 on cement hydration and its gel property [J]. Composites Part B: Engineering, 2013 (45): 440-448.

[178] LIU M, ZHOU Z, ZHANG X, et al. The synergistic effect of nano-silica with blast furnace slag in cement based materials [J]. Construction and Building Materials, 2016 (126): 624-631.
[179] QING Y, ZENAN Z, DEYU K, et al. Influence of nano-SiO_2 addition on properties of hardened cement paste as compared with silica fume [J]. Construction and Building Materials, 2007 (21): 539-545.
[180] STEFANIDOU M, PAPAYIANNI I. Influence of nano-SiO_2 on the Portland cement pastes [J]. Composites Part B: Engineering, 2012 (43): 2706-2710.
[181] LI H, XIAO H G, YUAN J, et al. Microstructure of cement mortar with nano-particles [J]. Composites Part B: Engineering, 2004 (35): 185-189.
[182] KONTOLEONTOS F, TSAKIRIDIS P E, MARINOS A, et al. Influence of colloidal nanosilica on ultrafine cement hydration: Physicochemical and microstructural characterization [J]. Construction and Building Materials, 2012 (35): 347-360.
[183] NAJI GIVI A, ABDUL RASHID S, AZIZ F N A, et al. Experimental investigation of the size effects of SiO_2 nano-particles on the mechanical properties of binary blended concrete [J]. Composites Part B: Engineering, 2010 (41): 673-677.
[184] NAZARI A, RIAHI S. The effects of SiO_2 nanoparticles on physical and mechanical properties of high strength compacting concrete [J]. Composites Part B: Engineering, 2011 (42): 570-578.
[185] ZHANG M H, LI H. Pore structure and chloride permeability of concrete containing nano-particles for pavement [J]. Construction and Building Materials, 2011 (25): 608-616.
[186] LI G. Properties of high-volume fly ash concrete incorporating nano-SiO_2 [J]. Cement and Concrete Research, 2004 (34): 1043-1049.
[187] BEIGI M H, BERENJIAN J, LOTFI OMRAN O, et al. An experimental survey on combined effects of fibers and nanosilica on the mechanical, rheological, and durability properties of self-compacting concrete [J]. Materials & Design, 2013 (50): 1019-1029.
[188] JOSHAGHANI A, BALAPOUR M, MASHHADIAN M, et al. Effects of nano-TiO_2, nano-Al_2O_3 and nano-Fe_2O_3 on rheology, mechanical and durability properties of self-consolidating concrete (SCC): An experimental study [J]. Construction and Building Materials, 2020 (245): 118444.
[189] CHEN J, KOU S C, POON C S. Hydration and properties of nano-TiO_2 blended cement composites [J]. Cement and Concrete Composites, 2012 (34): 642-649.
[190] MA B, LI H, LI X, et al. Influence of nano-TiO_2 on physical and hydration characteristics of fly ash-cement systems [J]. Construction and Building Materials, 2016 (122): 242-253.
[191] SIANG NG D, PAUL S C, NGGRAINI V, et al. Influence of SiO_2, TiO_2 and Fe_2O_3 nanoparticles on the properties of fly ash blended cement mortars [J]. Construction and Building Materials, 2020 (258): 119627.
[192] MOHSENI E, ASERI F, AMJADI R, et al. Microstructure and durability properties of cement mortars containing nano-TiO_2 and rice husk ash [J]. Construction and Building Materials, 2016 (114): 656-664.
[193] LI Z, WANG J, LI Y, et al. Investigating size effect of anatase phase nano TiO_2 on the property

of cement-based composites [J]. Materials Research Express, 2018 (5): 085034.
[194] LI L G, HUANG Z H, ZHU J, et al. Synergistic effects of micro-silica and nano-silica on strength and microstructure of mortar [J]. Construction and Building Materials, 2017 (140): 229-238.
[195] DU H, SDU, LIU X. Durability performances of concrete with nano-silica [J]. Construction and Building Materials, 2014 (73): 705-712.
[196] AZIMI-POUR M, ESKANDARI-NADDAF H. Synergistic effect of colloidal nano and micro-silica on the microstructure and mechanical properties of mortar using full factorial design [J]. Construction and Building Materials, 2020 (261): 120497.
[197] BJÖRNSTRÖM J, MARTINELLI A, MATIC A, et al. Accelerating effects of colloidal nano-silica for beneficial calcium-silicate-hydrate formation in cement [J]. Chemical Physics Letters, 2004 (392): 242-248.
[198] GAITERO J J, CAMPILLO I, GUERRERO A. Reduction of the calcium leaching rate of cement paste by addition of silica nanoparticles [J]. Cement and Concrete Research, 2008 (38): 1112-1118.
[199] PORRO A, DOLADO J, CAMPILLO I, et al. Effects of nanosilica additions on cement pastes [R]. applications of nanotechnology in concrete design: proceedings of the international Conference held at the University of Dundee, Scotland, UK on 7 July 2005, Thomas Telford Publishing, 2005: 87-96.
[200] SÁEZ DEL BOSQUE I F, MARTÍN-PASTOR M, MARTÍNEZ-RAMÍREZ S, et al. Effect of Temperature on C3 S and C3 S+Nanosilica Hydration and C-S-H Structure [J]. Journal of the American Ceramic Society, 2013 (96): 957-965.
[201] ZHOU Y, ZHENG H, QIU Y, et al. A molecular dynamics study on the structure, interfaces, mechanical properties and mechanisms of a calcium silicate hydrate/2D-silica nanocomposite [J]. Frontiers in Materials, 2020 (7): 127.
[202] LI Z, WANG H, HE S, et al. Investigations on the preparation and mechanical properties of the nano-alumina reinforced cement composite [J]. Materials Letters, 2006 (60): 356-359.
[203] HEIKAL M, ISMAIL M N, IBRAHIM N S. Physico-mechanical, microstructure characteristics and fire resistance of cement pastes containing Al_2O_3 nano-particles [J]. Construction and Building Materials, 2015 (91): 232-242.
[204] FARZADNIA N, ABANG ALI A A, DEMIRBOGA R. Characterization of high strength mortars with nano alumina at elevated temperatures [J]. Cement and Concrete Research, 2013 (54): 43-54.
[205] ZHANG A, YANG W, GE Y, et al. Effects of nano-SiO_2 and nano-Al_2O_3 on mechanical and durability properties of cement-based materials: a comparative study [J]. Journal of Building Engineering, 2021 (34): 101936.
[206] ZHOU J, ZHENG K, LIU Z, et al. Chemical effect of nano-alumina on early-age hydration of Portland cement [J]. Cement and Concrete Research, 2019 (116): 159-167.
[207] SHAO Q, ZHENG K, ZHOU X, et al. Enhancement of nano-alumina on long-term strength of

Portland cement and the relation to its influences on compositional and microstructural aspects [J]. Cement and Concrete Composites，2019 (98)：39-48.
[208] XIAO H，ZHANG F，LIU R，et al. Effects of pozzolanic and non-pozzolanic nanomaterials on cement-based materials [J]. Construction and Building Materials，2019 (213)：1-9.
[209] LIU X，CHEN L，LIU A，WANG X. Effect of Nano-$CaCO_3$ on Properties of Cement Paste [J]. Energy Procedia，2012 (16)：991-996.
[210] SATO T，DIALLO F. Seeding Effect of Nano-$CaCO_3$ on the Hydration of Tricalcium Silicate [J]. Transportation Research Record：Journal of the Transportation Research Board，2010 (2141)：61-67.
[211] WU Z，SHI C，KHAYAT K H，et al. Effects of different nanomaterials on hardening and performance of ultra-high strength concrete (UHSC) [J]. Cement and Concrete Composites，2016 (70)：24-34.
[212] YEŞILMEN S，AL-NAJJAR Y，BALAV M H，et al. Nano-modification to improve the ductility of cementitious composites [J]. Cement and Concrete Research，2015 (76)：170-179.
[213] KONG D，HUANG S，CORR D，et al. Whether do nano-particles act as nucleation sites for C-S-H gel growth during cement hydration? [J]. Cement and Concrete Composites，2018 (87)：98-109.
[214] ALIZADEH R，RAKI L，MAKAR J M，et al. Hydration of tricalcium silicate in the presence of synthetic calcium-silicate-hydrate [J]. Journal of Materials Chemistry，2009 (19)：7937-7946.
[215] KANCHANASON V，PLANK J. Effectiveness of a calcium silicate hydrate-polycarboxylate ether (C-S-H-PCE) nanocomposite on early strength development of fly ash cement [J]. Construction and Building Materials，2018 (169)：20-27.
[216] WYRZYKOWSKI M，ASSMANN A，HESSE C，et al. Microstructure development and autogenous shrinkage of mortars with C-S-H seeding and internal curing [J]. Cement and Concrete Research，2020 (129)：105967.
[217] XU C，LI H，YANG X. Effect and characterization of the nucleation C-S-H seed on the reactivity of granulated blast furnace slag powder [J]. Construction and Building Materials，2020 (238)：117726.
[218] SUN J，SHI H，QIAN B，et al. Effects of synthetic C-S-H/PCE nanocomposites on early cement hydration [J]. Construction and Building Materials，2017 (140)：282-292.
[219] LI J，ZHANG W，XU K，et al. Fibrillar calcium silicate hydrate seeds from hydrated tricalcium silicate lower cement demand [J]. Cement and Concrete Research，2020 (137)：106195.
[220] ZOU F，HU C，WANG F，et al. Enhancement of early-age strength of the high content fly ash blended cement paste by sodium sulfate and C-S-H seeds towards a greener binder [J]. Journal of Cleaner Production，2020 (244)：118566.
[221] ZOU F，SHEN K，HU C，et al. Effect of sodium sulfate and C-S-H seeds on the reaction of fly ash with different amorphous alumina contents [J]. ACS Sustainable Chemistry & Engineering，2020 (8)：1659-1670.
[222] LAND G，STEPHAN D. The effect of synthesis conditions on the efficiency of C-S-H seeds to ac-

celerate cement hydration [J]. Cement and Concrete Composites，2018 (87)：73-78.

[223] JOHN E，EPPING J D，STEPHAN D. The influence of the chemical and physical properties of C-S-H seeds on their potential to accelerate cement hydration [J]. Construction and Building Materials，2019 (228)：116723.

[224] HUBLER M H，THOMAS J J，JENNINGS H M. Influence of nucleation seeding on the hydration kinetics and compressive strength of alkali activated slag paste [J]. Cement and Concrete Research，2011 (41)：842-846.

[225] OWENS K，RUSSELL M I，DONNELLY G，et al. Use of nanocrystal seeding chemical admixture in improving Portland cement strength development：application for precast concrete industry [J]. Advances in Applied Ceramics，2014 (113)：478-484.

[226] PEDROSA H C，REALES O M，REIS V D，et al. Hydration of Portland cement accelerated by C-S-H seeds at different temperatures [J]. Cement and Concrete Research，2020 (129)：105978.

[227] ZHANG G，YANG Y，LI H. Calcium-silicate-hydrate seeds as an accelerator for saving energy in cold weather concreting [J]. Construction and Building Materials，2020 (264)：120191.

[228] OWENS K，RUSSELL M I，DONNELLY G，et al. Use of nanocrystal seeding chemical admixture in improving Portland cement strength development：application for precast concrete industry [J]. Advances in Applied Ceramics，2014 (113)：478-484.

[229] KANCHANASON V，LANK J. Role of pH on the structure，composition and morphology of C-S-H-PCE nanocomposites and their effect on early strength development of Portland cement [J]. Cement and Concrete Research，2017 (102)：90-98.

[230] LIZADEH R，BEAUDOIN J J，RAMACHANDRAN V S，et al. Applicability of the Hedvall effect to study the reactivity of calcium silicate hydrates [J]. Advances in Cement Research，2009 (21)：59-66.

[231] THOMAS J J，JENNINGS H M，CHEN J J. Influence of nucleation seeding on the hydration mechanisms of tricalcium silicate and cement [J]. The Journal of Physical Chemistry C，2009 (113)：4327-4334.

[232] ALIZADEH R，RAKI L，MAKAR J M，et al. Hydration of tricalcium silicate in the presence of synthetic calcium-silicate-hydrate [J]. Journal of Materials Chemistry，2009 (19)：7937.

[233] LI H，XU C，DONG B，et al. Enhanced performances of cement and powder silane based waterproof mortar modified by nucleation C-S-H seed [J]. Construction and Building Materials，2020 (246)：118511.

[234] SINGH N，DWIVEDI M，SINGH N. Effect of superplasticizer on the hydration of a mixture of white Portland cement and fly ash [J]. Cement and concrete research，1992 (22)：121-128.

[235] MA B，MA M，SHEN X，et al. Compatibility between a polycarboxylate superplasticizer and the belite-rich sulfoaluminate cement：setting time and the hydration properties [J]. Construction and Building Materials，2014 (51)：47-54.

[236] POPOVA A，GEOFFROY G，RENOU-GONNORD M F，et al. Interactions between polymeric dispersants and calcium silicate hydrates [J]. Journal of the American Ceramic Society，2000

(83): 2556-2560.

[237] PLANK J, HIRSCH C. Impact of zeta potential of early cement hydration phases on superplasticizer adsorption [J]. Cement and Concrete Research, 2007 (37): 537-542.

[238] NONAT A. The structure and stoichiometry of C-S-H [J]. Cement and Concrete Research, 2004 (34): 1521-1528.

[239] PLANK J, SAKAI E, MIAO C W, et al. Chemical admixtures—chemistry, applications and their impact on concrete microstructure and durability [J]. Cement and Concrete Research, 2015 (78): 81-99.

[240] CAPPELLETTO E, BORSACCHI S, GEPPI M, et al. Comb-shaped polymers as nanostructure modifiers of calcium silicate hydrate: a ^{29}Si solid-state nmr investigation [J]. The Journal of Physical Chemistry C, 2013 (117): 22947-22953.

[241] PUERTAS F, SANTOS H, PALACIOS M, et al. Polycarboxylate superplasticiser admixtures: effect on hydration, microstructure and rheological behaviour in cement pastes [J]. Advances in Cement Research, 2005 (17): 77-89.

[242] OROZCO C A, CHUN B W, GENG G, et al. Characterization of the bonds developed between calcium silicate hydrate and polycarboxylate-based superplasticizers with silyl functionalities [J]. Langmuir, 2017 (33): 3404-3412.

[243] NICOLEAU L, GÄDT T, CHITU L, et al. Oriented aggregation of calcium silicate hydrate platelets by the use of comb-like copolymers [J]. Soft Matter, 2013 (9): 4864-4874.

[244] BEAUDOIN J J, DRAMÉ H, RAKI L, et al. Formation and properties of CSHPEG nano-structures [J]. Materials and Structures, 2009 (42): 1003-1014.

[245] KHOSHNAZAR R, BEAUDOIN J J, RAKI L, et al. Interaction of 2-,3-and 4-nitrobenzoic acid with the structure of calcium-silicate-hydrate [J]. Materials and Structures, 2014 (49): 499-506.

[246] MINET J, ABRAMSON S, BRESSON B, et al. Organic calcium silicate hydrate hybrids: a new approach to cement based nanocomposites [J]. Journal of Materials Chemistry, 2006 (16): 1379-1383.

[247] MOSHIRI A, STEFANIUK D, SMITH S K, et al. Structure and morphology of calcium-silicate-hydrates cross-linked with dipodal organosilanes [J]. Cement and Concrete Research, 2020 (133): 106076.

[248] ZHOU Y, HOU D, MANZANO H, et al. Interfacial connection mechanisms in calcium-silicate-hydrates/polymer nanocomposites: a molecular dynamics study [J]. ACS Appl Mater Interfaces, 2017 (9): 41014-41025.

[249] ZHOU Y, SHE W, HOU D, et al. Modification of incorporation and in-situ polymerization of aniline on the nano-structure and meso-structure of calcium silicate hydrates [J]. Construction and Building Materials, 2018 (182): 459-468.

[250] ZHOU Y, OROZCO C A, DUQUE-REDONDO E, et al. Modification of poly (ethylene glycol) on the microstructure and mechanical properties of calcium silicate hydrates [J]. Cement and Concrete Research, 2019 (115): 20-30.

[251] DAS P, WALTHER A. Ionic supramolecular bonds preserve mechanical properties and enable synergetic performance at high humidity in water-borne [J]. self-assembled nacre-mimetics Nanoscale, 2013 (5): 9348-9356.

[252] TANG Z, KOTOV N A, MAGONOV S, et al. Nanostructured artificial nacre [J]. Nature materials, 2003 (2): 413-418.

[253] PODSIADLO P, LIU Z, PATERSON D, et al. Fusion of seashell nacre and marine bioadhesive analogs: high-strength nanocomposite by layer-by-layer assembly of clay and L-3, 4-Dihydroxyphenylalanine polymer [J]. Advanced Materials, 2007 (19): 949-955.

[254] KAMALI M, GHAHREMANINEZHAD A. Effect of biomolecules on the nanostructure and nanomechanical property of calcium-silicate-hydrate [J]. Scientific reports, 2018 (8): 9491.

[255] PICKER A, NICOLEAU L, NONAT A, et al. Identification of binding peptides on calcium silicate hydrate: a novel view on cement additives [J]. Adv Mater, 2014 (26): 1135-1140.

[256] ZHOU Y, CAI J, CHEN R, et al. The design and evaluation of a smart polymer-based fluids transport inhibitor [J]. Journal of Cleaner Production, 2020 (257): 120528.

[257] AKOND A U R, LYNAM J G. Deep eutectic solvent extracted lignin from waste biomass: effects as a plasticizer in cement paste [J]. Case Studies in Construction Materials, 2020 (13): e00460.

[258] MOREIRA P H S S, OLIVEIRA FREITAS J C DE, BRAGA R M, et al. Production of carboxymethyl lignin from sugar cane bagasse: A cement retarder additive for oilwell application [J]. Industrial Crops and Products, 2018 (116): 144-149.

[259] BECK-CANDANEDO S, ROMAN, GRAY M D G. Effect of reaction conditions on the properties and behavior of wood cellulose nanocrystal suspensions [J]. Biomacromolecules, 2005 (6): 1048-1054.

[260] SAMIRA ELAZZOUZI-HAFRAOUI Y N, JEAN-LUC PUTAUX, LAURENT HEUX, et al. The shape and size distribution of crystalline nanoparticles prepared by acid hydrolysis of native cellulose [J]. Biomacromolecules, 2008 (9): 57-65.

[261] GEORGE J, SABAPATHI S N. Cellulose nanocrystals: synthesis, functional properties, and applications [J]. Nanotechnol Sci Appl, 2015 (8): 45-54.

[262] EOM Y, SON S M, KIM Y E, et al. Structure evolution mechanism of highly ordered graphite during carbonization of cellulose nanocrystals [J]. Carbon, 2019 (150): 142-152.

[263] YANG X, BISWAS S K, HAN J, et al. Surface and interface engineering for nanocellulosic advanced materials [J]. Adv Mater, 2020: 264.

[264] MOON R J, MARTINI A, NAIRN J, et al. Cellulose nanomaterials review: structure, properties and nanocomposites [J]. Chem Soc Rev, 2011 (40): 3941-3994.

[265] MAZLAN D, KRISHNAN S, DIN M F M, et al. Effect of cellulose nanocrystals extracted from oil palm empty fruit bunch as green admixture for mortar [J]. Sci Rep, 2020 (10): 6412.

[266] CLARAMUNT J, VENTURA H, TOLEDO FILHO R D, et al. Effect of nanocelluloses on the microstructure and mechanical performance of CAC cementitious matrices [J]. Cement and Concrete Research, 2019 (119): 64-76.

[267] CAO Y, ZAVATERRI P, YOUNGBLOOD J, et al. The influence of cellulose nanocrystal addi-

tions on the performance of cement paste [J]. Cement and Concrete Composites, 2015 (56): 73-83.

[268] GHAHARI S, ASSI L N, ALSALMAN A, et al. Fracture properties evaluation of cellulose nanocrystals cement paste [J]. Materials (Basel), 2020 (13): 2507.

[269] FU T, MONTES F, SURANENI P, et al. The influence of cellulose nanocrystals on the hydration and flexural strength of portland cement pastes [J]. Polymers (Basel), 2017 (9): 424.

[270] BARNAT-HUNEK D, GRZEGORCZYK-FRANCZAK M, SZYMANSKA-CHARGOT M, et al. Effect of eco-friendly cellulose nanocrystals on physical properties of cement mortars [J]. Polymers (Basel), 2019 (11): 2088.

[271] CAO Y, TIAN N, BAHR D, et al. The influence of cellulose nanocrystals on the microstructure of cement paste [J]. Cement and Concrete Composites, 2016 (74): 164-173.

[272] LEE H J, KIM W. Long-term durability evaluation of fiber-reinforced ECC using wood-based cellulose nanocrystals [J]. Construction and Building Materials, 2020 (238): 117754.

2 碳纳米管的分散及改性水泥基材料的研究

2.1 概述

21 世纪以来，随着我国社会经济的高速发展和在航空航天、现代大型工程等领域取得的突破，对基础设施如道路桥梁、港口码头、民用机场和国防工程等的需求不断增长，对工程材料的要求也越来越高。以水泥为主要材料的混凝土由于具有来源丰富、施工简便、可浇筑、耐火、经济且使用寿命长等优点，成为全球最广泛使用的建筑材料。然而，随着科技的进步和城市化进程的推进，对混凝土结构构件的要求已经从传统的承受荷载的作用转变为追求高性能、多功能和绿色可持续发展。由于水泥基材料的脆性，它在工程应用中常常出现大量微裂缝，导致结构承载能力降低，给国民经济造成巨大损失[1-2]。为了解决水泥基材料的这些缺陷，传统的方法是使用碳纤维、玻璃纤维、钢纤维、天然纤维和合成纤维等微纤维，以毫米或微米尺度限制裂缝的扩展，改善水泥基材料的抗拉强度和延性[3]。尽管这些纤维可以在宏观尺度上限制材料内部裂纹的扩展，并提高材料的性能，但无法限制微裂纹或纳米裂纹的产生[4]。

纳米科技的兴起使人类能够优化材料性能，从原子和分子层面进行调控。纳米材料和纳米技术在材料、医药、机械、化工、能源、航空航天等领域不断开拓，具有广阔的应用前景[5-7]，被认为是 21 世纪最具前景的材料之一[8]。1991 年，日本电气公司（NEC）的 Lijima[9]偶然发现了碳纳米管（carbon nanotubes，CNTs），这是一种由单层碳原子以管状形式卷曲而成的准一维纤维材料。根据管壁的层数，碳纳米管可分为单壁碳纳米管（single-walled carbon nanotubes，SWCNTs）和多壁碳纳米管（multi-walled carbon nanotubes，MWCNTs），如图 2.1 所示。自 1991 年 CNTs 被发现以来，由于其优异的力学、电学、热学和光学等性能被全世界的研究者广泛地深入研究[10-12]。一般而言，CNTs 的直径在 0.5～100nm 之间，而其长度范围一般在 0.1～100μm 之间，长径比约为 1000，其极限值可达到 10^7。由于尺寸效应引起的量子效应，使得低维材料的物理性质与宏观材料的物理性质大不相同。与传统的纤维相比，CNTs 改性水泥基复合材料有着显著的优点。首先，由于组成 CNTs 的 sp^2 键强于 sp^3 键，使得 CNTs 拥有比传统纤维（sp^3 键）更加优异的强度；另外，CNTs 的平均弹性模量约 1000GPa，是钢筋的 5 倍；抗拉强度在 20～100GPa 之间，是钢筋的 100 倍；极限应变约为 12%，是钢筋的 60 倍，但其密度只有钢筋的 1/6[13-15]。如图 2.1 所示，CNTs 具有超高的长径比，这使得均匀分散的 CNTs 可以束缚着基体的缺陷，提高了缺陷发展所需要的能量[16]，桥连在裂缝之间的CNTs可以吸收水泥基材料内部预开裂的能量，从而有效阻止水泥基材料里微裂缝的扩展[17]。此外，纳米级别的CNTs均匀分散在水泥基材里会形成网状填充结构，可有效降低孔洞的尺寸和数量，使得水泥基材更加密实，减少缺陷，提高水泥基材料抵抗外部荷载的能力[18-19]；另外，CNTs超高的比表面积可以为水泥的水化提供更多的附着点位，提高水化速率和程度，进而提高水泥基材的早期力学性能[20-21]。

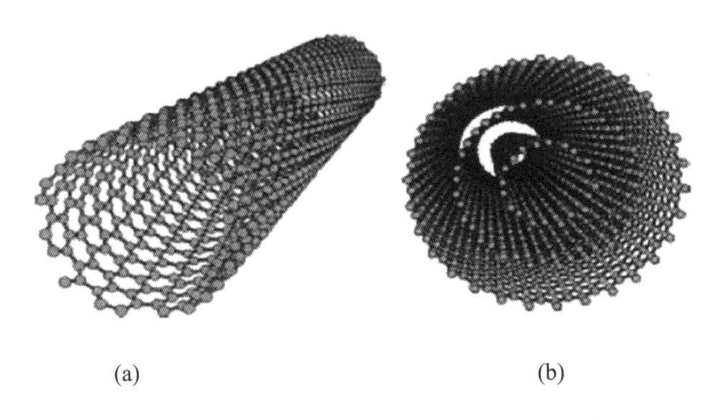

图2.1 两种CNTs的微观形状示意图[22]

(a) 单壁碳纳米管；(b) 多壁碳纳米管

近年来，随着低成本生产碳纳米管（CNTs）的工艺的成功研发，特别是多壁碳纳米管（MWCNTs）的价格显著下降，从经济和技术的角度来看，将MWCNTs作为水泥基体的增强组分来制备新型的高强水泥复合材料是可行的。目前已有大量研究[23-27]证实，将MWCNTs均匀分散于水泥基材中，作为水泥基材料的增强体，可以充分发挥MWCNTs优异的力学性能。这种做法不仅可以增强水泥基材料的力学性能，还能进一步提高水泥基材料的功能特性，如导热性能和电磁屏蔽效应。通过将MWCNTs引入水泥基材料中，可以改善水泥基材料的力学性能，提高其抗拉强度、抗压强度和延性等力学性能。此外，由于MWCNTs具有高导热性能，将其引入水泥基材料中可以显著提高材料的导热性能，有利于热传导和热均衡。另外，MWCNTs还具有优异的电磁屏蔽效应，将其应用于水泥基材料中可以提高材料对电磁波的吸收和屏蔽能力，有助于防止电磁辐射对建筑物内部设备和人员的干扰。因此，利用MWCNTs作为水泥基体的增强组分制备新型高强水泥基复合材料具有很大的潜力，可以满足对水泥基材料在力学性能、导热性能和电磁屏蔽效应等方面的提升需求。这对于推动建筑行业向高性能、多功能和绿色可持续发展方向迈进具有重要意义。

2.1.1 CNTs分散的研究

碳纳米管（CNTs）在纳米科技领域备受关注，其优异的力学、电学、光学和热学性能[28-31]使其在生物传感器、复合材料、场发射设备、储能等领域[32-34]具有广阔的应用前景。然而，CNTs具有表面憎水性、较高的比表面积和较大的范德华力等特性，使得它们难以在水或有机溶剂中分散。此外，由于重力作用，CNTs会随着时间的推移再次团聚并沉淀，这严重限制了 CNTs 的高效应用和发展。因此，目前有许多研究致力于开发高效的分散方法来改善 CNTs 在溶剂中的分散性能。超声处理与表面活性剂的结合是目前分散 CNTs 的主要有效方法之一[35-36]。超声振动产生的冲击波能够在液体中产生空化效应，从而打散 CNTs 的团聚体，将单根 CNTs 剥离出来，达到均匀分散的效果。同时，表面活性剂分子可以吸附在 CNTs 表面，使 CNTs 之间产生斥力，阻止分散的 CNTs 再次团聚[37]。随着高效表面活性剂的开发和分散工艺的不断发展，CNTs 在水溶液中的分散性研究取得了显著的进展[38]。这些方法的应用使得 CNTs 可以更好地分散在溶剂中，为进一步利用其优异性能提供了可能。然而，分散性仍然是 CNTs 应用中需要持续关注和改进的问题，以确保其在不同领域中的高效应用。

Grossiord[39]等人使用十二烷基硫酸钠（sodium dodecyl sulfate，SDS）在软化水中分散 SWCNTs。通过超声时间控制 SWCNTs 在水中的分散行为，并使用透射电镜和紫外可见近红外光谱来表征 SWCNTs 的分散效果和分散程度。他们的研究表明，当超声能量低于 10000J1mL 时，SWCNTs 的分散效果随着超声能量的提高而增强。在另一项研究中，Chen[40]等人提出一个理论模型来预测 SWCNTs 在水中分散的最佳超声能量。试验结果显示，250J/mL 的能量是分散 SWCNTs 的最佳能量。2015 年，Zou[41]等人结合聚羧酸减水剂，将 SWCNTs 分散在水中，研究了不同超声能量和 SWCNTs 浓度对分散效果的影响。他们的试验结果与 Grossiord[39]等人的类似，并且还观察到当超声能量达到 250J/mL 时，SWCNTs 的 UV-vis 吸光度曲线达到平台，这可能是由于超声能力过高导致 SWCNTs 发生结构破坏。基于此，Suave[42]等人研究了低超声能量与长超声时间结合对 SWCNTs 破坏的影响，结果显示这种方法对 SWCNTs 造成的损伤更小，同时还能保持很好的分散效果。

表面活性剂是能使目标溶液表面张力显著下降的物质，可降低两种液体或液体-固体间的表面张力，对 SWCNTs 在水中的分散起着重要作用。表面活性剂往往通过提供空间位阻或静电力来保持 SWCNTs 的分散。目前，聚羧酸系减水剂、十二烷基苯磺酸钠（SDBS)、聚丙烯酸聚合物、阿拉伯胶（AG)、聚乙烯吡咯烷酮（PVP)、PF-127、脱氧胆酸钠（NADC）和曲拉通（TX-10）等都被证明具有较好的分散能力，既能使 SWCNTs 均匀地分散在水中，也能保持较好的分散稳定性[27,43-46]。以上这些表面活性剂大多都是两性表面活性剂，它们一般都是通过憎水端与 SWCNTs 相连，而亲水端则伸入水中，通过静电斥力或位阻作用来保持 SWCNTs 的分散稳定性[47-48]。一般而言，SWCNTs 表面吸附的活性剂密度越大且活性剂侧链的链长越长，单根碳管之间的斥力或位阻作用也越大，其分散能力也就越强[48]。

同济大学朱洪波[49]等人将聚羧酸减水剂和 PVP 等表面活性剂分别与 MWCNTs 混合加入水中，经超声振荡后，再分别加入到水泥中，根据水溶液的清澈度以及沉淀状况进行比较，以判断 SWCNTs 的分散效果。他们还对水泥基材料试样的微观结构进行扫描电镜分析，结果也证实了 SWCNTs 在水中和水泥浆中都能够分散均匀。此外，

Xing[50]等人系统地研究了环己醇、苯酚、邻苯二酚、焦酚、2-苯基苯酚、1-萘酚对SWCNTs分散性能的影响。他们研究发现，表面活性剂与CNTs之间的表面吸附契合度与表面活性剂的分子结构特点有关，具有苯环结构或羟基官能团的表面活性剂往往表现出更好的吸附效果，对SWCNTs的分散效果促进作用也更明显。

Markar[51]等人使用聚羧酸减水剂与超声处理相结合，结果发现聚羧酸减水剂并不能阻止MWCNTs的再团聚行为，一旦超声处理停止，分散的MWCNTs又会再次团聚。但是，Habermehl-Cwirzen[52]等人发现添加质量分数为2.1%的聚羧酸可以加强MWCNTs的分散。将制备的MWCNTs分散液与水泥混合制备水泥试件并对其进行力学性能测试，结果显示MWCNTs掺量为水的质量分数为0.14%时MWCNTs改性水泥基材料的力学性能增强效果最显著，而当聚羧酸与MWCNTs的质量比超过15，MWCNTs的增强效果就会变差。此外，在相同的试验条件下，当MWCNTs-COOH和聚羧酸的掺量分别为质量分数0.15%和0.48%时，MWCNTs-COOH对水泥试件力学性能增强的效果最明显。分散效果测试结果显示，获得最佳分散效果时，聚羧酸与MWCNTs-COOH的质量比为3∶2。

Yu[53]等人在2007年研究了不同浓度SDS对MWCNTs在水溶液中分散性的影响。UV-vis测试的结果显示，当MWCNTs和SDS的浓度分别为质量分数0.1%和0.15%时，MWCNTs悬浮液的UV-vis吸光度值最大。当SDS与MWCNTs的质量比高于1.5时，MWCNTs分散液的UV-vis吸光度值并未进一步增大。此外，他们的研究还发现，当MWCNTs在水中的浓度超过质量分数1.5%时，由于SDS在悬浮液中形成胶束而导致了MWCNTs间斥力的减小，因而超声处理对分散效果的促进作用很有限。

在2009年的一项研究中，Krause[54]等人对比了SDS与SDBS在相同条件下对MWCNTs的分散效果，他们发现SDBS在分散和保持MWCNTs分散稳定性方面的性能比SDS更好。他们根据SDBS的临界胶束浓度来设计MWCNTs的浓度，结果表明在35mL水中使用0.7 g/L的SDBS分散0.0025g MWCNTs时效果最佳。此外，Konsta-Gdoutos[55]等人也研究了SDBS对MWCNTs的分散效果，结果表明当SDBS与MWCNTs质量比为4∶1时MWCNTs在水中的分散效果最佳，这个比值也被其他研究者所借鉴。

大连理工大学王宝民[56]等人采用阿拉伯胶（AG）作为表面活性剂，结合超声振荡和机械搅拌的方法，制备了MWCNTs悬浮液，TEM显微分析表明，当AG质量浓度为0.45g/L时分散效果最佳。2015年，Parveen[57]等人针对水泥基材设计了一种名为Pluro-nic F127（PF-127）的表面活性剂，它由憎水链和聚乙烯侧链构成，其分散原理与聚羧酸减水剂类似。测试结果表明，当Pluro-nic F127质量分数为3%时分散0.2%的MWCNTs-COOH效果最好，此外，在同等条件下Pluro-nic F127的分散稳定性比SDBS更强。

Rastogi[58]等人对比研究了TX-100、Tween80、Tween20和SDS分散MWCNTs的

效果，并结合此四种活性剂的分子结构特点对分散机理做了深入分析。试验结果表明，此四种表面活性剂的分散效果依次为 TX-100＞Tween80＞Tween20＞SDS；从结果分析表明，具有苯环结构的表面活性剂与 MWCNTs 之间通过 π—π 键结合，吸附力更强，分子空间结构越大表面活性剂提供的空间位阻效应也越强。

2.1.2 CNTs 改性水泥基材料力学性能研究

CNTs 是世界上强度最高的材料之一[59-60]，所以将其作为增强和增韧相，应用于各种基体材料是可行的。目前，CNTs 主要被用于增强水泥基、金属基、树脂基、陶瓷基等复合材料[61-67]；将表面改性过的 CNTs 分散[52,68-70]在水中，然后再与水泥基材料进行搅拌，可制备出具有超强力学性能的水泥基复合材料[71-73]，但其增强和增韧的机理还需要进一步探究。

2004 年，加拿大国家研究委员会的 Makar[74]效仿了 CNTs/铝基陶瓷体系第一次提出的 CNTs/水泥基体系概念，并于 2005 年[75]将 CNTs 掺入水泥中并对其力学性能和增强机理进行研究；作者先是将 SWCNTs 用超声波处理 4h，将其分散于异丙醇中，再将 SWCNTs/异丙醇与水泥按 1∶50 的比例混合搅拌，待异丙醇蒸发后可制成 SWCNTs 包裹的水泥颗粒；最后再测试其在不同水灰比和不同养护龄期样品的维氏硬度。研究显示，SWCNTs 在水泥基体中展现出典型的纤维增强行为。从扫描电子显微镜观察结果显示，SWCNTs 以纤维桥连和管束拔出效应增强水泥材料；维氏硬度测试的结果显示，质量分数为 2%SWCNTs 的掺入对水泥早期水化过程有着直接影响。

2005 年，同济大学李庚英[76]等人使用 H_2SO_4 和 HNO_3 的混合液来改性 MWCNTs，然后将其添加到水泥材料中并对其力学性能进行测试。结果显示质量分数为 0.5%表面羧基化的 MWCNTs 能有效改善水泥基材料的力学性能，改性后的水泥基材料抗折强度和抗压强度与空白对照组相比分别提高了 25%和 19%；此外，根据傅立叶红外光谱分析，MWCNTs 表面的羧基官能团与 C-S-H 之间形成共价键，这显著提高了荷载的传递效率，是力学性能提升的主要原因。另外，压汞测试试验发现 MWCNTs 能显著降低体系的孔隙率，改善水泥材料的孔隙结构和分布。

2006 年，西班牙的 Ibarra[77]等人借助阿拉伯胶将 CNTs 分散于水泥中，并借助原子力显微镜和纳米压痕技术对 CNTs 改性的水泥复合材料力学性能进行研究。结果显示，未分散的 CNTs 掺入水泥中会导致力学性能的降低，而均匀分散的 CNTs 能提高水泥基体的力学性能，但对于杨氏模量的提高有限。

Shah[78]等人研究了 MWCNTs 表面官能团的种类对水泥水化产物的影响。他们利用纯 C_3S 作为简化水泥水化模型，结合纳米压痕技术表征了 MWCNTs 对水泥水化产物中成分的影响。试验结果表明，MWCNTs 表面官能团的种类对水泥微观成分力学性能有显著影响，掺入表面官能团的 MWCNTs 的 C_3S 的水化产物中生成了较多的低密度的水化硅酸钙（C-S-H），而表面氧化的 MWCNTs 促进了水化产物中高密度 C-S-H 的生成，作者还进一步指出了 MWCNTs 表面官能团调控水化产物的思路。同样地，2010 年，Konsta-Gdoutos 和 Metaxa[79-80]等对 MWCNTs 增强水泥基复合材的力学性能做了系统且深入的研究，他们通过使用表面活性剂结合超声处理的方法将 MWCNTs 预先分散在水中，然后研究了 MWCNTs 浓度、长径比对水泥基体的力学性能和微观结构的影响。结果发现掺入 MWCNTs 后水泥基体的抗裂能力大幅提高，并且通过纳米压痕测试证实 MWCNTs 的掺入增加了高密度 C-S-H 的含量，降低了基体孔隙率。收缩测试结果也表明，MWCNTs 有助于减少水泥基体的纳米孔隙，改善水泥基体的早期应变能力。

Habermehl Cwirzen[52]等人通过试验发现，将质量分数为 0.006％和 0.042％的 MWCNTs 直接添加至水泥基体材料中对水泥材料的力学性能作用不大，而且 MWCNTs 与基体间的黏结强度较低，使得 MWCNTs 在承受荷载时很容易拔出而失效。同时，他们也指出为了强化 MWCNTs 在水泥基体间提供充分的荷载传递，需要对 MWCNTs 的表面进行修饰。另外，研究者也使用几种不同分散方法进行普通 MWCNTs 和羧基化的 MWCNTs 的分散。结果发现，使用聚丙烯酸聚合物对 MWCNTs-COOH 进行分散，可获得较好的分散效果，掺入水泥质量分数 0.045％～0.15％的 MWCNTs 后，改性的水泥基浆体的工作性良好，而且当 MWCNTs-COOH 质量分数为 0.045％时，改性水泥基材料的抗压强度提高近 50％。

2011 年，Chaipanich[81]等人研究了 0.5％和 1％水泥质量比的 CNTs 掺量对粉煤灰基复合水泥基材料力学性能的影响。作者们使用粉煤灰取代 20％的水泥，以水：砂泥：砂子质量比为 0.5：1：3 的比例制备了 $2cm^3$ 的小试块。抗压强度测试显示，由于 CNTs 的掺入，使样品的抗压强度相比未加 CNTs 的水泥粉煤灰样品提高了 10％，而与水泥净浆样品相比却稍有降低。压汞和 SEM 试验结果表明，CNTs 的掺入显著减少了水泥基材料孔隙率的总量，其中介孔的数量减少比较明显。

2013 年，赵晋津[82]等人研究发现，与空白试件相比，质量分数为 0.1％掺量的 CNTs 能使水泥净浆的抗压强度和抗拉强度显著提高。其中，3d、7d 和 28d 抗压强度相较于空白组试件分别提高了 20.8％、36.2％和 46.3％，抗拉强度比空白组试件分别提高了 34.4％、31.8％和 60.3％。他们认为 CNTs 增强水泥材料的机理主要是填充作用和纤维桥连效应。

2014 年，徐世烺[72]等人用表面活性剂将 CNTs 在水中进行有效分散后，使用离心机分离，结果发现分散的 MWCNTs 可以稳定储存超过 3 个月。他们将 MWCNTs 掺入普通硅酸盐水泥中并研究了复合材料的力学性能和微观结构。结果表明，当 MWCNTs 的掺量为水泥质量分数为 0％～0.2％时，改性水泥基材料的抗折强度和抗压强度随着 MWCNTs-OH 掺量的增加而提高。当 MWCNTs 的掺量的质量分数为 0.1％时，改性水泥基材料的力学性能提高最为显著，7d 和 28d 抗压强度分别增加了 22％和 15％。SEM 微观观察试验表明，均匀分散在基体中的 MWCNTs 表现出典型的纤维拉拔、桥连和网孔填充效应。此外，他们也使用压汞测试表征改性水泥浆体的孔隙分布，并发现在掺有 MWC-

NTs 的水泥样品中，对力学性能具有积极影响的凝胶孔隙数量增多，但大孔减少。

2015 年，Zou[41] 等人使用不同超声能量在水中分散 CNTs，并对分散程度进行表征，研究了不同超声能量制备的 CNTs 对水泥复合浆体的流动性和水泥试块的力学性能的影响。试验结果显示当超声能量为 50J/mL 时，CNTs 的分散程度高达 84％；进一步研究表明，分散开的 CNTs 表面能够吸附更多的减水剂分子，与水泥颗粒形成竞争，使得水泥的流动性降低；质量分数为 0.075％的 CNTs 掺量就能使试块的杨氏模量提高 34.54％，抗折强度提高 49.89％，断裂能提高 62.55％。

在 CNTs 的实际应用方面，崔宏志[83] 等人将 MWCNTs 掺入到相变微胶囊复合混凝土板中，通过改善水泥基基材的力学性能来制备结构功能一体化建筑材料。通过对 MWCNTs/相变微胶囊复合混凝土板的抗压、抗折性能测试，评估 MWCNTs 的增强效果进行表征，并结合微观结构观察对增强机理进行探索。试验结果显示，MWCNTs 的掺入能加速水泥水化，同时也显著提高复合板的抗折强度，但对抗压强度的增强并不明显。在 MWCNTs 掺量的质量分数为 0.5％时获得最佳增强效果，3d 和 28d 抗折强度分别提高了 31.8％和 40.8％。

在 2012 年的另一项研究中，加拿大英属哥伦比亚大学的 Azhari[84] 将 MWCNTs 和碳纤维混合掺入水泥中制备水泥基传感器，通过对水泥基传感器进行导电测试并与传统应变片的对比发现，在循环荷载作用下水泥传感器的电阻变化既模拟了荷载的变化也模拟了被测材料的应变变化。虽然模拟得出水泥基传感器电阻变化与荷载及应变的变化是非线性的关系并且与加载速率相关，但这种水泥基的传感器在任何加载速率下都展现出很高的可重复性。

表 2.1 总结了文献中关于 CNTs 对水泥基复合材料的力学性能增强作用的研究成果，其增强水泥的效果差距主要由于不同 CNTs 种类、浓度、长径比和表面活性剂的种类。

表 2.1　CNTs 增强水泥基材料力学性能的研究成果汇总

力学性能	提升幅度（％）	碳纳米管			表面活性剂	研究者
		长度（μm）	直径（nm）	掺量（质量分数，％）		
抗拉强度	34.28	—	—	0.3	—	Ludvig. P[85]
	19	2	30	0.5	乙醇	Hunashyal[86]
抗拉模量	70.90	2	30	0.5	乙醇	Hunashyal[86]
抗压强度	0	10	10	0.007～0.042	聚羧酸	Cwirzen[87]
抗折强度	0	10	10	0.007～0.042	聚羧酸	Cwirzen[87]
	25	30	40	0.08	表面活性剂	Konsta-Gdoutos[79]
	25	100	40	0.048	表面活性剂	Konsta-Gdoutos[80]
	36	30	20	0.26	表面活性剂	Metaxa[88]
	50	1.5	9.5	0.075	聚羧酸	Zou[41]

续表

力学性能	提升幅度（%）	碳纳米管			表面活性剂	研究者
		长度（μm）	直径（nm）	掺量（质量分数，%）		
弯曲韧性	25	—	—	0.25	—	Andrawes[89]
	149	50	40	0.2	壬基酚聚氧乙烯醚	Luo[90]
断裂能	63	1.5	9.5	0.075	聚羧酸	Zou[41]
	14	3	30	—	—	Tyson[91]
杨氏模量	50	30	40	0.08	表面活性剂	Shah[92]
	37	30	20	0.26	表面活性剂	Metaxa[88]
	32	1.5	9.5	0.075	聚羧酸	Zou[41]
	227	20	2	0.1	阿拉伯胶	Ibarra[77]
延性	10	—	—	0.25	聚乙烯吡咯烷酮	Andrawes[89]
	86	1.5	9.5	0.2	聚羧酸	Luo[90]
	81	30	8	0.1	聚羧酸	Luo[90]
	227	1.5	9.5	0.2	聚羧酸	Luo[90]

从表2.1的总结中可以得出CNTs对水泥基材料的力学性能有着显著改善作用的结论，但考虑到CNTs优异的力学性能和尺寸效应，其对水泥基材料的力学性能提升还远远未达到理想的效果[64,93]。虽然CNTs有着非常优异的力学性能，但其超高的长径比，极高的比表面积、范德华力以及热力学熵增原理使其极易发生团聚而在溶液中沉淀[69]。虽然现在很多研究者使用超声和表面活性剂的方法能够使CNTs在水中分散得很均匀，但其分散液加入到水泥中后，有可能在水泥基强碱环境下发生再团聚现象，导致基体中形成缺陷[94-95]，降低水泥基复合材料的力学性能，严重制约了CNTs在建筑材料领域中的发展。其次，水泥试件所受的外部荷载都是具有方向性的，即使CNTs能均匀地分散在水泥基材中，它在水泥中的无序排布使得它在抵抗外力作用时的利用率很低，从而导致它对力学性能的贡献仍然十分有限[68]。另外，CNTs的表面具有憎水性，这使得它与基材之间的黏结强度十分低，导致试块在承受外力作用时荷载传递的效率太低而不能充分发挥CNTs优异的力学性能。

2.1.3 目前研究所存在的问题

CNTs具有优异的力学、化学、光学、电学以及热学性能，对于水泥基材料在新时代多功能、高性能、可持续发展的要求下具有积极的推动作用，但目前各国的研究者都面临以下几个共同的难题：

（1）针对CNTs与水泥基材料各组分之间相容性的研究较少。

（2）多年来CNTs的分散方法大都局限于表面活性剂、混酸氧化和超声、离心，但是这些分散方法与实际应用还有很大的距离。

（3）CNTs 作用于水泥基材料的机理还没有完全清楚，虽然有很多增强理论，如纤维桥连、管束拔出、促进水化和网络填充等，但是实际上的增强机理还需要进一步的试验研究来论证。

（4）CNTs 在水泥基材中的无序排布导致其利用率较低，使水泥材料的力学性能提高幅度相对有限。假如能够将 CNTs 定向排列在一个方向上，在建筑物的构件上沿着受力方向排布，能够很大程度上发挥 CNTs 的力学性能优势。目前，由于各类分散技术的局限性，对 CNTs 在水泥基材料中定向排列的研究几乎没有。

（5）绝大部分的文章都集中研究 CNTs 在加入水泥之前的分散，然而对于 CNTs 分散液加入到水泥之后的变化规律研究较少，并且需要找到一种表征 CNTs 在水泥基体中的分散均匀程度的有效方法。

（6）CNTs 和水泥基体之间的黏结较弱，主要靠机械咬合，虽然有研究者证明了表面官能化的 CNTs 可以显著提高界面强度，但这种改善作用在荷载传递过程中能有多大贡献仍不得而知。

2.1.4 本节主要的研究内容

1. CNTs 在水溶液中分散性的研究

本节采用超声振荡和表面活性剂相结合的方法来将 CNTs 均匀分散在水溶液中。超声波能在水中产生空化效应，将局部的水"撕开"又在瞬间闭合，这个过程产生的冲击波可以将团聚的 CNTs 分散。同时，吸附在 CNTs 表面的表面活性剂分子能通过静电排斥或者空间位阻作用来保持这种分散的状态，从而防止散开的 CNTs 再次团聚[96]；此外，表面活性剂的浓度也是 CNTs 分散效果的决定性因素，而且有些表面活性剂与水泥之间的化学反应是不可忽略的，有的表面活性剂能显著地影响水泥水化的整个过程，甚至直接抑制水化，所以表面活性剂的种类及其与水泥基体之间的相容性也十分重要。

为了能均匀分散 CNTs，本节研究了 5 种具有不同类型、不同链长、不同官能团的减水剂，作为表面活性剂，在不同浓度条件下在水中分散 CNTs 的效果；试验对不同减水剂制备的 CNTs 分散液分别采用视觉观察法、微观观察法、紫外可见近红外吸收光谱对不同分散剂的分散效果进行了定性和定量表征，通过对以上参数进行的优化来获得满足试验要求的 CNTs 分散液。

2. CNTs 增强水泥基材料力学性能的研究

CNTs 增强水泥材料的作用被广泛报道，增强的机理通常有桥连、拔出、网状填充以及促进水化等[97]。本节基于文献中 CNTs 改性水泥基材料力学性能研究中 CNTs 的掺量范围，选择使用质量分数为 0.01%～0.5%掺量的羟基碳纳米管（MWCNTs-OH）改性水泥净浆材料。通过抗折、抗压强度测试对试件的宏观力学性能进行研究，并结合 Raman 面扫和 SEM 微观分析，对 MWCNTs-OH 在水泥基体中的分散状态进行观察，进一步研究分散状态下 MWCNTs-OH 对水泥材料力学性能影响的机理。本研究使用热重分析（TGA）、X射线能谱（XRD）和傅立叶红外光谱（FT-IR）对硬化水泥基材料中的物质成分变化做了深入分析，并结合纳米压痕（nanoindentation）研究了 MWCNTs-OH 增强水泥基复合材料的微观力学性能，对 MWCNTs-OH 增强机理进行了深入的微观分析研究。

2.2 原材料与表征方法

2.2.1 试验原材料

原材料的性能和种类对试验的结果有着至关重要的影响，因此原材料的合理选择是保证试验顺利进行的关键环节，本研究所使用的原材料将在以下内容进行详细介绍。

（1）碳纳米管

本研究中所使用的 CNTs 的种类为 MWCNTs，是由中国科学院成都有机化学有限公司通过化学气相沉积法（CVD）将天然气经过镍催化裂解而制备生产，并在硫酸（H_2SO_4）溶液中经高锰酸钾（$KMnO_4$）氧化制备而来。试验所用的 MWCNTs-OH 物理参数见表 2.2。从表中可以看出，MWCNTs-OH 的长径比高达 200～400，比表面积高达 60m^2/g。

表 2.2 所采用的 MWCNTs-OH 物理参数

种类	直径（nm）	长度（μm）	—OH 含量（质量分数，%）	纯度（质量分数，%）	体积密度（g/cm^3）	比表面积（m^2/g）
MWCNTs-OH	>50	10～20	0.71	>95	0.18	>60

（2）减水剂

本文使用 5 种常见的减水剂来分散 MWCNTs-OH。其中，非离子型减水剂 TNWDIS 水状分散剂［无色黏稠液体，活性物质含量>90%（质量分数），浊点 70℃］购自中国科学院成都有机化学有限公司；非离子型减水剂烷基酚聚氧乙烯醚（APEO，高黏稠淡黄色液体，AR）购自深圳市标乐实业有限公司；另外三种阳离子型减水剂：Ⅰ型阳离子聚羧酸（Ⅰ-C-PCE）、Ⅱ型阳离子聚羧酸（Ⅱ-C-PCE）和硅烷改性聚羧酸（Silane-PCE）购自阿里巴巴。以上 5 种减水剂的分子结构示意图如图 2.2 所示。从图 2.2 中可以看出，本研究使用 5 种表面活性剂的分子结构均带有亲水性基团和憎水性基团。

（3）水泥

作为建筑工程中最重要的胶凝材料，水泥的物理化学性能对水泥制品的性能影响较大。本书中所使用的水泥为中国建筑材料科学研究总院水泥科学与新型建筑材料科学研究所根据中华人民共和国国家标准《混凝土外加剂》（GB 8076—2008）生产的基准水泥。其化学成分见表 2.3。

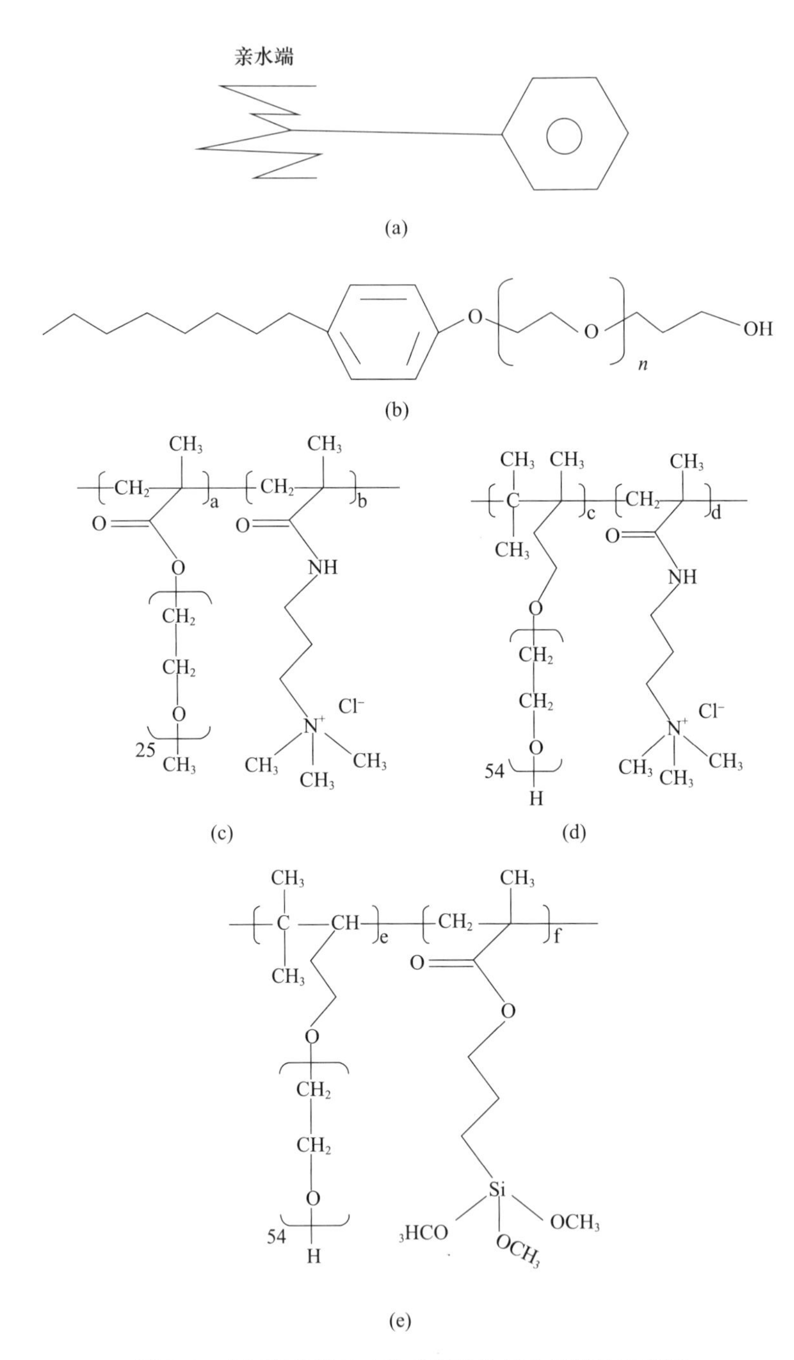

图 2.2 本研究使用的 5 种表面活性剂分子结构示意图

(a) TNWDIS；(b) APEO；(c) Ⅰ-C-PCE；(d) Ⅱ-C-PCE；(e) Silane-PCE

表 2.3 所购买基准水泥的化学组成百分比 质量分数，%

成分	SiO_2	Al_2O_3	Fe_2O_3	CaO	MgO	SO_3	Na_2O	f-CaO	Cl^-
含量	21.8	4.55	3.45	64.4	2.9	2.45	0.532	0.93	0.011

2.2.2 表征方法

（1）微观形貌表征

使用环境扫描电子显微镜（ESEM，Quanta 250 FEG，FEI Company，Hillsboro，USA）观察 MWCNTs-OH 的微观形态。该设备可在低真空下操作，进行二次电子放大倍数观察，并且在环境扫描模式下可在高真空 20kV 的加速电压下进行更大的放大倍数观察。在使用扫描电子显微镜观察样品前，每个样品都需要在 60℃的真空烘箱中加热 2d 以确保样品干燥，并且每组低导电性样品都需要做喷金预处理，以确保足够的导电性。

（2）结构与物相表征

使用傅立叶红外光谱仪（FT-IR，Nicolet 6700）测试 MWCNTs-OH 改性水泥基材料的化学结构，以此评估碳纳米管与基材之间的连接方式。将待测样品与 KBr 以 1∶30 体积比混合，再将样品放在 10t 的“Manual Hydraulic Presses”中压制 1min。最后，将压片的水泥基材料样品放入傅立叶红外光谱中进行测试，测试扫描参数的频率范围从 $4000cm^{-1}$ 到 $400cm^{-1}$，扫描次数为 32 次。

使用 XRD（Brucker D8 ADVANCE）分析不同龄期 MWCNTs-OH 改性水泥基复合材料的各种物相成分。该仪器测试参数如下：使用 Cu 靶作为辐射源（$\lambda=1.5418Å$），每 0.2s 扫描一次，进行广角测量的范围 2θ 从 2.5°～40°。

使用 TGA（STA409PC，NETZSCH，Germany）评估 MWCNTs-OH 改性水泥基材料水化产物组成的变化。样品在氮气环境下，氮气流速为 20 mL/min，从室温到 600℃进行测试，加热速率为 20℃/min。

（3）分散程度表征

①视觉观察法

MWCNTs-OH 在水中分散的效果，首先可以通过视觉观察法来进行初步判断。视觉观察虽然不能识别到单根 MWCNTs-OH，但通过对 MWCNTs-OH 分散液的直接观察可以对 MWCNTs-OH 的宏观分散效果有一个宏观层次上的判断[98]。具体方法为：使用移液枪分别将用 5 种减水剂制备的 MWCNTs-OH 分散液滴入到装有相同体积的去离子水玻璃瓶中；通过视觉直接观察分散液中是否有未分散的碳纳米管团聚来判断不同减水剂对 MWCNTs-OH 的分散效果。

②UV-vis 测试

紫外可见近红外光谱是定量表征 MWCNTs-OH 分散常用的手段，其原理是通过分析不同物质的分子对紫外可见光的吸收特征，进而对物质组成、含量和结构进行分析测定。在紫外吸收光谱分析中，在较小溶液浓度 0 和选定的波长下，吸光度与物质浓度的关系，也可用光的吸收定律即 Lambert-Beer 定律来描述，见公式（2-1）。

$$A=\lg(I_0/I)=\varepsilon bc \tag{2-1}$$

式中，A 为溶液吸光度；I_0 为入射光强度；I 为透射光强度；ε 为该溶液摩尔吸光系数；b 为溶液高度；c 为溶液浓度。

在使用 UV-vis 评价 MWCNTs-OH 在介质中分散程度时，一般可以通过碳 MWCNTs-OH 在吸收光谱中所特有的波峰进行比较。根据现有的研究发现，MWCNTs-OH

上的—C═C—结构在特定波长的照射下会发生 π—π 跃迁，并在紫外可见近红外光谱中的约 270nm 处出现特征吸收峰[99-100]。然而，在相同条件的照射下，MWCNTs-OH 上的电子会在相邻的 MWCNTs-OH 之间发生遂穿现象，因而在 UV-vis 光谱中无吸收峰[101]。由于在表面活性剂溶液中均匀分散的 MWCNTs-OH 遵循 Lambert-Beer 定律，其 600nm 处的吸光度值与分散的 MWCNTs-OH 的数量呈正相关关系[102]，但是 MWCNTs-OH 在 270nm 处的吸收峰容易受到不同种类表面活性剂的官能团的干扰，因此，可以通过对比 MWCNTs-OH 分散液在 600nm 处的吸收值比较不同分散液的碳纳米管分散效果。

具体操作如下：使用移液枪吸取 0.5mL 不同种 MWCNTs-OH 分散液并滴在装有 100mL 去离子水的烧杯中进行稀释，然后取烧杯中稀释过的 MWCNTs-OH 溶液进行表征。为了能够排除表面活性剂对光谱的干扰，正确反映不同表面活性剂分散 MWCNTs-OH 吸收峰大小，本节对于每种表面活性剂都采用两个标准对照组，即空白组Ⅰ（去离子水）和空白组Ⅱ（表面活性剂溶液）。本次试验的 UV-vis 波长范围设定为 190～1200nm，每组试验重复 3 次取平均值。

③MWCNTs-OH 分散液在强碱性环境下的稳定性测试

MWCNTs-OH 的均匀分散是使其能在水泥基材中充分利用的必要条件。然而，研究显示，尽管 MWCNTs-OH 在水中均匀分散，但是不能保证其在水泥基材中分散均匀[103]；在某些情况下，均匀分散的 MWCNTs-OH 会与水泥水化生成的 $Ca(OH)_2$ 发生反应，这种反应减弱了使 MWCNTs-OH 保持分散稳定的静电斥力，使得分散的 MWCNTs-OH 在水泥基材重新形成团聚[104]。本研究使用非离子型表面活性剂来抑制这种再团聚现象，并使用饱和的 $Ca(OH)_2$ 溶液来模拟水泥浆中的强碱性环境，以测试试验制备的 MWCNTs-OH 在强碱性环境下的稳定性，具体操作如下：

取 5mL 制备好的 MWCNTs-OH 分散液逐滴滴入装有 10mL 饱和 $Ca(OH)_2$ 溶液的小烧杯中，然后放在磁力搅拌机里以 200r/min 的转速搅拌 2min；其后，每隔 5min 做一次 UV-vis 测试，并记录 600nm 处的吸光度值，总测试时间为 40min。

④MWCNTs-OH 在水泥基材料中的分散效果表征

碳化产物 $CaCO_3$ 和 MWCNTs-OH 中的碳存在形式分别为 C═O 和 C—C，但拉曼光谱中的 G 峰是石墨结构的特征峰，因此，为了将碳化产物 $CaCO_3$ 中的碳元素和 MWCNTs-OH 中的碳元素区分开来，本研究使用拉曼光谱仪对掺有 MWCNTs-OH 的水泥净浆样品进行扫描，通过拉曼光谱中 G 峰的强度分布来表征 MWCNTs-OH 在水泥中的分布。

（4）MWCNTs-OH 改性水泥净浆流动度测试

根据现行《混凝土外加剂匀质性试验方法》（GB/T 8077）中对水泥净浆流动度测定的方法，测试 MWCNTs-OH 改性水泥浆体的工作性能：将玻璃板放置在水平位置，用湿布抹擦玻璃板、截锥圆模、搅拌器及搅拌锅，使其表面湿而不带水渍。将截锥圆模放在玻璃板的中央，用湿布覆盖待用。称取水泥 300g，倒入搅拌锅内，加入 MWCNTs-OH 分散液，搅拌 3min。然后将搅拌好的净浆迅速注入截锥圆模内，用刮刀刮平，将截锥圆模按垂直方向提起，同时开启秒表计时，任水泥净浆在玻璃板上流动，至 30s，用直尺测量流淌部分互相垂直的两个方向的最大直径，取平均值作为水泥净浆流动度。

（5）水泥基材料的宏观力学性能表征

样品的力学性能用标准水泥胶砂抗折、抗压试验机测试，抗折和抗压的速率分别为（50±10）N/s 和（2400±200）N/s，每个测试结果是三个重复测试样本的平均值。其强度计算如公式（2-2）和公式（2-3）。

$$Ra=\frac{1.5FL}{b^3} \tag{2-2}$$

式中，F 指的是折断时施加的荷载（N）；L 指支撑圆柱之间的距离（mm）；b 指棱柱体正方形截面的边长（mm）。

$$Rc=\frac{F}{A} \tag{2-3}$$

式中，F 指破坏时的最大荷载（N）；A 指受压部分的面积（mm^2）。

（6）水泥基材料的微观力学性能表征

纳米压痕技术被广泛应用于表征水泥基材料的微观力学性能，由于试验对样品表面平整度要求比较高。当压痕深度很小的时候，粗糙的表面会对测试造成较大的影响，导致测试的结果离散性很大，因此需要对水泥样品进一步打磨加工。首先，使用金刚石低速切割机从水泥试块中间部位切下约 $1cm^3$ 的小块，然后浸润在亚克力粉中，等亚克力粉硬化之后再对样品进行切割，使水泥小块露出亚克力粉表面；然后，分别用 400 目、600 目、1200 目、2400 目的碳化硅砂纸依次对样品进行打磨 5min，打磨的过程中喷洒酒精使砂纸保持湿润，以防止样品表面碳化；打磨结束后使用酒精清洗样品表面，接着分别用 14μm、3.5μm、1μm、0.25μm 的油基金刚石悬浮液在抛光布上依次对样品进行抛光处理约 5min，每次换抛光液的间隔都使用酒精清洗样品表面。抛光结束之后，将样品放入装有酒精的烧杯中，然后将烧杯移入超声波清洗机中对样品表面进行清洗。待超声结束后，将样品移入真空烘箱中，在 40℃下烘 24h。最后，将样品放在 3D 轮廓仪中对表面粗糙度进行测试，对于表面粗糙度高于 200nm 的样品使用 0.25μm 的油基金刚石悬浮液在抛光布上再次进行抛光处理，直至其表面粗糙度低于 200nm。

2.2.3 原材料表征

原材料微观形貌使用扫描电子显微镜表征，MWCNTs-OH 在扫描电子显微镜下使用不同放大倍数的微观形貌如图 2.3 所示。

由图可看出，尽管 MWCNTs-OH 呈现细长的管状结构，但由于范德华力作用，MWCNTs-OH 之间互相缠绕形成团聚。将 MWCNTs-OH 放大到 60000 倍可以清楚地观察到其管状结构，而且在其合成过程中产生的无定形碳也清晰可见。

本试验所使用的 MWCNTs-OH 和 6 种表面活性剂的红外光谱（FT-IR）图如图 2.4所示。图 2.4（a）～图 2.4（f）分别是 Silane-PCE、APEO、TNWDIS、Ⅱ-C-PCE、Ⅰ-C--PCE 和 MWCNTs-OH。如图所示，6 种物质均在 $3400cm^{-1}$ 和 $2850cm^{-1}$ 处出现一个明显的吸收峰，它们分别是水或—OH 的伸缩振动[105]和—CH—的对称伸缩振动[106]。红外光谱中 $1350cm^{-1}$ 处一般对应的是$-CH_3$的非对称弯曲振动[107]。$1146cm^{-1}$ 处是$—CH_2—$的烷烃弯曲振动峰[105]，而 $1791cm^{-1}$ 处的吸收峰和 $1640cm^{-1}$ 处的吸收峰都是由—C ═ O—的伸缩振动引起的[108]。此外，$1210cm^{-1}$、$1099cm^{-1}$、$945cm^{-1}$、

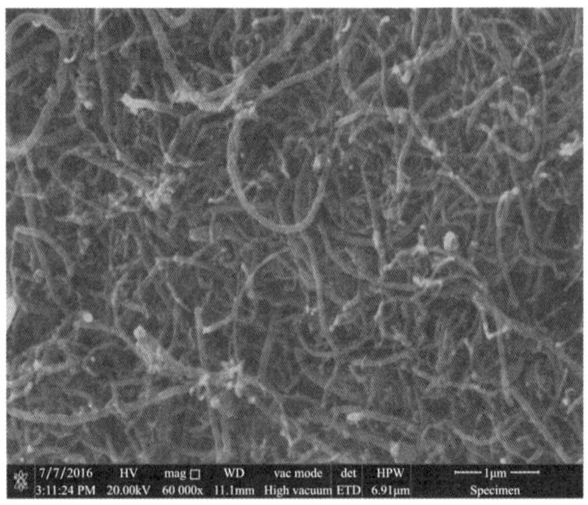

图 2.3 不同放大倍数下团聚的 MWCNTs-OH 微观形貌

950cm^{-1}、840cm^{-1}处的峰对应的分别是—C—O—、Si—O、苯环结构、C—N、Si—C 的伸缩振动[109]。

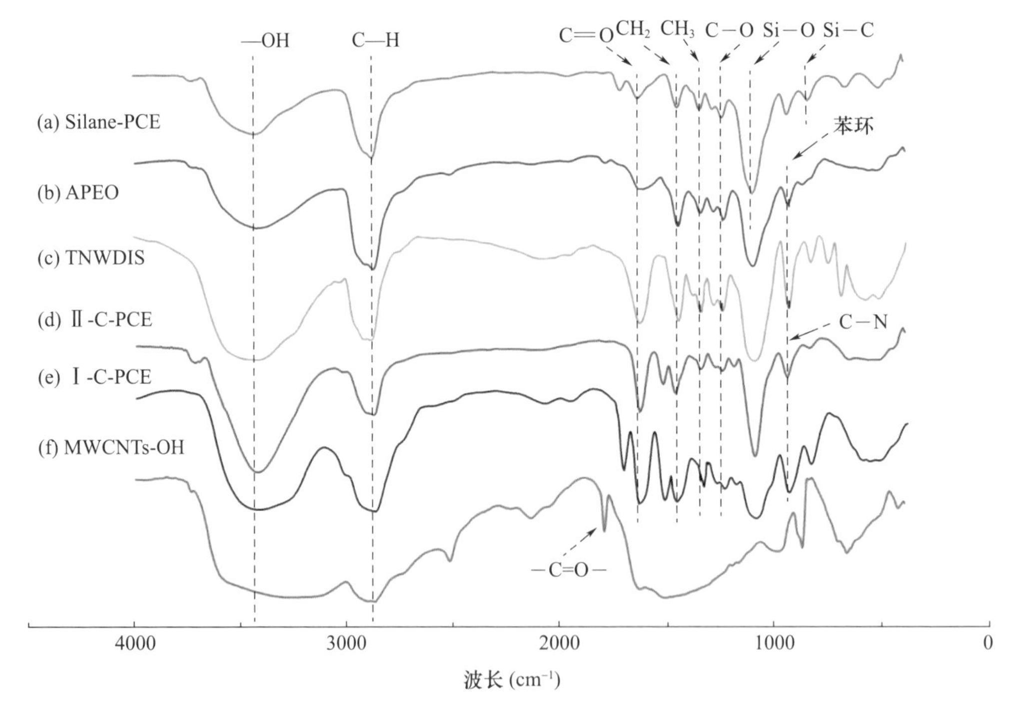

图 2.4 本研究使用的 MWCNTs-OH 和 6 种表面活性剂的 FT-IR 光谱图

FT-IR 测试的结果显示，本书使用的 MWCNTs-OH 的表面带有羰基官能团，这个可能是由于碳纳米管在使用酸溶液纯化的过程中产生的表面缺陷被氧化导致的，但其含量很低，对试验研究基本没有太大影响[110]。从图 2.4 可知，本书使用 6 种表面活性剂的红外光谱图所呈现的结果与它们的分子结构特征相符。另外，本书也使用 X 射线衍射仪对购买的 MWCNTs-OH 粉末进行晶型测试以判断粉末中的物相。XRD 测试结果如图 2.5 所示，图中 26°和 43°2θ 处的强峰是碳的特征峰，说明购买的 MWCNTs-OH 纯度和结晶度都很高，图中 44°和 53°2θ 处出现较小的特征峰为镍的特征峰，这是使用CVD 法合成碳纳米管时所使用的催化剂金属镍的残留。

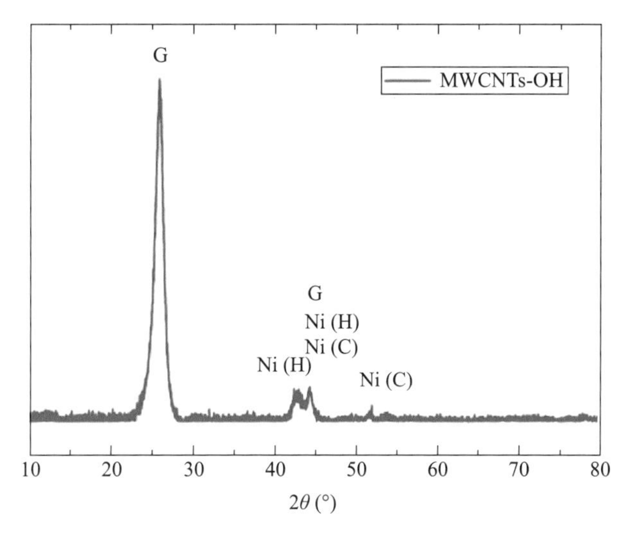

图 2.5 MWCNTs-OH 的 X 射线图谱

图 2.6 展示的是本书使用的 MWCNTs-OH 拉曼光谱图，从图中可以看到三个非常明显的峰，它们分别对应着 MWCNTs-OH 的 D 峰和 G 峰及无定形碳的峰。G 峰是由于石墨结构中 C—C 的伸缩振动引起的，D 峰则对应着石墨结构中的缺陷[111]。从图中 D 峰和 G 峰的强度比可知本研究所使用的 MWCNTs-OH 缺陷较少。

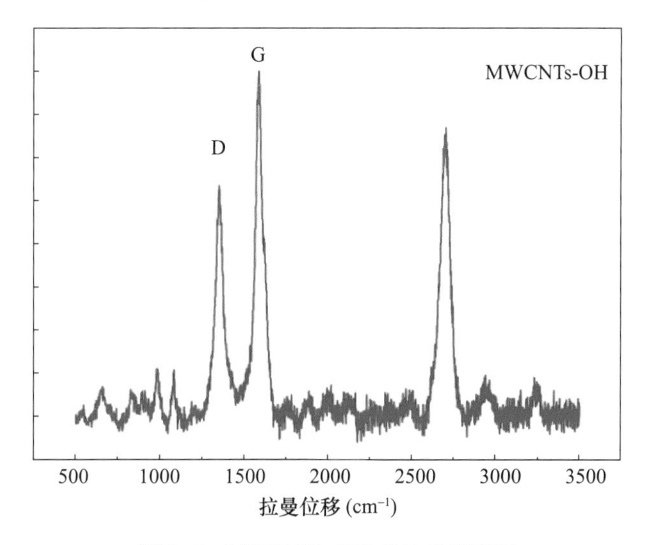

图 2.6 MWCNTs-OH 的拉曼光谱图

2.2.4 样品制备方法

(1) 碳纳米管分散液的制备

在本研究中，MWCNTs-OH 分散液均采用超声与表面活性剂添加相结合的方法进行制备，其具体过程如图 2.7 所示。

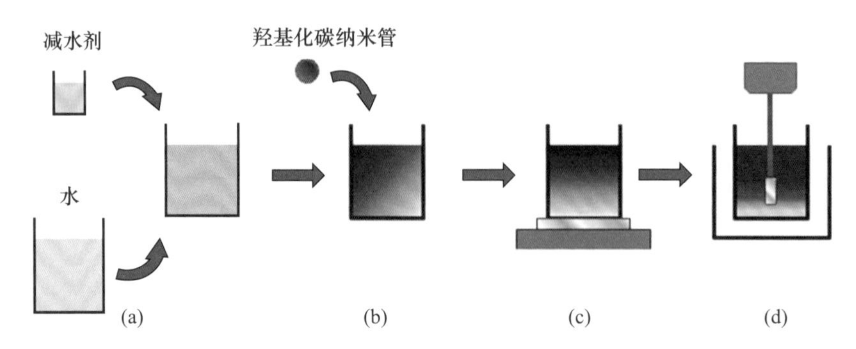

图 2.7 MWCNTs-OH 分散液的制备流程图

（a）减水剂溶液的制备；（b）添加碳纳米管；（c）磁搅拌；（d）超声处理

首先，使用分度值为 0.001g 的电子秤准确称取一定量的 MWCNTs-OH 和不同种类的表面活性剂于烧杯中，然后往烧杯里注入相同体积的去离子水，在室温下搅拌 15min 使 MWCNTs-OH 和表面活性剂均匀混合、充分接触；再用保鲜膜盖在烧杯口，避免超声过程中水分的散失对分散效果的影响，接着将烧杯移入超声波细胞粉碎机内，使用直径为 6mm 的超声杆在 30%的功率进行超声，为了避免超声使液体过热影响分散效果，超声处理以 4s 为一个循环，每次超声 2s 后停 2s。超声结束后将烧杯静置 2h，待液体温度降至室温后再进行测试。

（2）MWCNTs-OH 改性水泥试件的制备

首先，根据碳纳米管分散试验的结果，按照最佳 MWCNTs-OH 与减水剂的质量比称量 MWCNTs-OH 和表面活性剂于烧杯中，然后，称取制备试件所需要的 90%（质量分数）的水倒入烧杯中，再将混合液搅拌 15min，使减水剂与 MWCNTs-OH 充分混合。试验过程中，用保鲜膜将烧杯封口，并在中央部位戳一个直径约为 6mm 的小孔，移入超声波细胞粉碎机中并将超声杆从小孔插入烧杯中。在室温下以适合的功率振 2s 停 2s，将混合液超声 30min，待超声结束后取出烧杯静置 2h。

将称好的水泥倒入符合《水泥胶砂强度检验方法（ISO 法）》（GB/T 17671—2021）试验规范的行星式水泥净浆搅拌锅中，然后加入 MWCNTs-OH 分散液，再用剩余的 10%（质量分数）的水涮洗烧杯，将杯壁残余的分散液一并倒入搅拌锅中，慢速搅拌 2min，静停 30s 用铲子清理黏结在搅拌锅上的水泥，然后快速搅拌 2min，同时按照试验规范制备试验所需要的空白对照组试件。

最后，将搅拌均匀的水泥浆分三次浇筑到 160mm×40mm×40mm 的三联标准试模中，每次浇筑至 1/3 高度时，将试模放置在振捣台上，通过振捣排出内部气泡达到密实的效果，刮平后盖上保鲜膜，在自然条件下养护 24h 后拆模。完成拆模后将全部试件分别移至标准养护室［26℃，(95±3)%］或者恒定温度［(60±3)℃］的快速养护箱中，养护至测试龄期。

本试验基于文献中 MWCNTs-OH 的不同掺量范围设计水泥净浆配合比，主要研究不同掺量的 MWCNTs-OH 以及浇筑工艺对水泥净浆力学性能的影响，研究随着掺量和浇筑工艺的改变对水泥基复合材料力学性能的变化规律。MWCNTs-OH 改性的水泥基材料配合比如表 2.4 所示。

表 2.4 MWCNTs-OH 改性水泥基复合材料的配合比

编号	MWCNTs-OH（质量分数，%）	TNWDIS 分散剂（g）	去离子水（g）	基准水泥（g）	水灰比	流动直径（mm）
Ref	0	1.4	392	1400	0.28	144.8
C01	0.01	1.4	392	1400	0.28	144.2
C05	0.05	1.4	392	1400	0.28	144.6
C10	0.1	1.4	392	1400	0.28	143.7
C25	0.25	1.4	392	1400	0.28	142.4
C50	0.5	1.4	392	1400	0.28	141.3

2.3 碳纳米管分散性的研究

未经改性的 MWCNTs-OH 具有化学惰性，难分散于水和其他的有机溶剂中，而且其表面光滑与基体之间的黏结也较差。但经表面改性过后的 MWCNTs-OH 表面一般带有各种官能团，常见的有羟基、羧基等官能团，表面修饰能改善 MWCNTs-OH 的亲水性（图 2.8）[112]，使其在溶液和基体中都具有较好的分散性。本书使用的 CNTs 为表面经过羟基化改性的 MWCNTs-OH。

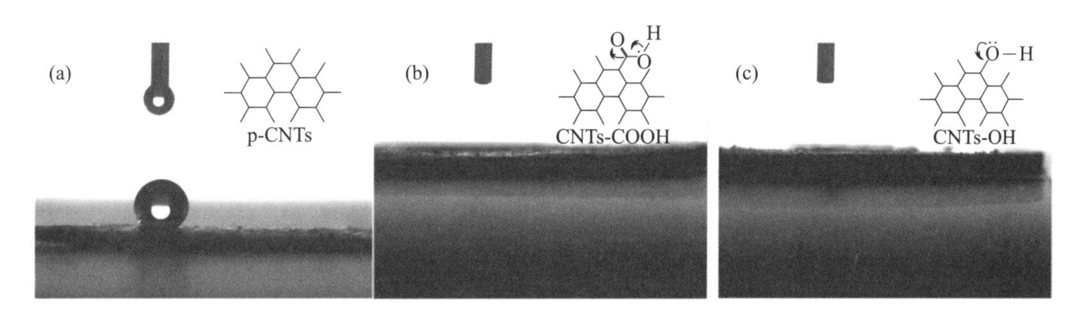

图 2.8 不同官能团化表面处理的 CNTs 接触角测试[112]

MWCNTs-OH 的比表面积非常大，再加上管间的范德华力，所以极易互相缠绕在一起发生团聚。缠绕成团的 MWCNTs-OH 不但不能发挥其优异的力学性能，反而会在水泥基体中造成缺陷降低复合材料的力学性能。从目前现有的研究来看，分散 MWCNTs-OH 的方法一般分为物理分散方法和化学分散方法，但往往这两种方法结合使用会取得比较好分散效果[113]。针对 MWCNTs-OH 在水中的分散，研究者们开发了多种表面活性剂用来分散碳纳米管。为了适应 MWCNTs-OH 在水泥基材料中的应用，本节选取了 5 种非离子型和阳离子型减水剂作为 MWCNTs-OH 的表面活性剂，并对比研究了这 5 种减水剂对 MWCNTs-OH 的分散效果。此外，本节还研究了这 5 种减水剂对分散 MWCNTs-OH 的最优掺量。综合现有的研究，宏观观察和微观分析是用来定义 MWCNTs-OH 分散效果的主要表征手段，因此本书采用直接观察法、SEM 观察法和紫外可见分光度计来对比不同表面活性剂在不同参数条件下对 MWCNTs-OH 的分散效果，并根据 5 种表面活性剂的分子结构特点对其相应的分散机理作了深入分析。

2.3.1 MWCNTs-OH 分散效果的表征

本节要获得 MWCNTs-OH 在水中分散的理想状况是：①使用尽可能少的表面活性剂去分散尽可能多的 MWCNTs-OH；②能使 MWCNTs-OH 的分散状态保持稳定。

（1）MWCNTs-OH 分散效果的视觉观察

不同表面活性剂制备的 MWCNTs-OH 分散液的视觉照片如图 2.9 所示。图 2.9（a）显示的是仅经过超声处理而未添加表面活性剂制备的 MWCNTs-OH 悬浮液，从图中可以看出，玻璃瓶内 MWCNTs-OH 团聚体清晰可见，且瓶底有大量密集的 MWCNTs-OH 团聚沉淀；这个现象说明，在无表面活性剂的作用下，仅仅通过超声处理无法使 MWCNTs-OH 在水溶液中达到均匀分散的状态。然而，从图 2.9（b）～图 2.9（f）中可以看出，添加了表面活性剂的实验组中 MWCNTs-OH 的分散状态与图 2.9（a）中 MWCNTs-OH 的分散状态有着显著的差异；在某些分散较好的试验组中，分散液呈灰色或黑色，而且无肉眼可见的团聚或仅有少量黑色颗粒存在于玻璃瓶底部，说明 MWCNTs-OH 在减水剂的作用下分散均匀。

(a)

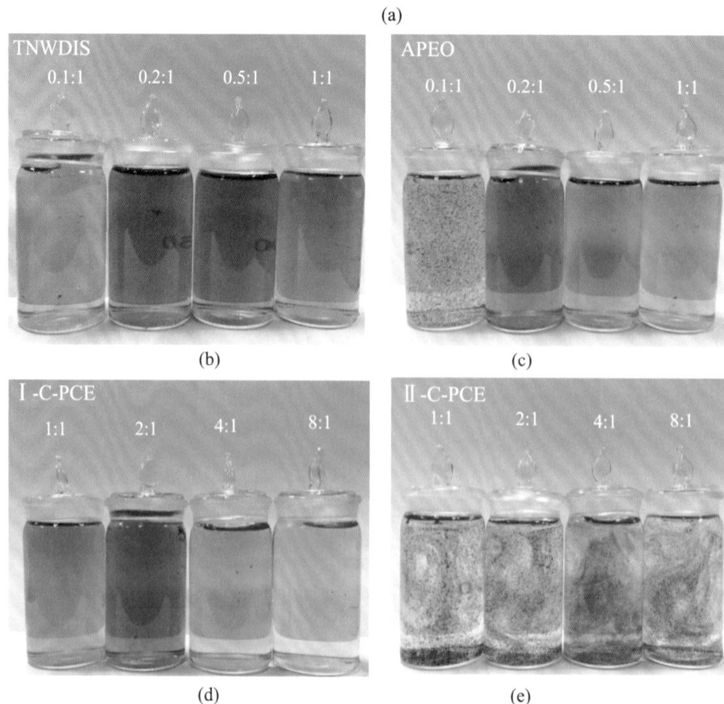

(b) (c)

(d) (e)

(f)

图 2.9 在不同表面活性剂种类及浓度条件下制备的 MWCNTs-OH 悬浮液图片

通过以上观察可以发现，表面活性剂的种类及浓度对 MWCNTs-OH 的分散有着重要影响，改变表面活性剂的种类和浓度能够获得分散均匀的 MWCNTs-OH 分散液，但在某些试验组中 MWCNTs-OH 的分散效果依然很差。

（2）MWCNTs-OH 分散效果的 SEM 观察

图 2.10 显示的是仅超声处理分散的 MWCNTs-OH 和不同种类表面活性剂结合超声处理分散的 MWCNTs-OH 场发射扫描电镜照片。从图中可以看出，与仅超声处理分散的 MWCNTs-OH 相比，不同种类表面活性剂结合超声处理分散的 MWCNTs-OH 分散效果显著改善。在相同的放大倍数下，图 2.10（a）～图 2.10（e）中不同种类表面活性剂结合超声处理分散的 MWCNTs-OH 排列稀疏，彼此散开，均匀分布在基底上，而仅超声处理分散的 MWCNTs-OH 则相互紧密地缠绕在一起形成团聚。

图 2.10（d）中 MWCNTs-OH 的排列明显比图 2.10（a）～图 2.10（e）中 MWCNTs-OH 的排列更加紧密，MWCNTs-OH 之间的距离也更小。这说明 TNWDIS、APEO、Ⅰ-C-PCE 和 Silane-PCE 在水中分散 MWCNTs-OH 的能力比Ⅱ-C-PCE 更强。然而，在图 2.10（a）～图 2.10（e）中，MWCNTs-OH 的分散状态较为接近，差异不明显，难以通过视觉判断。这意味着需要通过进一步试验来将以上 4 种表面活性剂对 MWCNTs-OH 的分散能力进行评估。

（3）MWCNTs-OH 分散效果的 UV-vis 分析

图 2.11 显示的是不同种表面活性剂种类和浓度（由于每组试验所用的 MWCNTs-OH 的质量是相同的，故图 2.11 中使用减水剂浓度来区分）条件下制备的 MWCNTs-OH 分散液的 UV-vis 光谱。图中右侧显示的是不同种减水剂制备的 MWCNTs-OH 分散液在 UV-vis 光谱中 600nm 处的 UV-vis 吸光值随对应减水剂浓度变化的变化规律。从图中可以明显看出，本研究中 5 种表面活性剂制备的 MWCNTs-OH 分散液在 UV-vis 光谱中 600nm 处的 UV-vis 吸光值随着减水剂浓度变化的规律遵循高斯变化趋势，即在 UV-vis 吸光值达到最大之前，UV-vis 吸光值随着减水剂浓度的升高而增大；当减水剂浓度值高于最大 UV-vis 吸光值对应的减水剂浓度值时，MWCNTs-OH 分散的均匀性会减弱。说明在 UV-vis 吸光值达到最大值之后，随着减水剂浓度的进一步增大，

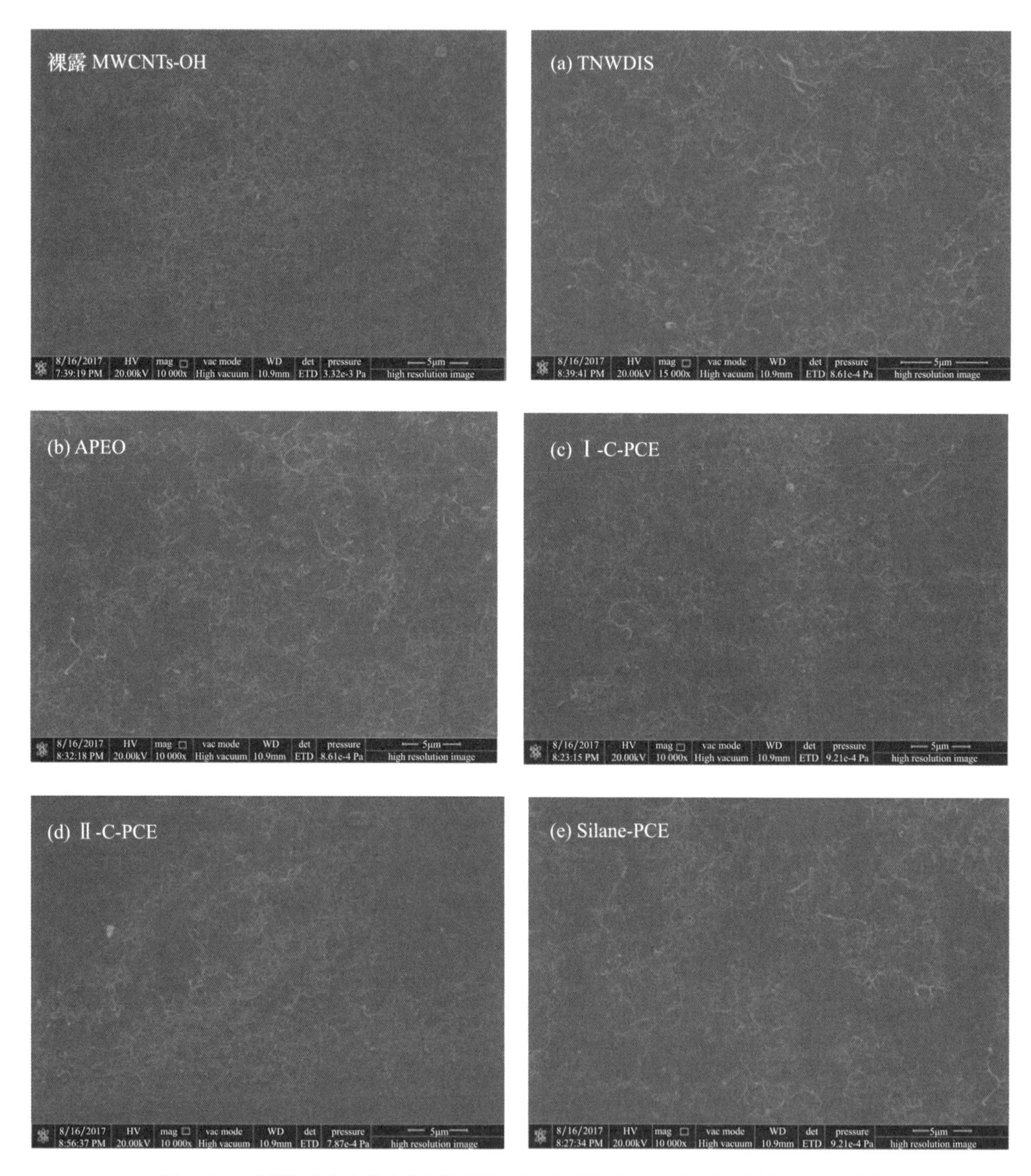

图 2.10 利用不同种类表面活性剂制备的 MWCNTs-OH 悬浮液 SEM 图片

MWCNTs-OH 分散液中的单根 MWCNTs-OH 的数量会由于 MWCNTs-OH 之间的位阻作用或静电斥力的减弱而减少。以上现象的成因是，当减水剂浓度较低时，少量的减水剂分子不足以在 MWCNTs-OH 表面形成有效的覆盖来提供静电斥力或空间位阻来平衡 MWCNTs-OH 间的范德华力[107]；然而，当 MWCNTs-OH 悬浮液中添加了过量的减水剂，并达到或超过减水剂的临界胶束浓度时，体系中的减水剂分子或离子便会缔合形成胶束[114]，胶束不能渗透进入 MWCNTs-OH 间的间隙并相互聚集，而聚集的胶束会直接导致 MWCNTs-OH 附近渗透压的上升并产生吸引力，进而引起体系中 MWCNTs-OH 的团聚。这种由于胶束引起的斥力减弱在胶体体系[115]和碳纳米管悬浮液体系[116]中都称为消耗斥力效应[117]。

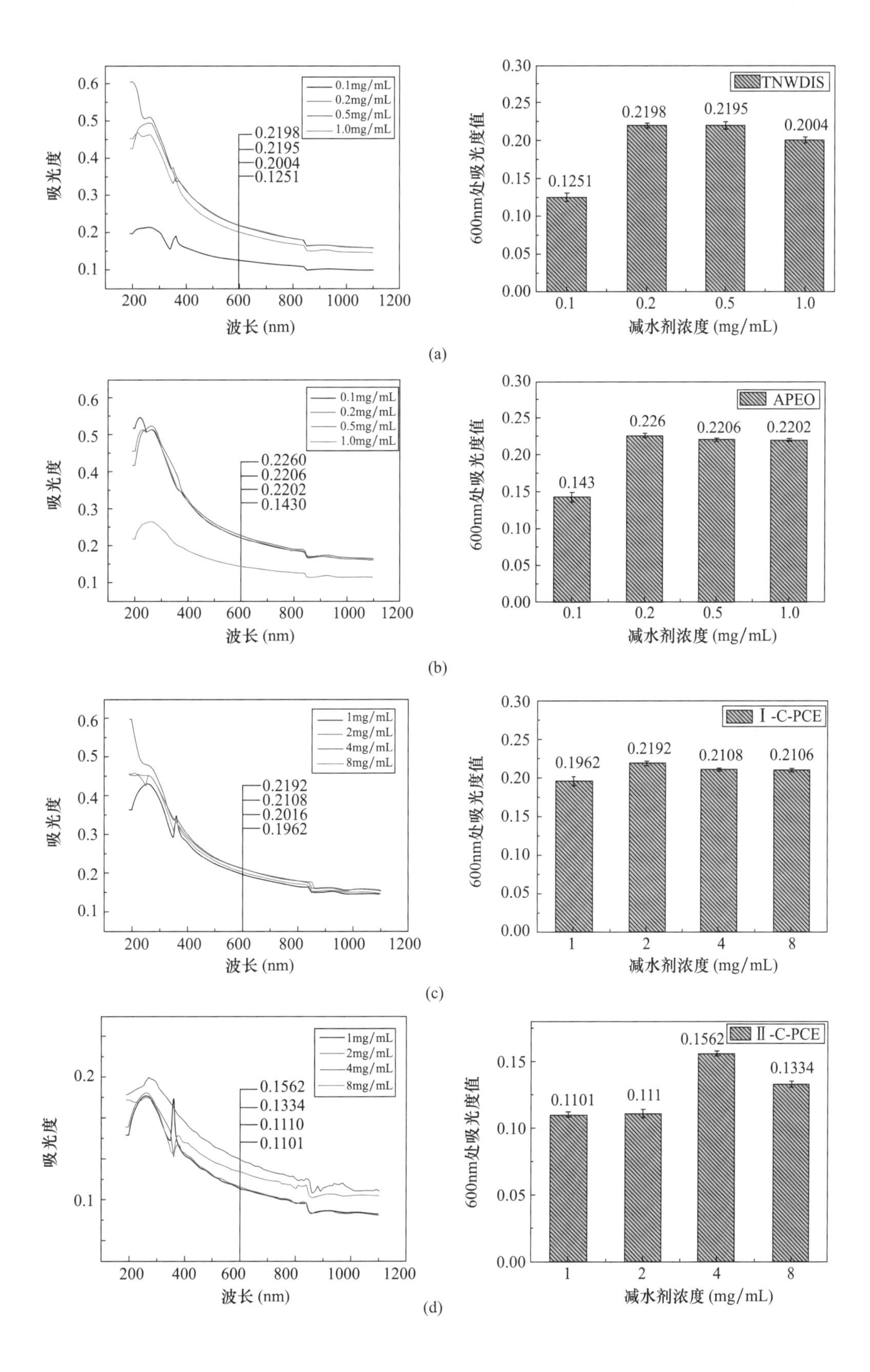

吸光度
波长 (nm)
0.1mg/mL
0.2mg/mL
0.5mg/mL
1.0mg/mL
0.2198
0.2195
0.2004
0.1251
600nm处吸光度值
减水剂浓度 (mg/mL)
TNWDIS
(a)
0.2260
0.2206
0.2202
0.1430
APEO
0.226
0.143
(b)
1mg/mL
2mg/mL
4mg/mL
8mg/mL
0.2192
0.2108
0.2016
0.1962
Ⅰ-C-PCE
0.2106
(c)
0.1562
0.1334
0.1110
0.1101
Ⅱ-C-PCE
0.111
(d)

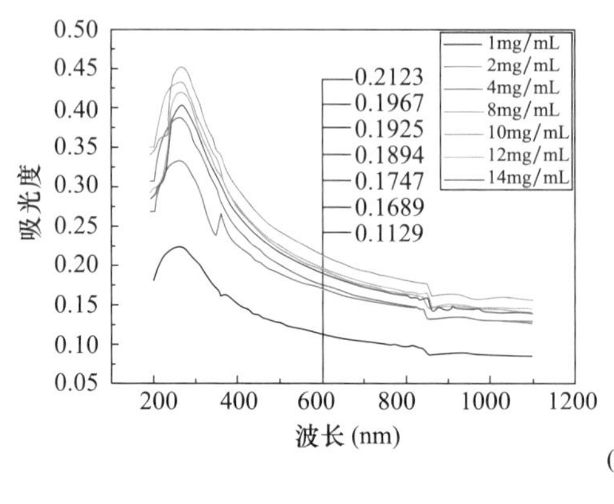

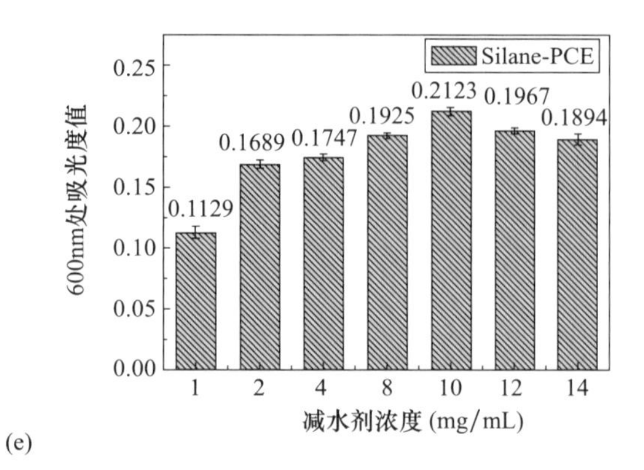

(e)

图 2.11 在不同种类与浓度表面活性剂下制备 MWCNTs-OH 分散液的 UV-vis 光谱图

(a) TNWDIS；(b) APEO；(c) Ⅰ-C-PCE；(d) Ⅱ-C-PCE；(e) Silane-PCE

通过对每组试验 UV-vis 吸光值的比较可以得出每种减水剂分散 MWCNTs-OH 的最佳浓度值，这个值是保持最多量 MWCNTs-OH 稳定分散所需要的最低减水剂浓度值。对于 TNWDIS、APEO、Ⅰ-C-PCE、Ⅱ-C-PCE 和 Silane-PCE，当减水剂浓度分别为 0.2mg/mL、0.4mg/mL、2mg/mL、4mg/mL 和 10mg/mL 时 MWCNTs-OH 的分散效果最佳，此时的 UV-vis 吸光值分别为 0.226、0.2198、0.2192、0.1562 和 0.2123。因此，与其他 4 种减水剂相比，相同浓度的 APEO 能分散更多的 MWCNTs-OH，而Ⅱ-C-PCE 的分散能力最弱。虽然 TNWDIS、Ⅰ-C-PCE 和 Silane-PCE 的最大 UV-vis 吸光值很接近，但在这三者中，分散相同量的 MWCNTs-OH，TNWDIS 所需要的用量最少，而 Silane-PCE 所需的用量最多。因此，从以上试验结果可知，在相同条件下，这 5 种减水剂在水中分散 MWCNTs-OH 的能力由强到弱依次为：APEO＞TNWDIS＞Ⅰ-C-PCE＞Silane-PCE＞Ⅱ-C-PCE。

2.3.2 基于减水剂分子结构的分散机理分析

基于图 2.2 所展示的表面活性剂分子结构式，5 种表面活性剂对 MWCNTs-OH 分散机理被分析。理论上，当减水剂被添加到水中分散碳纳米管时，减水剂的分子或离子会在憎水相互作用或静电力的作用下吸附在碳纳米管的表面，并将亲水链或官能团伸入水中，同时憎水链或官能团则面向碳纳米管，通过这种方式降低碳纳米管与水之间的界面张力而促进碳纳米管在水中的分散性。因此，减水剂的分散能力与其在碳纳米管表面的吸附强度以及其吸附在碳纳米管表面时所产生的能量壁垒有着紧密联系[58]。另外，一些研究者的试验结果表明：表面活性剂分子结构上的苯环结构能够与碳纳米管上面的六元碳环通过 π—π 键来连接，这种连接方式能显著提高表面活性剂分子在碳纳米管表面的吸附强度[118-120]。另一些研究者的试验结果显示：石墨结构中的碳六圆环与烷烃链上的亚甲基有着较好的匹配度，这使得憎水的基团可以在憎水相互作用下平摊地吸附在碳纳米管的表面[121]。由上述研究可知，表面活性剂分子在碳纳米管表面吸附的主要驱动力是憎水相互作用和 π—π 键；而且表面活性剂的分散能力与其分子结构的链长有着密切关系，因为更长的链长可以通过提供更大的位阻空间来提高碳纳米管之间的斥力[58]。

从图 2.2 中可以看出，在 5 种减水剂的分子结构中，Silane-PCE 和Ⅱ-C-PCE 拥有着最长的烷烃侧链；与此同时，TNWDIS 和 APEO 的烷烃链最短。因此，理论上 TNWDIS 和 APEO 应该比 Silane-PCE 和Ⅱ-C-PCE 的分散能力更弱，然而图 2.11 的结果却与我们根据经验推测的结果相反；导致这个矛盾结果的原因是 TNWDIS 和 APEO 的分子结构中存在苯环结构；而根据前面的分析可知，苯环结构可与 MWCNTs-OH 的碳六圆环通过较强的 π—π 键结合。除此之外，TNWDIS 和 APEO 分子结构中较短的烷烃链使得它们的分子在 MWCNTs-OH 超声的过程中更容易渗透进入团聚 MWCNTs-OH 之间的间隙中[122]；因为同样的原因，具有空间烷烃结构的 TNWDIS 在相同条件下比链状烷烃结构的 APEO 更难渗透进入 MWCNTs-OH 团聚体间的间隙[58]，因而 APEO 展现出比 TNWDIS 更强的分散能力，不过由于空间烷烃结构吸附在 MWCNTs-OH 表面时能够提供更大的位阻空间，所以 TNWDIS 与 APEO 的分散能力差异很小。由上述分析可知，TNWDIS 的分散能力比Ⅰ-C-PCE、Silane-PCE 和Ⅱ-C-PCE 的要强，而且 APEO 的分散能力与 TNWDIS 的分散能力较为接近。

由于Ⅰ-C-PCE 和Ⅱ-C-PCE 的分子结构相似，而Ⅰ-C-PCE 的亲水性侧链长度比Ⅱ-C-PCE 的亲水性侧链长度更短，因此在将Ⅰ-C-PCE 和Ⅱ-C-PCE 的分散能力进行对比时能发现Ⅰ-C-PCE 展现出比Ⅱ-C-PCE 要强得多的分散能力。对于亲水性侧链越长的减水剂分子，其通过亲水侧链与相邻的减水剂分子缔合形成胶束的概率就越大；胶束的形成会导致体系内局部渗透压的升高从而使得 MWCNTs-OH 团聚，因此在图Ⅱ-C-PCE 制备的 MWCNTs-OH 分散液的照片中能观察到大量的团聚颗粒。然而，将Ⅰ-C-PCE 和 Silane-PCE 进行对比时会发现，Ⅰ-C-PCE 制备的 MWCNTs-OH 分散液颜色明显要比 Silane-PCE 制备的 MWCNTs-OH 分散液更深也更均匀，这不仅是因为Ⅰ-C-PCE 分子结构中具有更短的亲水性烷烃侧链，同时是因为在水中带负电的 $MWCNTs\text{-}O^-$ 与带正电的Ⅰ-C-PCE 离子通过离子键相结合[123]，这种结合方式显著增强了 MWCNTs-OH 与Ⅰ-C-PCE 之间的吸附作用。此外，Ⅰ-C-PCE 侧链上的阳离子型官能团能通过互相排斥从而在很大程度上提高 MWCNTs-OH 平衡范德华力的能力[124]。从图 2.11 的 UV-vis 光谱也可以看出，Ⅰ-C-PCE 在浓度为 2mg/mL 时分散效果最好；而 Silane-PCE 在达到最优分散效果时的用量为Ⅰ-C-PCE 的 5 倍。这个结果说明 Silane-PCE 在 MWCNTs-OH 在表面吸附的效率比Ⅰ-C-PCE 更低，而且其在保持 MWCNTs-OH 分散稳定性方面也较Ⅰ-C-PCE 差。所以，Ⅰ-C-PCE 的分散能力比Ⅱ-C-PCE 和 Silane-PCE 的更强。

Ⅱ-C-PCE 和 Silane-PCE 分子结构非常类似，两者的亲水性烷烃侧链长度也相同，唯一的区别是侧链上的官能团不相同；Ⅱ-C-PCE 侧链端部的官能团是 $N\text{-}(CH_3)_3$，而在相同的部位 Silane-PCE 的官能团是 $Si\text{-}(OCH_3)_3$。Fan[125] 等人的研究显示：当 Silane-PCE 溶解在水中时，Silane-PCE 侧链上的 $Si\text{-}(OCH_3)_3$ 能与 MWCNTs-OH 的羟基发生脱水缩合反应，这种反应不但使 Silane-PCE 与 MWCNTs-OH 之间通过较强的共价键结合，也提高了 Silane-PCE 在 MWCNTs-OH 表面吸附的数量。一般而言，$Si\text{-}(OCH_3)_3$ 与 MWCNTs-OH 之间的共价键结合比 $N\text{-}(CH_3)_3$ 和 MWCNTs-OH 之间的离子键吸附更强。因此，Silane-PCE 的分散能力比Ⅱ-C-PCE 的分散能力更强。

由以上的分析可得知，“亲水性链长因素”对 MWCNTs-OH 在水中的分散比硅氧烷基团的贡献更大，而与“静电引力因素”相比，硅氧烷基团在促进减水剂在 MWC-

NTs-OH 的表面吸附方面更有优势。

2.4 碳纳米管改性水泥基复合材料力学性能研究

碳纳米管具有优异的力学性能，将一定量的碳纳米管加入到水泥中可以在纳米尺度上阻止裂缝的扩展，并在构件受力的过程中吸收能量，能够显著提高水泥基材料的抗折强度和极限应变；碳纳米管具有网状填充效应，能改善水泥基材料的空隙特性，使水泥变得更加密实，提高水泥基材料的抗压强度[79,81,88]。因此本试验制备了不同 MWCNTs-OH 掺量的水泥试件，研究了不同掺量 MWCNTs-OH 对水泥砂浆的抗压和抗折强度的影响规律。同时通过 SEM 以及 FT-IR、TGA、XRD、Nanoindentation 从微观角度对碳纳米管在水泥净浆中的形貌、分布情况进行观察，并对 MWCNTs-OH 增强水泥材料的作用机理进行分析；同时，本节分析 Nanoindentation 试验中“无效点”的成因，并通过对严格筛选前后的试验结果进行对比，验证 Nanoindentation 试验过程中对试验数据进行严格筛选的必要性。

2.4.1 MWCNTs-OH 在强碱性环境下稳定性测试

MWCNTs-OH 在水泥基材中的均匀分散是其在水泥中发挥增强增韧作用的前提条件，而水泥浆中的强碱性环境会使得 MWCNTs-OH 发生再团聚现象，故对 MWCNTs-OH 在强碱性环境下分散稳定性的评估是十分必要的；MWCNTs-OH 在强碱性环境下分散稳定性的测试结果如图 2.12 所示。

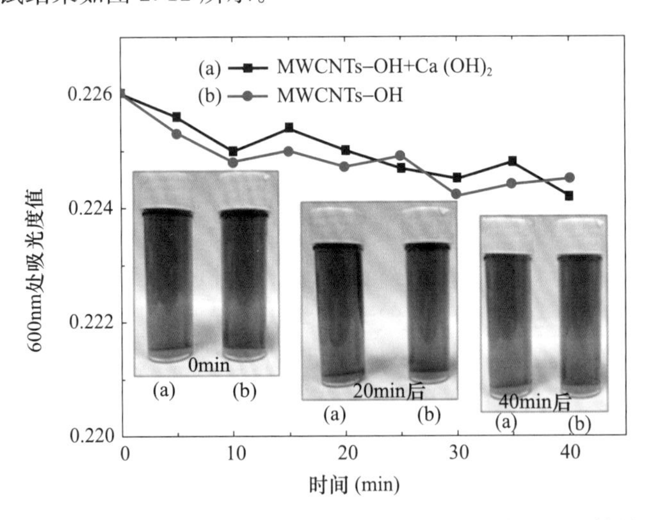

图 2.12 MWCNTs-OH 分散液在碱性环境下稳定性测试结果

图 2.12 显示的是 MWCNTs-OH 分散液在有/无饱和 $Ca(OH)_2$ 作用下 40min 内 UV-vis 吸光度随时间变化的曲线。其中（a）曲线代表 MWCNTs-OH 分散液与饱和 $Ca(OH)_2$ 混合液的 UV-vis 吸收值随时间变化的曲线，（b）曲线代表 MWCNTs-OH 分散液的 UV-vis 吸收值随时间变化的曲线。图 2.12 中的照片显示的是两个试验组在 0min、20min 和 40min 时的视觉观察照片。从照片中可以看出，在 40min 内，本研究制备的 MWCNTs-OH 在饱和的 $Ca(OH)_2$ 中能保持较好的分散稳定性。从图中曲线可以看

出（a）（b）两组曲线的变化情况非常类似，随着时间的推移（a）（b）曲线都呈现出下降的趋势，但吸收值减少的量很小；虽然两条曲线有交叉现象，但两组的吸收值始终非常接近，这个结果与视觉观察到的规律相符。导致上述情况的原因有两个：第一，由于TNWDIS是非离子型表面活性剂不会与水泥空隙溶液中的OH^-反应，也不会与Ca^{2+}发生耦合[126]，所以$Ca(OH)_2$对其在MWCNTs-OH表面的吸附不产生影响，故（a）（b）两组曲线的值在测试过程中都非常接近，曲线的交叉现象可能是由测量误差引起的；第二，由于热力学熵增原理[127]，制备好的MWCNTs-OH分散液中有小部分MWCNTs-OH会再次聚集形成团聚，但这种发生再团聚的MWCNTs-OH的量较小，所以相对于初始吸收值，40min之后两组的UV-vis吸收值减小得非常少。从以上结果可知，本试验制备的MWCNTs-OH分散液能在强碱性环境中保持分散稳定。

2.4.2 MWCNTs-OH在水泥基材中的分布

碳纳米管在水泥中的分散状态对复合材料的力学性能有着重要影响。以往的研究较多关注MWCNTs-OH在水中的分散，而对于MWCNTs-OH在加入水泥之后分散状态的报道却较少。虽然有研究者尝试过不同的方法，但效果仍然不够理想；比如，在使用能谱扫描的方式通过碳元素的分布来表征MWCNTs-OH的分散时，试验结果会因为SEM试验样品制备过程中水泥的碳化而产生较大干扰[128]。然而，碳化产物$CaCO_3$和MWCNTs-OH中的碳存在的形式分别为C═O和C—C，但拉曼光谱中的G峰是石墨结构的特征峰，因此，为了将碳化产物$CaCO_3$中的碳元素和MWCNTs-OH中的碳元素区分开来，本研究应用拉曼光谱对掺有MWCNTs-OH的水泥净浆样品进行扫描，通过拉曼光谱中G峰的强度分布来表征MWCNTs-OH在水泥中的分布。测试结果如图2.13所示。

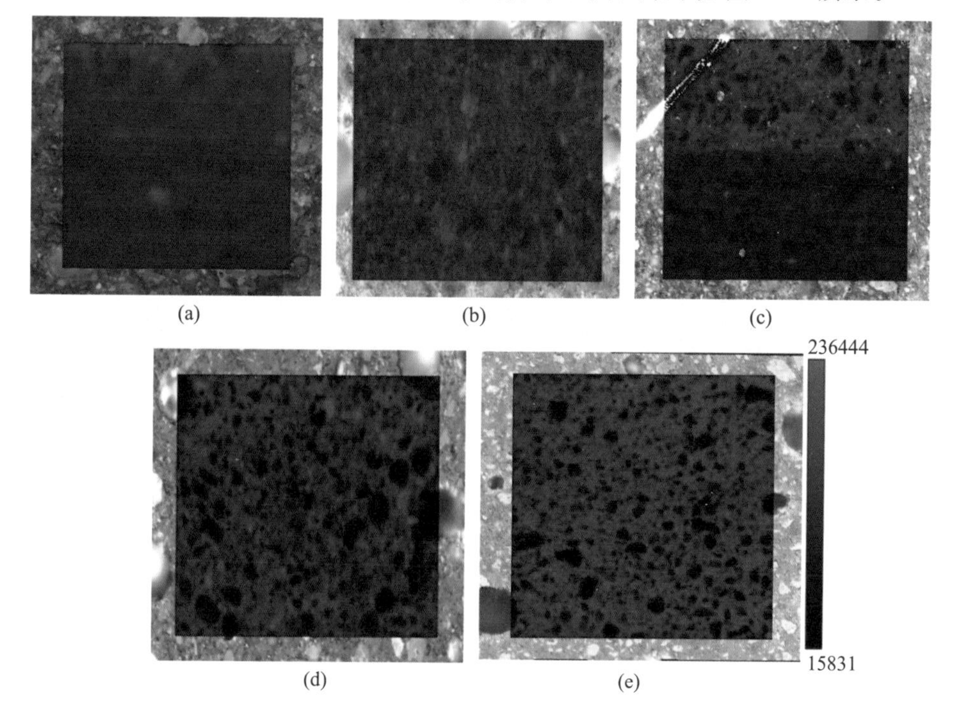

图2.13 利用Raman能谱扫描MWCNTs-OH在水泥样品中的分布图

（a）C01；（b）C05；（c）C10；（d）C25；（e）C50

图 2.13 中的红色代表 MWCNTs-OH，黑色表示水泥基材中的孔或未水化水泥颗粒。从图中可以看出，水泥中拉曼扫描区域的颜色随着 MWCNTs-OH 掺量的增大而加深，而且各个样品中 MWCNTs-OH 的整体分散均匀程度比较接近，说明 MWCNTs-OH 在水泥基体中分散均匀。

2.4.3 MWCNTs-OH 改性水泥试件的力学性能测试

不同 MWCNTs-OH 掺量水泥净浆试件在不同养护方式条件下的力学性能测试结果如图 2.14 所示。从图中可以看出，MWCNTs-OH 的掺入显著提高了水泥净浆试件的抗折强度和抗压强度；当 MWCNTs-OH 掺量低于 0.5%时，水泥净浆试件的抗折强度和抗压强度随着 MWCNTs-OH 掺量的升高而增强，MWCNTs-OH 掺量为 0.5%时水泥净浆试块的力学性能提高幅度最大，抗折强度和抗压强度的最大提高幅度分别为 35.4%和 18.05%。此外，养护方式也对水泥净浆试件的力学性能有一定的影响，但这种影响对抗折强度的影响更显著；从图中可以看出，标养 28d 的样品的抗折强度比快速养护 3d 样品的抗折强度平均要高出约 5%；这可能是由于试验样品在快速养护箱中受热不均匀导致样品内部的温度应力不均匀造成的，这种影响还造成了快速养护试验组的数据离散性较大；而在标养 28d 的样品中，水泥得到充分的水化，而且样品在养护过程中的收缩也较为均匀，因此，相比于快速养护的样品，标准养护的样品强度更高，数据离散性也更小。另外，MWCNTs-OH 的掺入不但有效促进温度在样品内部的传导，同时能够抑制裂缝的形成和扩展；但由于不同实验组中 MWCNTs-OH 的分散程度类似，所以水泥净浆样品的抗折和抗压强度随着 MWCNTs-OH 的掺量的增加而提升。然而，由于 MWCNTs-OH 在水泥基体中的排列是无序、随机的，而试件所受的外部荷载往往是具有方向性的，所以不同试验组的数据离散性大小不尽相同。

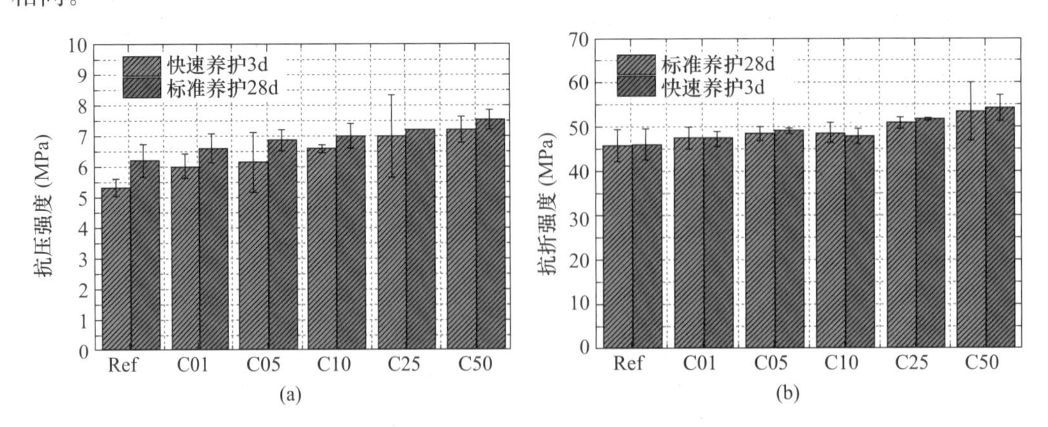

图 2.14 不同 MWCNTs-OH 掺量的水泥净浆试件在不同养护方式下的力学性能测试结果

2.4.4 MWCNTs-OH 改性水泥样品的 SEM 观察

材料的宏观性能由其微观结构决定，本文使用 FE-SEM 对 MWCNTs-OH 改性水泥净浆样品的微观结构进行观察，结果如图 2.15 (a) 和 (b) 中可以看出，MWCNTs-OH 均匀地分散在水泥中，表面覆盖着水化产物连接在裂缝之间，但其排列是杂乱无序的。图 2.15（c）和（d）显示的是 MWCNTs-OH 改性水泥净浆样品中裂缝处的微观形貌，图中桥连在裂缝之间的 MWCNTs-OH、拔出的 MWCNTs-OH 和被拉断的 MWCNTs-OH 的微观形貌清晰可见，说明 MWCNTs-OH 与水泥基体之间有着较好的黏结来传递荷载。MWCNTs-OH 掺入水泥中的主要目的就是从纳米尺度改善水泥的微观形貌，通过桥连和拔出效应来提高微裂缝扩展所需要的能量来抑制微裂缝的扩展，从而提高水泥材料抵抗荷载的能力。

(a) (b) (c) (d)

图 2.15 MWCNTs-OH 改性水泥净浆样品的微观形貌

（a）（b）均匀分散的 MWCNTs-OH；（c）（d）起桥连作用的 MWCNTs-OH

2.4.5 MWCNTs-OH 改性水泥样品的 FT-IR 分析

MWCNTs-OH 对水泥水化的影响使用 FT-IR 来检测，通过观察 FT-IR 光谱中有无新化学键的形成或化学键在 FT-IR 光谱中峰强的变化来表征。从图 2.16 中可以看出，不同 MWCNTs-OH 掺量水泥净浆样品的 FT-IR 图中主要在以下几个位置出现特征峰：$3363cm^{-1}$、$2921cm^{-1}$、$2849cm^{-1}$、$1737cm^{-1}$、$1592cm^{-1}$、$1413cm^{-1}$ 和 $1123cm^{-1}$。其中，$3363cm^{-1}$ 处的对应着 $Ca(OH)_2$、$2921cm^{-1}$ 和 $2849cm^{-1}$ 处的峰是 C—H 的伸缩振动引起的吸收峰、$1592cm^{-1}$ 处是水分子的振动吸收峰，而 $1413cm^{-1}$ 和 $1123cm^{-1}$ 处的吸收峰分别对应的是水泥中的 CO_3^{2-} 和 SO^{4-}[129]。从图中可以明显地看出，不同 MWCNTs-

OH 掺量水泥净浆样品的 FT-IR 图中主要特征峰的位置和强度都非常接近，说明 MWCNTs-OH 的掺入并未导致水泥中新物质的生成，即 MWCNTs-OH 并未与水泥里的组分发生化学反应，本节 2.4.3 中的力学性能的增强是物理作用的结果。

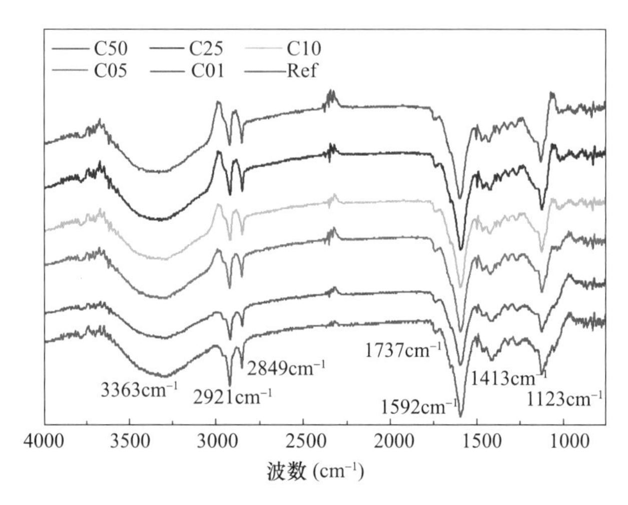

图 2.16　不同 MWCNTs-OH 掺量水泥净浆样品的 FT-IR 图

2.4.6　MWCNTs-OH 改性水泥样品的 XRD 分析

MWCNTs-OH 的加入对水泥净浆样品中晶体的影响使用 XRD 测试，结果如图 2.17 所示。图中主要能观察到三种晶体的衍射峰，分别是 $Ca(OH)_2$、C_3S 和 C_2S，而在 $2\theta=27°$ 处并未检测出 MWCNTs-OH 的衍射峰，因此本试验对掺有 0.5% MWCNTs-OH 的样品进行 XRD 小角度衍射试验，结果如图 2.17（b）所示。图 2.17（b）中的水泥样品中仍未能检测到 MWCNTs-OH 的衍射峰，而单独对 MWCNTs-OH 进行测试能在 27°处检测到很强的衍射峰，所以这可能是由于 MWCNTs-OH 的掺量太低而水泥中晶体的衍射峰太强而导致 MWCNTs-OH 的衍射峰被淹没的原因导致的。同时，C-S-H 是由于其短程有序长程无序的特性使其难以被 XRD 检测到。从图 2.17（a）中三种晶体的衍射峰强度来看，$Ca(OH)_2$ 的峰强随着 MWCNTs-OH 的掺量的增加而逐渐变强，而 C_3S 和 C_2S 的衍射峰变化较小。由于 $Ca(OH)_2$ 是 C_3S 和 C_2S 在水化过程中生成的，故 $Ca(OH)_2$ 的量与水泥的水化程度密切相关。XRD 的试验结果说明 MWCNTs-OH 的掺入可以促进水泥的水化程度。

2.4.7　MWCNTs-OH 改性水泥样品的 TGA 分析

对于 MWCNTs-OH 对水泥水化程度的影响，XRD 仅能提供一个定性的结果，而 TGA 测试可以通过水泥粉末中不同成分分解温度的不同来确定物质的种类，通过样品质量的损失来定量求得水泥中某种成分的质量占比，DTG 曲线则给出了各个成分质量变化的拐点信息。以往的研究显示[130]，在水泥净浆的 TGA 曲线中，30～105℃范围内的质量损失对应着自由水的蒸发和结合水的分解；110～300℃范围内的质量损失对应着 C-S-H 凝胶的分解；450～550℃对应着 $Ca(OH)_2$ 的分解；650～800℃范围内的质量损失对应的是碳化产物 $CaCO_3$ 的分解。

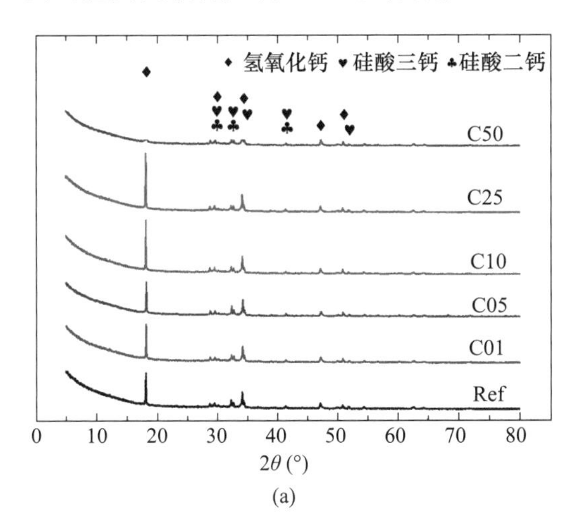

(a)

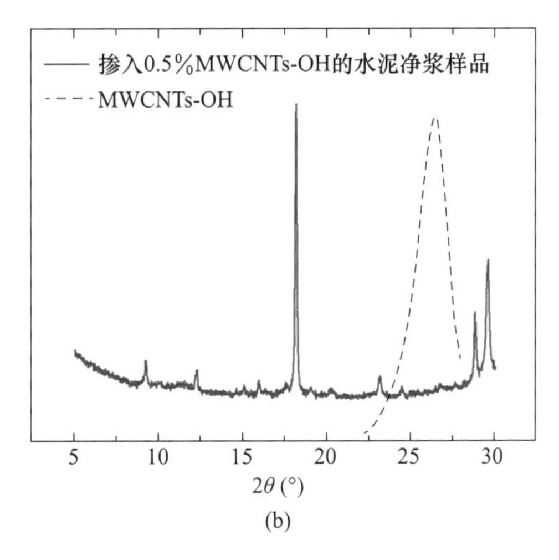

(b)

图 2.17　MWCNTs-OH 改性水泥净浆样品的 XRD 图

（a）不同 MWCNTs-OH 掺量的水泥样品的 XRD 图；

（b）质量分数为 0.5% MWCNTs-OH 掺量的水泥样品与纯 MWCNTs-OH 对比图

由于水泥中的 $CaCO_3$ 来源于 $Ca(OH)_2$ 的碳化，故水泥中 $Ca(OH)_2$ 的含量可通过 $Ca(OH)_2$ 和 $CaCO_3$ 的分解质量损失来计算，$Ca(OH)_2$ 和 $CaCO_3$ 的分解化学式如式（2-4）、式（2-5）所示：

$$Ca(OH)_2 \longrightarrow CaO + H_2O \tag{2-4}$$

$$CaCO_3 \longrightarrow CaO + CO_2 \tag{2-5}$$

MWCNTs-OH 复合水泥净浆样品中 $Ca(OH)_2$ 的含量随 MWCNTs-OH 掺量变化的计算结果如图 2.18（b）所示。从图中可以看出，MWCNTs-OH 复合水泥净浆样品中 $Ca(OH)_2$ 的含量随 MWCNTs-OH 掺量的增加而逐渐升高，从 10.79%升高到 13.1%，说明 MWCNTs-OH 的加入能促进 MWCNTs-OH 的水化程度，当 MWCNTs-OH 的掺量为质量分数为 0.5%时，水泥水化的程度提高了 2.31%，这个规律与 XRD 的测试结果一致。

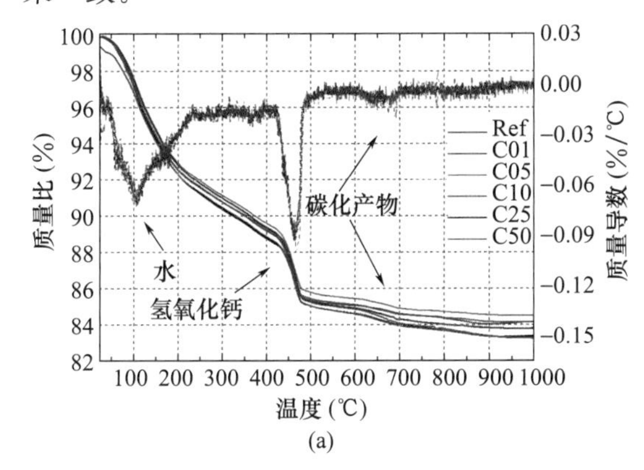

(a)

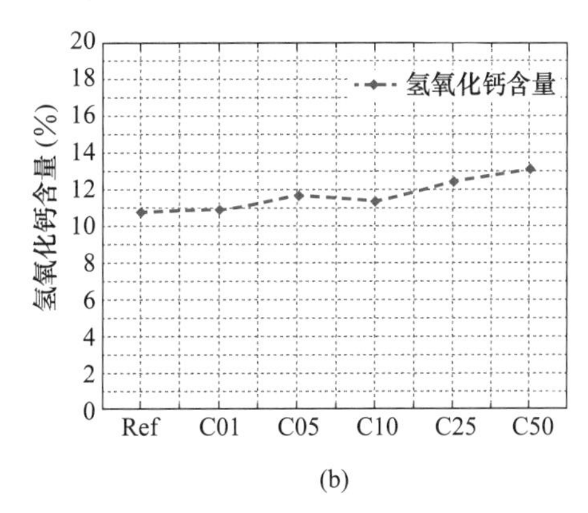

(b)

图 2.18　不同 MWCNTs-OH 掺量改性水泥净浆样品的 TGA 图

（a）TGA 测试数据；（b）不同 MWCNTs-OH 掺量改性组分的氢氧化钙含量

以上测试结果说明 MWCNTs-OH 通过物理作用来增强水泥基材，即 MWCNTs-OH 与水泥之间无化学黏结。然而，以上微观测试手段并不能对 MWCNTs-OH 掺入所引起的水泥中微观成分变化进行定量表征，因此，本文将在以下部分使用纳米压痕技术来探究 MWCNTs-OH 对水泥基材微观成分的影响。

2.4.8 MWCNTs-OH 改性水泥样品的 Nanoindentation 分析

（1）表面粗糙度测试

纳米压痕的基本假定是在一个完全平整的半无限空间里使用一个较小的尖端压入材料内部，通过荷载-位移曲线来计算被压材料的力学性能。然而，理论上在这个半无限空间里只有压痕深度一个尺度，在这种情况下纳米压痕的试验结果只与压痕深度相关[131]；但在实际情况中，表面粗糙度的存在使这个半无限空间模型里出现了另一个尺度，这会导致纳米压痕试验的自相似性被破坏[132]。而不合理的粗糙度选择会导致数据离散性增大而不能反映真实情况[133]。Miller[132]等人的研究显示，当水泥样品表面粗糙度低于 200nm 时，试验结果具有较高的可重复性。本书中水泥样品表面平均粗糙度的测试结果如表 2.5 所示，从表中数值可以看出试验样品的表面平均粗糙度均满足纳米压痕测试的要求。图 2.19 为利用三维轮廓仪测试抛光后的水泥样品表面粗糙度。

表 2.5 各样品表面粗糙度测试结果

编号	扫描区域面积（mm^2）	表面粗糙度（nm）
Ref	0.4×0.4	134.4
C01	0.4×0.4	169.2
C05	0.4×0.4	124
C10	0.4×0.4	152.4
C25	0.4×0.4	135.5
C50	0.4×0.4	137.5

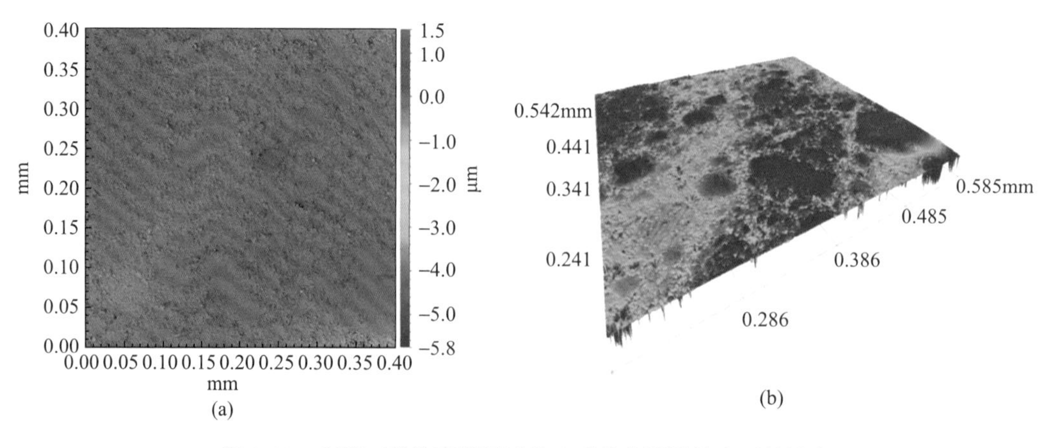

图 2.19 利用三维轮廓仪测试抛光后的水泥样品表面粗糙度

（a）二维图；（b）三维图

（2）压痕深度的选择

在纳米压痕试验中，压痕深度的选择要保证试验结果不受其他特征尺度的影响而只与压痕深度相关。Constantinides[134]等人的研究表明，最大压痕深度 h_{max} 的选择应当满足式（2-6）要求：

$$d << h_{max} < D/10 \tag{2-6}$$

式中，d 和 D 分别为被压材料的单体特征尺寸和微结构特征尺寸。以 C-S-H 为例，d 为 C-S-H 单体的尺寸，而 D 为 C-S-H 凝胶的尺寸。然而，当 h_{max} 大于 D 的时候，测试的结果会受到不同组成相之间的交互作用的影响而不准确；当 h_{max} 小于 d 的时候，测试结果就会受水泥材料组成相微结构非匀质的特点的影响而不准确，同时也对目标区域表面平整度的微小差异很敏感。

在水泥中，C-S-H 凝胶的单体尺寸约为 3nm[135]，C-S-H 凝胶的特征尺寸 D 为1～10μm[136]；而水泥中的其他组分如 $Ca(OH)_2$ 和未水化熟料颗粒的特征尺寸约为几十个微米。故水泥中 h_{max} 的值取为几百纳米比较适合，这个取值范围同时也能满足水泥中其他组分的测试要求。基于上述分析，本试验的最大压痕深度取值为 500nm。

为了验证本书压痕深度取值的可靠性，本研究应用连续刚度法来测试在 500nm 深度范围内纳米压痕测试的试验结果是否反映的是水泥单一组成相的力学性能。试验前使用 AFM 对随机选取的 $20\mu m^2$ 目标区域进行扫描，测试的结果如图 2.20 所示。

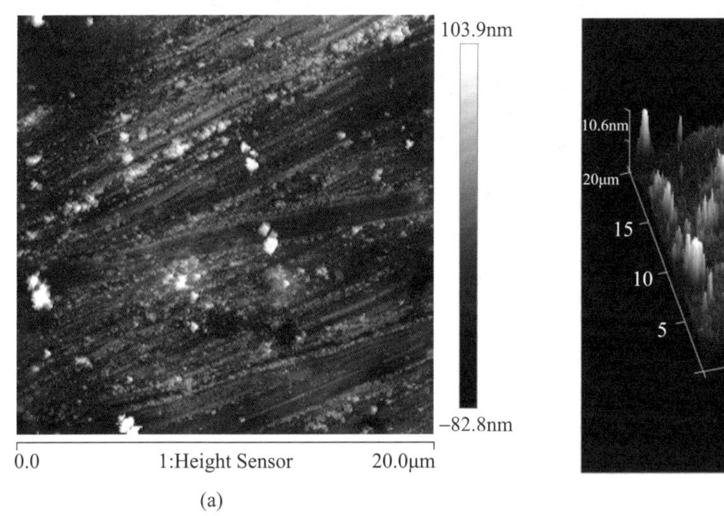

(a)

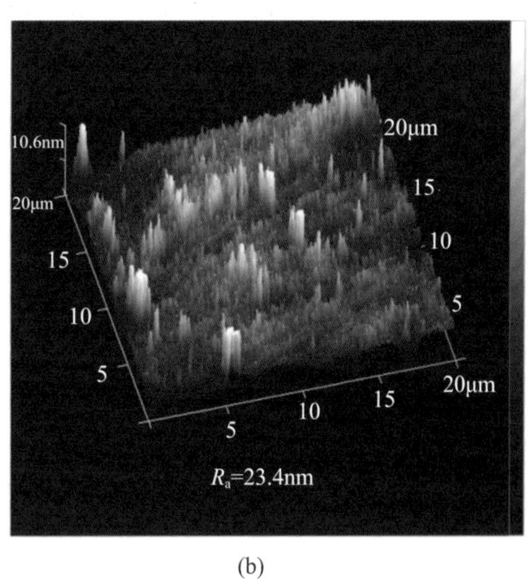

(b)

图 2.20　利用 AFM 测试抛光后的水泥样品表面粗糙度

（a）水泥样品表面局部区域 AFM 图；（b）粗糙度测试结果

图 2.20 中的 AFM 测试结果显示目标区域的粗糙度为 23.4nm，符合水泥材料纳米压痕测试的要求。在目标区域选三个相邻的点做纳米压痕测试，测试结果如图 2.21 所示。

图 2.21 是 MWCNTs-OH 改性水泥样品的弹性模量在 500nm 的深度范围内随深度变化的分布曲线。从图中可以看出，三个测试点的曲线变化趋势非常接近；当压头与样品表面刚接触时，曲线由于被压表面局部粗糙度的细微差别以及机器的自我调整出现了波折，而当压痕深度大于 120nm 之后，各点的测试曲线均趋于平稳而且数值接近。这

个结果说明，在500nm深度范围内，纳米压痕测试结果反映的是水泥材料中单一组成相的弹性模量，而且测试结果可重复。测试结束后压点的微观形貌图如图2.22所示，从图中可以看出波氏压头的压痕形貌清晰，形状规则，说明纳米压痕是测试水泥微观力学性能的有效手段，而且500nm的压痕深度满足纳米压痕的试验要求。

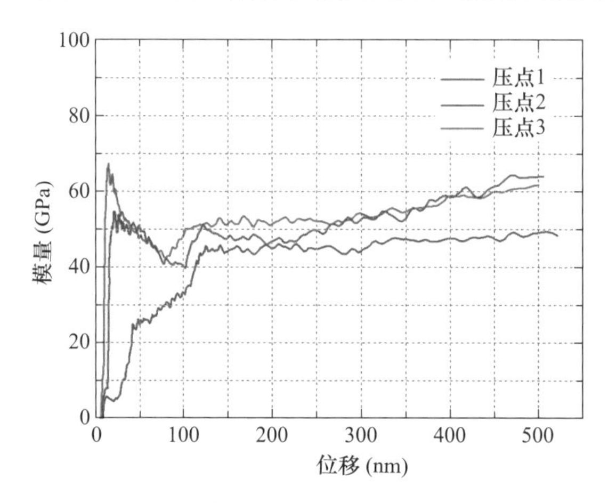

图2.21 AFM测试水泥基样品不同位置的弹性模量

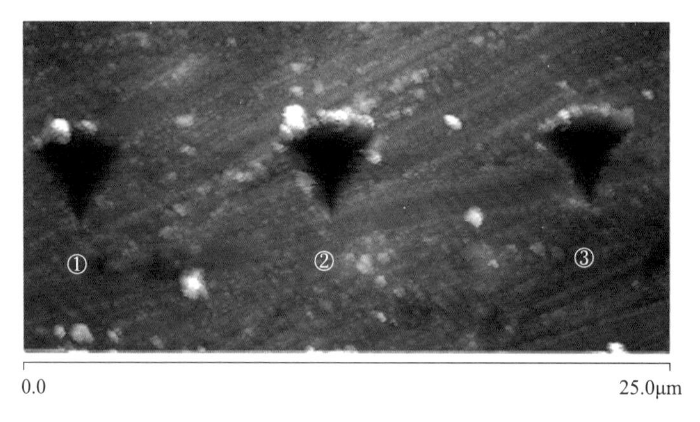

图2.22 利用AFM表征其在不同位置的测试后留下的表面痕迹

在获得压点的AFM形貌图之后，本研究使用SEM对纳米压痕的压点的微观形貌进一步观察，观察结果如图2.23所示。图2.23（a）～（d）中的SEM图为我们提供了压点处更详细的形貌信息。从图2.23（a）中能明显地看到三个压点的压痕形貌是不相同的，图2.23（a）中最左边的1号压点的形状规则、形貌完整，而中间的2号点和最右边的3号点的压痕形状都不规整，而且压痕边沿上都能观察到明显的非常规变形。这种情况在2.23（b）～（d）图的左图看得更明显；在图2.23（b）的左图中能看到玻氏压头在样品表面压完之后的三棱锥形残余变形，而且压痕外边沿上能观察到一些小颗粒。在图2.23（c）和（d）的左图中能清晰看到压痕底部的形貌，并且能明显地看到压口处覆盖着一层扭曲变形的凝胶状物质。

由于SEM在表征不同压痕深度处形貌的效果有限，故本研究使用SEM的背散模式观察压点的微观形貌，对压点处不同形状的不同物质进一步区分，拍摄的背散射照片

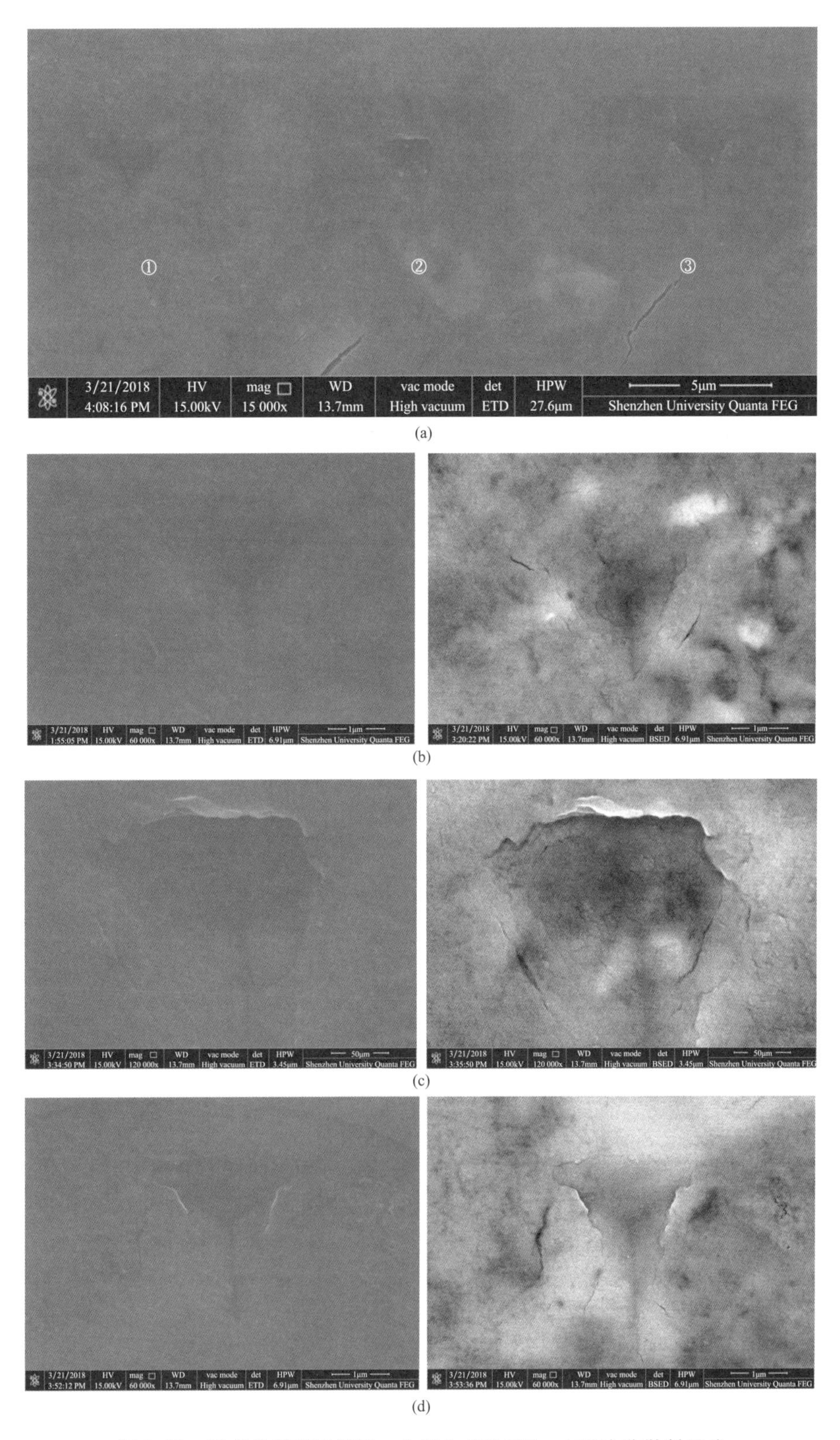

图 2.23　压点的微观形貌图，左图为 SEM 图，右图为背散射照片

(a) 纳米压痕不同点位示意图；(b) ①号压点；(c) ②号压点；(d) ③号压点

如图 2.23（b）～图 2.23（d）右图所示；压点背散射照片与 SEM 照片一个很明显的差别就是，压痕试验引起的残余应变以及产生的微裂纹在压痕的内外部都清晰可见。1 号压点和 2 号压点的压痕区域都出现了明显的“梯田”状裂纹，这种裂纹从压痕内部到压痕外部逐渐变宽，而且分布不均匀。除此之外，2 号点和 3 号点的边缘上都能明显地观察到样品表面凝胶状物质的破坏情况。

一般情况下，为了满足纳米压痕试验对样品表面光滑平整的要求，水泥样品在进行纳米压痕试验前一般要经过一系列的打磨抛光处理。研究表明[137]，这些机械加工工艺会在样品的表面产生残余应力，并造成样品表面的局部硬化，当该区域受到压头施加的压力时很容易出现开裂现象；而且纳米压痕试验要求针头垂直压在水平的样品表面上，不水平的表面会导致样品在受压时的受力不均匀，较高的一侧会由于受到的更大的挤压应力而出现裂纹，这就是压点 1 和压点 2 背散射照片中出现裂纹而且分布不均的原因。此外，如果被压材料表面局部区域粗糙度太大会导致针头在距离的判断上不够准确，而且由于表层材料与块体材料存在强度差异会导致被压区域产生扭曲，最终会造成样品表面的非常规变形，压点 2 和压点 3 压痕边沿上的凝胶状物质的非常规变形破坏就属于这个情况。

图 2.23 中出现的几种情况会在点阵纳米压痕测试中产生如图 2.24 所示的“不明显坏点”。这种坏点的存在会使我们得到不准确的力学性能信息，增加试验数据的离散性，干扰测试结果的规律，同时也增加了分析的不确定性。此外，如果压痕试验压在了大孔或者裂缝上面，测试的结果的规律性会大幅削弱[138]。

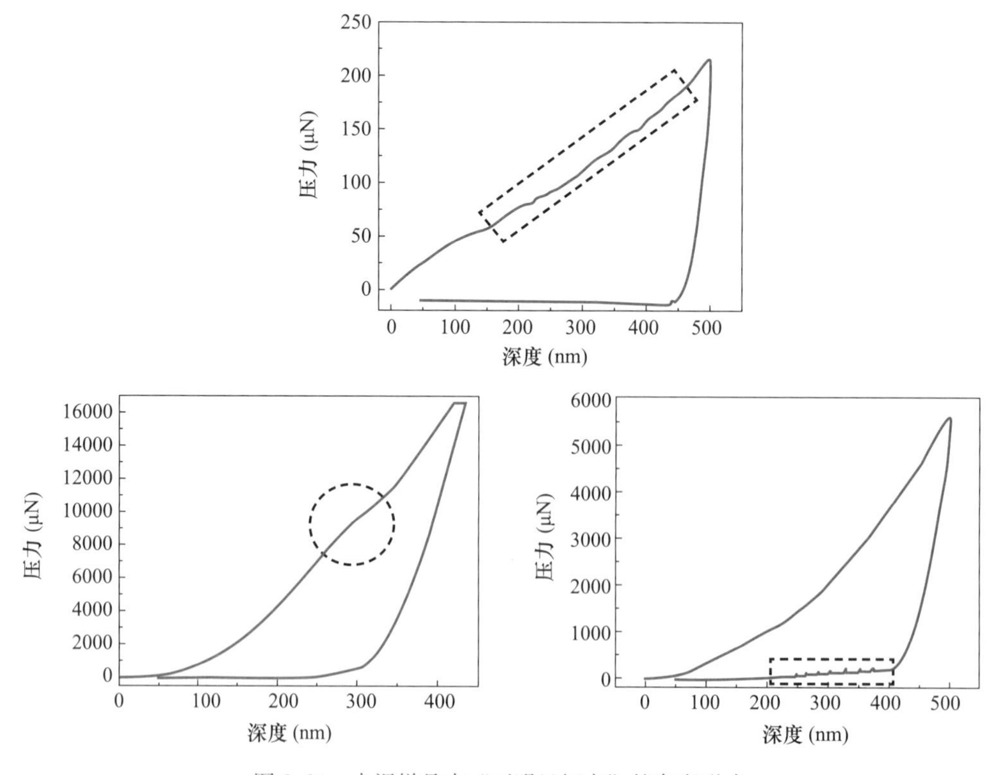

图 2.24　水泥样品中“不明显坏点”的存在形式

综合以上分析可知，纳米压痕是测试水泥微观力学性能的有效手段，但试验过程中要对得到的数据进行严格筛选，否则我们无法通过纳米压痕试验得到准确的力学信息[138]。

（3）点阵纳米压痕测试

为了进一步说明严格筛选数据的重要意义，本书对不同 MWCNTs-OH 掺量的水泥样品进行点阵纳米压痕测试，并使用累积分布函数（cumulative distribution function，CDF）对未经严格筛选的和经过严格筛选的纳米压痕试验数据进行分析统计，计算出两种情况下目标区域各组成相的占比，测试结果如图 2.25 所示。

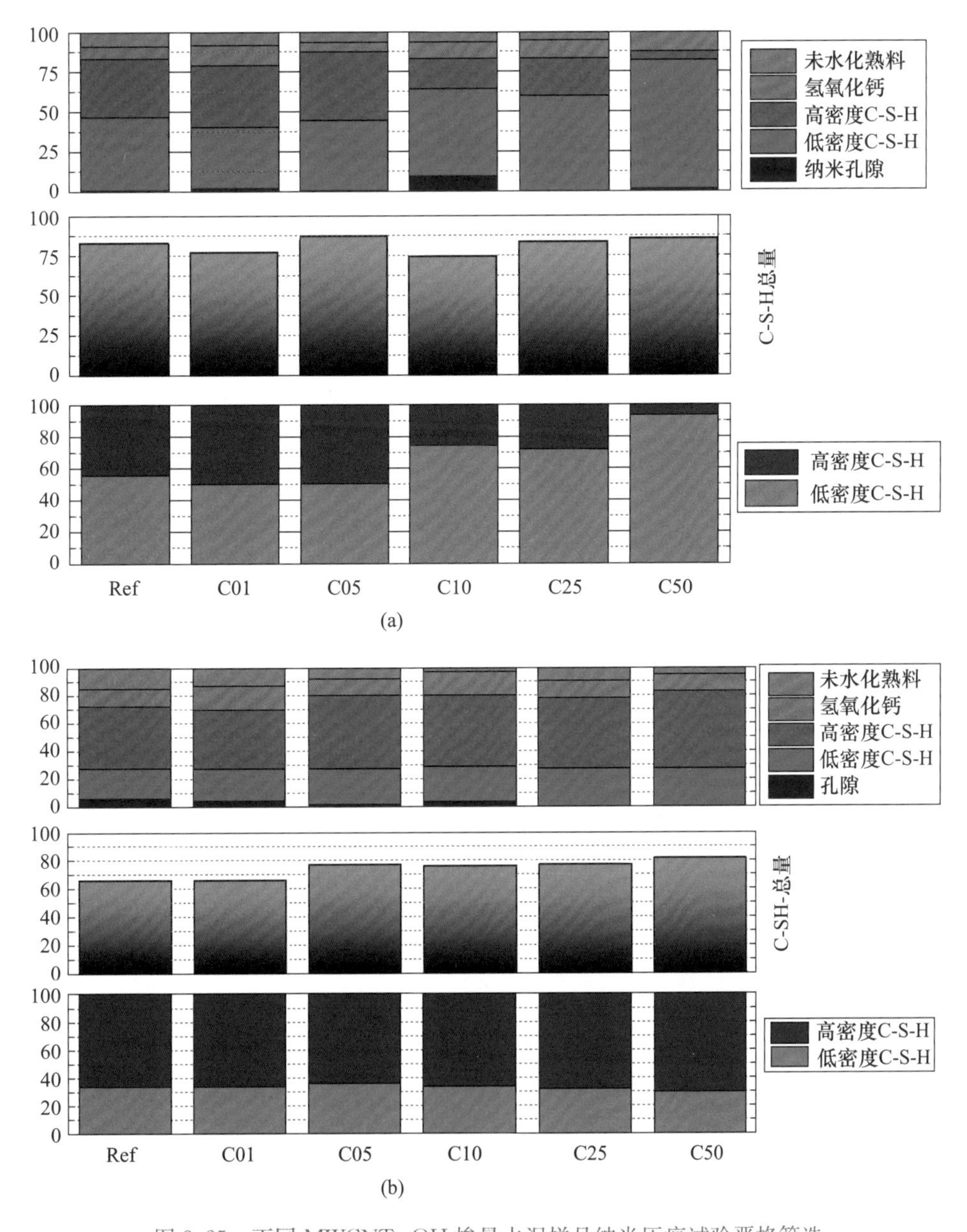

图 2.25　不同 MWCNTs-OH 掺量水泥样品纳米压痕试验严格筛选结果之后和没有严格筛选结果的各组分含量对比图

（a）未严格筛选纳米压痕测试结果；（b）严格筛选结果之后纳米压痕测试结果

图 2.25 显示不同 MWCNTs-OH 掺量水泥样品的纳米压痕测试的结果，图 2.25（a）表示的是试验数据未经过严格筛选的各组分所占的比例变化图；图 2.25（b）表示的是数据结果经过严格筛选的各组分所占的比例变化图。图 2.25 中的黑色、红色、蓝色、玫红色和绿色分别代表：纳米孔隙、低密度 C-S-H、高密度 C-S-H、氢氧化钙和未水化颗粒；它们所对应的模量取值区间分别为：0～10GPa、10～20GPa、20～30GPa、30～40GPa 和＞40GPa[79]。从图 2.25（a）中可以看出，未经严格筛选的数据结果所显示的规律是：复合材料中总 C-S-H 的量随着 MWCNTs-OH 掺量的升高而出现先降低、后升高、再降低而后再升高的趋势，无明显的规律。此外，复合材料中的低密度 C-S-H 随着 MWCNTs-OH 掺量的升高而一直增加，当 MWCNTs-OH 掺量为质量分数为 0.5%时，低密度 C-S-H 约占 C-S-H 总量的 90%，这个结果所展现出来的规律与 Konsta-Gdoutos[79]等人的试验结果相反，而且 MWCNTs-OH 掺量的升高导致低密度 C-S-H 含量的增加也与宏观力学性能测试的试验规律相悖。这是因为水泥是多孔的非均质材料，纳米压痕测试容易受到水泥微观结构里的裂缝或孔洞的影响，我们在试验过程中发现，当压头压到裂缝或空隙部位［图 2.26（a）］的时候就会出现图 2.26（b）中所示的“坏点”，这种非常明显的“坏点”以及图 2.24 中的“不明显坏点”会给试验结果的定量分析造成极大的干扰；因此，纳米压痕试验前后要对测点进行形貌观测，并对测试结果进行严格筛选将坏点全部剔除，以得到样品准确的微观力学信息。

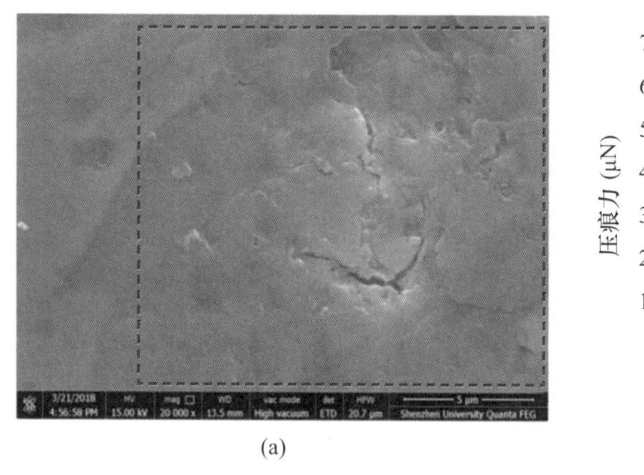

(a)

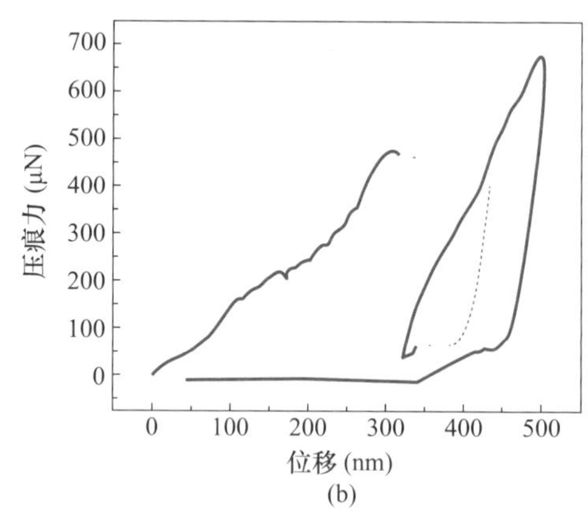

(b)

图 2.26　水泥中局部缺陷的微观形貌及纳米压痕力-位移曲线

（a）微观形貌；（b）纳米压痕力-位移曲线

本研究对每个样品的纳米压痕试验曲线逐一检查，将有瑕疵的“坏点”全部严格剔除后得到的实验结果如图 2.25（b）所示。从图中可以看出，随着 MWCNTs-OH 的掺量的增加水泥中的孔洞和未水化颗粒的占比呈逐渐减小的趋势，而复合材料中的氢氧化钙和总 C-S-H 的量则随着 MWCNTs-OH 掺量的提升出现逐渐上升的趋势；这个结果说明 MWCNTs-OH 的掺入填充了水泥材料的孔隙，并能促进水泥的水化，而且与 SEM 微观观察、XRD 和 TGA 测试结果所展现的试验规律一致。然而，从不同 MWCNTs-OH 掺量样品中高低密度 C-S-H 的比例来看，MWCNTs-OH 对水泥净浆样品中高低密度 C-S-H 的比例的影响很小。因此纳米压痕的试验结果进一步确认了前面提到的 MWCNTs-OH 是通过物理作用来增强水泥的结论。

2.5　结论

当使用 MWCNTs-OH 作为水泥基复合材料的增强相时，研究其在水泥基体中的分散性是土木工程材料领域的热点之一。本文选取了 5 种减水剂用于 MWCNTs-OH 在水中的分散，并通过宏观观察、微观试验和理论分析对比研究了这些减水剂对 MWCNTs-OH 分散性的影响。接下来，研究了不同碳纳米管掺量对水泥净浆试件力学性能的影响，并通过微观观察以及 XRD、FT-IR、TGA 和 Nanoindentation 等手段分析了 MWCNTs-OH 对水泥净浆力学性能的影响机理。经过试验研究和分析，得出以下结论：

（1）在选择 MWCNTs-OH 在水中的分散表面活性剂时，应重点考虑表面活性剂的分子结构和浓度。在相同条件下，本研究中使用的 5 种减水剂的分散能力从强到弱依次为 APEO＞TNWDIS＞Ⅰ-C-PCE＞Silane-PCE＞Ⅱ-C-PCE。在最佳分散效果下，每种减水剂的最佳浓度分别为：APEO 为 0.2mg/mL、TNWDIS 为 0.2mg/mL、Ⅰ-C-PCE 为 2mg/mL、Silane-PCE 为 4mg/mL、Ⅱ-C-PCE 为 10mg/mL。

（2）当 MWCNTs-OH 的掺量低于质量分数为 0.5%时，水泥净浆复合试件的抗折强度和抗压强度随着 MWCNTs-OH 的增加而提高，最大的提高幅度分别为 35.4%和 18.05%。

（3）SEM 的微观观察结果显示，MWCNTs-OH 在水泥中分散均匀，并且表面覆盖着水化产物，与基材紧密连接，在水泥基体的微裂缝之间形成桥梁，阻止了裂缝的扩展。FT-IR 测试结果显示，MWCNTs-OH 复合水泥样品中未出现新的化学键形成，表明 MWCNTs-OH 与水化产物的结合是纯物理性质的连接。

（4）XRD 测试结果未发现新物质的生成，但水泥样品中 $Ca(OH)_2$ 的衍射峰随着 MWCNTs-OH 的掺量增加而增强，说明 MWCNTs-OH 促进了水泥的水化过程。TGA 测试显示，随着 MWCNTs-OH 掺量的增加，水泥样品中 $Ca(OH)_2$ 的含量逐渐增加，0.5%的 MWCNTs-OH 使水泥的水化程度提高了 2.31%。这进一步定量证明了 MWCNTs-OH 对水泥水化的促进作用。

（5）纳米压痕试验研究了 MWCNTs-OH 对水泥微观结构的影响，并验证了严格筛选试验数据对纳米压痕试验的重要性。对出现“坏点”的原因进行了机理分析。试验结果表明，MWCNTs-OH 的添加能有效降低水泥材料的孔隙率，并提高水泥的水化程度。

参考文献

[1] YOO D-Y，OH T，BANTHIA N. Nanomaterials in ultra-high-performance concrete（UHPC）-A review [J]. Cement and Concrete Composites，2022：104730.

[2] DU X，LI Y，HUANGFU B，et al. Modification mechanism of combined nanomaterials on high performance concrete and optimization of nanomaterial content [J]. Journal of Building Engineering，2023（64）：105648.

[3] AHMAD J，ZHOU Z. Mechanical properties of natural as well as synthetic fiber reinforced concrete：a review [J]. Construction and Building Materials，2022（333）：127353.

[4] ZHANG P, SU J, GUO J, et al. Influence of carbon nanotube on properties of concrete: a review [J]. Construction and Building Materials, 2023 (369): 130388.
[5] ZHANG S, SHEN L, DENG H, et al. Ultrathin membranes for separations: a new era driven by advanced nanotechnology [J]. Advanced materials, 2022, 34 (21): 2108457.
[6] YAN Y, ZHU X, YU Y, et al. Nanotechnology strategies for plant genetic engineering [J]. Advanced Materials, 2022, 34 (7): 2106945.
[7] KNEBEL A, CARO J. Metal-organic frameworks and covalent organic frameworks as disruptive membrane materials for energy-efficient gas separation [J]. Nature Nanotechnology, 2022, 17 (9): 911-923.
[8] ALFIERI A, ANANTHARAMAN S B, ZHANG H, et al. Nanomaterials for quantum information science and engineering [J]. Advanced Materials, 2022: 2109621.
[9] LIJIMA S. Helical microtubules of graphitic carbon [J]. Nature, 1991.
[10] MARIAN M, BERMAN D, ROTA A, et al. Layered 2D nanomaterials to tailor friction and wear in machine elements—a review [J]. Advanced Materials Interfaces, 2022, 9 (3): 2101622.
[11] NICULESCU A-G, CHIRCOV C, GRUMEZESCU A M. Magnetite nanoparticles: synthesis methods—a comparative review [J]. Methods, 2022 (199): 16-27.
[12] TIWARI A, TIWARI A, BHATIA A, et al. Nanomaterials for electromagnetic interference shielding applications: a review [J]. Nano, 2022, 17 (2): 2230001.
[13] JAYAKUMARI B Y, SWAMINATHAN E N, PARTHEEBAN P. A review on characteristics studies on carbon nanotubes-based cement concrete [J]. Construction and Building Materials, 2023 (367): 130344.
[14] LU D, SHI X, ZHONG J. Understanding the role of unzipped carbon nanotubes in cement pastes [J]. Cement and Concrete Composites, 2022 (126): 104366.
[15] RAMEZANI M, DEHGHANI A, SHERIF M M. Carbon nanotube reinforced cementitious composites: a comprehensive review [J]. Construction and Building Materials, 2022 (315): 125100.
[16] THOSTENSON E T, CHOU T W. On the elastic properties of carbon nanotube-based composites: modelling and characterization [J]. Journal of Physics D Applied Physics, 2003, 36 (5): 573.
[17] LIU G, ZHANG H, KAN D, et al. Experimental study on physical and mechanical properties and micro mechanism of carbon nanotubes cement-based composites [J]. Fullerenes, Nanotubes and Carbon Nanostructures, 2022, 30 (12): 1252-1263.
[18] METAXA Z S, BOUTSIOUKOU S, AMENTA M, et al. Dispersion of multi-walled carbon nanotubes into white cement mortars: the effect of concentration and surfactants [J]. Nanomaterials, 2022, 12 (6): 1031.
[19] ANDRADE PINTO S DE, DIAS C M R, RIBEIRO D V. Determination of the optimal additive content for carbon nanotube (CNT) dispersion and the influence of its incorporation on hydration and physical-mechanical performance of cementitious matrices [J]. Construction and Building Materials, 2022 (343): 128112.
[20] LEE S Y, CHUNG S Y, MOON J H, et al. Hydration simulation of cement pastes reinforced with carbon nanotubes [J]. Construction and Building Materials, 2023 (384): 131333.
[21] WANG J, DONG S, DAI PANG S, et al. Pore structure characteristics of concrete composites with surface-modified carbon nanotubes [J]. Cement and Concrete Composites, 2022 (128): 104453.
[22] MARTINS-J ÚNIOR P, ALCÂNTARA C, RESENDE R, et al. Carbon nanotubes: directions and

perspectives in oral regenerative medicine [J]. Journal of dental research, 2013, 92 (7): 575-583.

[23] PÁEZ-PAVÓN A, GARCÍA-JUNCEDA A, GALÁN-SALAZAR A, et al. Microstructure and electrical conductivity of cement paste reinforced with different types of carbon nanotubes [J]. Materials, 2022, 15 (22): 7976.

[24] LI Y, LI H, SHEN J. The study of effect of carbon nanotubes on the compressive strength of cement-based materials based on machine learning [J]. Construction and Building Materials, 2022 (358): 129435.

[25] LI G, SHI X, GAO Y, et al. Reinforcing effects of carbon nanotubes on cement-based grouting materials under dynamic impact loading [J]. Construction and Building Materials, 2023 (382): 131083.

[26] ZHAO Y, ZHANG J, QIAO G, et al. Enhancement of cement paste with carboxylated carbon nanotubesand poly (vinyl alcohol) [J]. ACS Applied Nano Materials, 2022, 5 (5): 6877-6889.

[27] WANG X, LI Q, LAI H. Broadband microwave absorption enabled by a novel carbon nanotube gratings/cement composite metastructure [J]. Composites Part B: Engineering, 2022 (242): 110071.

[28] MAHESWARAN R, SHANMUGAVEL B P. A critical review of the role of carbon nanotubes in the progress of next-generation electronic applications [J]. Journal of Electronic Materials, 2022, 51 (6): 2786-2800.

[29] JAIN N, GUPTA E, KANU N J. Plethora of carbon nanotubes applications in various fields—A state-of-the-art-review [J]. Smart Science, 2022, 10 (1): 1-24.

[30] ZHANG S, PANG J, LI Y, et al. Emerging Internet of Things driven carbon nanotubes-based devices [J]. Nano Research, 2022, 15 (5): 4613-4637.

[31] AGASTI N, GAUTAM V, PANDEY N, et al. Carbon nanotube based magnetic composites for decontamination of organic chemical pollutants in water: A review [J]. Applied Surface Science Advances, 2022 (10): 100270.

[32] CHO G, AZZOUZI S, ZUCCHI G, et al. Electrical and electrochemical sensors based on carbon nanotubes for the monitoring of chemicals in water—A review [J]. Sensors, 2022, 22 (1): 218.

[33] CHENG J, NIU S, KANG M, et al. The thermal behavior and flame retardant performance of phase change material microcapsules with modified carbon nanotubes [J]. Energy, 2022 (240): 122821.

[34] SEO S, AKINO K, NAM J S, et al. Multi-functional MoO_3 doping of carbon-nanotube top electrodes for highly transparent and efficient semi-transparent perovskite solar cells [J]. Advanced Materials Interfaces, 2022, 9 (11): 2101595.

[35] RUBEL R I, ALI M H, JAFOR M A, et al. Carbon nanotubes agglomeration in reinforced composites: a review [J]. AIMS Materials Science, 2019, 6 (5): 756-780.

[36] RENNHOFER H, ZANGHELLINI B. Dispersion state and damage of carbon nanotubes and carbon nanofibers by ultrasonic dispersion: a review [J]. Nanomaterials, 2021, 11 (6): 1469.

[37] FAGAN J A. Aqueous two-polymer phase extraction of single-wall carbon nanotubes using surfactants [J]. Nanoscale Advances, 2019, 1 (9): 3307-3324.

[38] MATARREDONA O, RHOADS H, LI Z, et al. Dispersion of single-walled carbon nanotubes in aqueous solutions of the anionic surfactant NaDDBS [J]. Journal of Physical Chemistry B, 2003, 107 (48): 13357-13367.

[39] GROSSIORD N, REGEV O, LOOS J, et al. Time-dependent study of the exfoliation process of carbon nanotubes in aqueous dispersions by using UV-visible spectroscopy [J]. Analytical Chemistry, 2005, 77 (16): 5135-9.
[40] CHEN S J, ZOU B, COLLINS F, et al. Predicting the influence of ultrasonication energy on the reinforcing efficiency of carbon nanotubes [J]. Carbon, 2014, 77 (10): 1-10.
[41] ZOU B, CHEN S J, KORAYEM A H, et al. Effect of ultrasonication energy on engineering properties of carbon nanotube reinforced cement pastes [J]. Carbon, 2015 (85): 212-220.
[42] SUAVE J, COELHO L A F, AMICO S C, et al. Effect of sonication on thermo-mechanical properties of epoxy nanocomposites with carboxylated-SWNT [J]. Materials Science & Engineering A, 2009, 509 (1-2): 57-62.
[43] ALLUJAMI H M, ABDULKAREEM M, JASSAM T M, et al. Mechanical properties of concrete containing recycle concrete aggregates and multi-walled carbon nanotubes under static and dynamic stresses [J]. Case Studies in Construction Materials, 2022 (17): e01651.
[44] QIN D, WANG N, YOU X G, et al. Collagen-based biocomposites inspired by bone hierarchical structures for advanced bone regeneration: ongoing research and perspectives [J]. Biomaterials Science, 2022, 10 (2): 318-353.
[45] FOREL S, LI H, VAN BEZOUW S, et al. Diameter-dependent single-and double-file stacking of squaraine dye molecules inside chirality-sorted single-wall carbon nanotubes [J]. Nanoscale, 2022, 14 (23): 8385-8397.
[46] LUO J, DUAN Z, LI H. The influence of surfactants on the processing of multi-walled carbon nanotubes in reinforced cement matrix composites [J]. physica status solidi (a), 2009, 206 (12): 2783-2790.
[47] BANDYOPADHYAYA R, NATIVROTH E, OREN REGEV A, et al. Stabilization of individual carbon nanotubes in aqueous solutions [J]. Nano Letters, 2002, 2 (1): 25-28.
[48] SZLEIFER I, YERUSHALMI-ROZEN R. Polymers and carbon nanotubes: dimensionality, interactions and nanotechnology [J]. Polymer, 2005, 46 (19): 7803-7818.
[49] 朱洪波，王培铭，李晨，等. 多壁碳纳米管在水泥浆中的分散性 [J]. 硅酸盐学报，2012，40 (10)：1431-1436.
[50] LIN D, XING T B. Adsorption of phenolic compounds by carbon nanotubes: role of aromaticity and substitution of hydroxyl groups [J]. Environmental Science & Technology, 2008, 42 (19): 7254-7259.
[51] MAKAR J. The effect of SWCNT and other nanomaterials on cement hydration and reinforcement [M], Springer Berlin Heidelberg, 2011: 103-130.
[52] HABERMEHL-CWIRZEN K, PENTTALA V, CWIRZEN A. Surface decoration of carbon nanotubes and mechanical properties of cement/carbon nanotube composites [J]. Advances in Cement Research, 2008, 20 (2): 65-73.
[53] YU J, GROSSIORD N, KONING C E, et al. Controlling the dispersion of multi-wall carbon nanotubes in aqueous surfactant solution [J]. Carbon, 2007, 45 (3): 618-623.
[54] KRAUSE B, PETZOLD G, PEGEL S, et al. Correlation of carbon nanotube dispersability in aqueous surfactant solutions and polymers [J]. Carbon, 2009, 47 (3): 602-612.
[55] KONSTA-GDOUTOS M S, METAXA Z S, SHAH S P. Highly dispersed carbon nanotube reinforced cement based materials [J]. Cement & Concrete Research, 2016, 40 (7): 1052-1059.
[56] 王宝民，韩瑜，宋凯，等. 碳纳米管的表面修饰及分散机理研究 [J]. 中国矿业大学学报，

2012，41 (5)：758-763.

[57] PARVEEN S，RANA S，FANGUEIRO R，et al. Microstructure and mechanical properties of carbon nanotube reinforced cementitious composites developed using a novel dispersion technique [J]. Cement & Concrete Research，2015 (73)：215-227.

[58] RASTOGI R，KAUSHAL R，TRIPATHI S K，et al. Comparative study of carbon nanotube dispersion using surfactants [J]. Journal of Colloid & Interface Science，2008，328 (2)：421-428.

[59] SALVETAT-DELMOTTE J P，RUBIO A. Mechanical properties of carbon nanotubes：a fiber digest for beginners [J]. Carbon，2002，40 (10)：1729-1734.

[60] DRESSELHAUS M S，DRESSELHAUS G，CHARLIER J C，et al. Electronic，thermal and mechanical properties of carbon nanotubes [J]. Philosophical Transactions of the Royal Society A Mathematical Physical & Engineering Sciences，2004，362 (1823)：2065-98.

[61] JIN Z，PRAMODA K P，XU G，et al. Dynamic mechanical behavior of melt-processed multiwalled carbon nanotube/poly (methyl methacrylate) composites [J]. Chemical Physics Letters，2001，337 (1-3)：43-47.

[62] ZHU J，JONGDAE KIM，HAIQING PENG，et al. Improving the dispersion and integration of single-walled carbon nanotubes in epoxy composites through functionalization [J]. Nano Letters，2003，3 (8)：1107-1113.

[63] COLEMAN J N，KHAN U，BLAU W J，et al. Small but strong：a review of the mechanical properties of carbon nanotube-polymer composites [J]. Carbon，2006，44 (9)：1624-1652.

[64] PEGEL S，PÖTSCHKE P，PETZOLD G，et al. Dispersion，agglomeration and network formation of multiwalled carbon nanotubes in polycarbonate melts [J]. Polymer，2008，49 (4)：974-984.

[65] MONIRUZZAMAN M，WINEY K I. Polymer nanocomposites containing carbon nanotubes [J]. Macromolecules，2006，39 (16)：543-545.

[66] MA P C，MO S Y，TANG B Z，et al. Dispersion，interfacial interaction and re-agglomeration of functionalized carbon nanotubes in epoxy composites [J]. Carbon，2010，48 (6)：1824-1834.

[67] SAHOO N G，RANA S，CHO J W，et al. Polymer nanocomposites based on functionalized carbon nanotubes [J]. Progress in Polymer Science，2010，35 (7)：837-867.

[68] XIE X L，MAI Y W，ZHOU X P. Dispersion and alignment of carbon nanotubes in polymer matrix：a review [J]. Materials Science & Engineering R Reports，2005，49 (4)：89-112.

[69] GRASLEY Z. Carbon nanofibers and nanotubes in cementitious materials：some issues on dispersion and interfacial bond，2009.

[70] HAN B，YU X，OU J. Dispersion of carbon nanotubes in cement-based composites and its influence on the piezoresistivities of composites [J]. ASME 2009 Conference on Smart Materials，Adaptive Structures and Intelligent Systems，2009：57-62.

[71] MARCONDES C G N，MEDEIROS M H F，FILHO J M，et al. Carbon nanotubes in Portland cement concrete：Influence ofdispersion on mechanical properties and water absorption，2015，48975：57-62.

[72] XU S L，LIU J，LI Q. Mechanical properties and microstructure of multi-walled carbon nanotube-reinforced cement paste [J]. Construction & Building Materials，2015 (76)：16-23.

[73] ISFAHANI F T，LI W，REDAELLI E. Dispersion of multi-walled carbon nanotubes and its effects on the properties of cement composites [J]. Cement & Concrete Composites，2016 (74)：154-163.

[74] MAKAR J M, BEAUDOIN J J. Carbon nanotubes and their application in the construction industry [J]. Special Publication- Royal Society of Chemistry, 2004.
[75] MAKAR J M, MARGESON J C, LUH J. Carbon nanotube/cement composites-early results and potential applications, 2005.
[76] LI G Y, WANG P M, ZHAO X. Mechanical behavior and microstructure of cement composites incorporating surface-treated multi-walled carbon nanotubes [J]. Carbon, 2005, 43 (6): 1239-1245.
[77] IBARRA Y S D, GAITERO J J, ERKIZIA E, et al. Atomic force microscopy and nanoindentation of cement pastes with nanotube dispersions [J]. Physica Status Solidi Applications & Materials, 2006, 203 (6): 1076-1081.
[78] SHAH S P, KONSTA-GDOUTOS M S, METAXA Z S, et al. Nanoscale modification of cementitious materials [M], Springer Berlin Heidelberg, 2009: 125-130.
[79] KONSTA-GDOUTOS M S, METAXA Z S, SHAH S P. Multi-scale mechanical and fracture characteristics and early-age strain capacity of high performance carbon nanotube/cement nanocomposites [J]. Cement & Concrete Composites, 2010, 32 (2): 110-115.
[80] KONSTA-GDOUTOS M S, METAXA Z S, SHAH S P. Highly dispersed carbon nanotube reinforced cement based materials [J]. Cement & Concrete Research, 2010, 40 (7): 1052-1059.
[81] CHAIPANICH A, NOCHAIYA T, WONGKEO W, et al. Compressive strength and microstructure of carbon nanotubes-fly ash cement composites [J]. Materials Science & Engineering A, 2010, 527 (4): 1063-1067.
[82] 赵晋津，任书霞，吕臣敬，等．碳纳米管对硅酸盐水泥耐腐蚀性的影响研究 [J]. 石家庄铁道大学学报自然科学版，2013，26 (2)：88-91.
[83] CUI H Z, YANG S, MEMON S A. Development of carbon nanotube modified cement paste with microencapsulated phase-changematerial for structural-functional integrated application [J]. International journal of molecular sciences, 2015, 16 (4): 8027-8039.
[84] AZHARI F, BANTHIA N. Cement-based sensors with carbon fibers and carbon nanotubes for piezoresistive sensing [J]. Cement & Concrete Composites, 2012, 34 (7): 866-873.
[85] LUDVIG P, SOUZA T D C C D, CALIXTO J M F, et al. Investigation on the fracture energy of portland cement composites incorporating in-situ synthesized carbon nanotubes and nanofibers [J]. International Symposium on Brittle Matrix Composites, 2015.
[86] HUNASHYAL A M, SUNDEEP G V, QUADRI S S, et al. Experimental investigations to study the effect of carbon nanotubes reinforced in cement-based matrix composite beams [J]. Proceedings of the Institution of Mechanical Engineers Part N Journal of Nanoengineering & Nanosystems, 2011, 225 (1): 17-22.
[87] CWIRZEN A, HABERMEHL-CWIRZEN K, NASIBULIN A G, et al. SEM/AFM studies of cementitious binder modified by MWCNT and nano-sized Fe needles [J]. Materials Characterization, 2009, 60 (7): 735-740.
[88] METAXA Z S, SEO J W T, KONSTA-GDOUTOS M S, et al. Highly concentrated carbon nanotube admixture for nano-fiber reinforced cementitious materials [J]. Cement & Concrete Composites, 2012, 34 (5): 612-617.
[89] LAI Y C C, ANDRAWES B. Numerical modeling of flexural enhancement in carbon nanotube/cement composite [J]. Structures Congress, 2009: 1-8.
[90] LUO J L, DUAN Z D, ZHAO T J, et al. Effect of multi-wall carbon nanotube on fracture me-

chanical property of cement-based composite [J]. Advanced Materials Research, 2010, 146-147: 581-584.

[91] TYSON B M, ASCE S M, AL-RUB R K A, et al. Carbon nanotubes and carbon nanofibers for enhancing the mechanical properties of nanocomposite cementitious materials [J]. Journal of Materials in Civil Engineering, 2011, 23 (7): 1028-1035.

[92] SHAH S P, KONSTA-GDOUTOS M S, METAXA Z S. Highly-dispersed carbon nanotube-reinforced cement-based materials [J]. Elsevier, 2016: 1052-1059.

[93] SILVESTRO L, GLEIZE P J P. Effect of carbon nanotubes on compressive, flexural and tensile strengths of Portland cement-based materials: a systematic literature review [J]. Construction and Building Materials, 2020 (264): 120237.

[94] MENDOZA O, SIERRA G, TOBÓN J I. Influence of super plasticizer and $Ca(OH)_2$ on the stability of functionalized multi-walled carbon nanotubes dispersions for cement composites applications [J]. Construction and Building Materials, 2013 (47): 771-778.

[95] ZHANG J, KE Y, ZHANG J, et al. Cement paste with well-dispersed multi-walled carbon nanotubes: mechanism and performance [J]. Construction and Building Materials, 2020 (262): 120746.

[96] CHEN J, AKONO A-T. Influence of multi-walled carbon nanotubes on the hydration products of ordinary Portland cement paste [J]. Cement and Concrete Research, 2020 (137): 106197.

[97] HE S, QIU J, LI J, et al. Strain hardening ultra-high performance concrete (SHUHPC) incorporating CNF-coated polyethylene fibers [J]. Cement and Concrete Research, 2017 (98): 50-60.

[98] CUI H, YAN X, MONASTERIO M, et al. Effects of various surfactants on the dispersion of MWCNTs-OH in aqueous solution [J]. Nanomaterials, 2017, 7 (9): 262.

[99] GAO Y, JING H W, CHEN S J, et al. Influence of ultrasonication on the dispersion and enhancing effect of graphene oxide-carbon nanotube hybrid nanoreinforcement in cementitious composite [J]. Composites Part B: Engineering, 2019 (164): 45-53.

[100] HAO J, LU H, MAO L, et al. Direct detection of circularly polarized light using chiral copper chloride-carbon nanotube heterostructures [J]. ACS nano, 2021, 15 (4): 7608-7617.

[101] LAURET J S, VOISIN C, CASSABOIS G, et al. Ultrafast carrier dynamics in single-wall carbon nanotubes [J]. Physical Review Letters, 2003, 90 (5): 057404.

[102] ROBINSON J G, GONAWAN F N, HARUN KAMARUDDIN A. Optimization of binary polymer concentration for dispersion of multiwalled carbon nanotubes in aqueous solution [J]. Chemical Engineering & Technology, 2022, 45 (11): 1990-1997.

[103] YAZDANBAKHSH A, GRASLEY Z, TYSON B, et al. Distribution of carbon nanofibers and nanotubes in cementitious composites [J]. Transportation Research Record Journal of the Transportation Research Board, 2010, 2142 (2142): 89-95.

[104] MENDOZA O, SIERRA G, TOBÓN J I. Influence of super plasticizer and $Ca(OH)_2$ on the stability of functionalized multi-walled carbon nanotubes dispersions for cement composites applications [J]. Construction & Building Materials, 2013, 47 (5): 771-778.

[105] PAJOOTAN E, ARAMI M. Structural and electrochemical characterization of carbon electrode modified by multi-walled carbon nanotubes andsurfactant [J]. Electrochimica Acta, 2013, 112 (3): 505-514.

[106] HSIN Y L, LAI J Y, HWANG K C, et al. Rapid surface functionalization of iron-filled multi-walled carbon nanotubes [J]. Carbon, 2006, 44 (15): 3328-3335.

[107] JIANG L, GAO L, SUN J. Production of aqueous colloidal dispersions of carbon nanotubes [J]. Journal of Colloid & Interface Science, 2003, 260 (1): 89-94.

[108] FURTADO C A, KIM U J, LIU X, et al. Raman and IR spectroscopy of chemically-processed single-walled carbon nanotubes [J]. Journal of the American Chemical Society, 2005, 127 (44): 15437.

[109] DAS G, BETTOTTI P, FERRAIOLI L, et al. Study of the pyrolysis process of an hybrid CH 3 SiO 1.5 gel into a SiCO glass [J]. Vibrational Spectroscopy, 2007, 45 (1): 61-68.

[110] MOVIA D, CANTO E D, GIORDANI S. Purified and oxidized single-walled carbon nanotubes as robust near-ir fluorescent probes for molecular imaging [J]. Journal of Physical Chemistry C, 2010, 114 (43): 18407-18413.

[111] DRESSELHAUS M S, JORIO A, SAITO R. Characterizing graphene, graphite and carbon nanotubes by raman spectroscopy [J]. Annual Review of Condensed Matter Physics, 2010, 1 (1): 89-108.

[112] CHEN J, HAMON M A, HU H, et al. Solution properties of single-walled carbon nanotubes [J]. Science, 1998, 282 (5386): 95-98.

[113] YOUSEFI A, MUHAMAD BUNNORI N, KHAVARIAN M, et al. Dispersion of multi-walled carbon nanotubes in portland cement concrete using ultra-sonication and polycarboxylic based superplasticizer [J]. Applied Mechanics & Materials, 2015, 802 : 112-117.

[114] XU B, LI Z. Paraffin/diatomite/multi-wall carbon nanotubes composite phase change material tailor-made for thermal energy storage cement-based composites [J]. Energy, 2014 (72): 371-380.

[115] ASAKURA S, OOSAWA F. On interaction between two bodies immersed in a solution of macromolecules [J]. Chemical Physics, 1954, 22 (7): 1255-1256.

[116] BONARD J M, STORA T, SALVETAT J P, et al. Purification and size-selection of carbon nanotubes [J]. Advanced Materials, 2010, 9 (10): 827-831.

[117] BLANCH A J, LENEHAN C E, QUINTON J S. Optimizing surfactant concentrations for dispersion of single-walled carbon nanotubes in aqueous solution [J]. Journal of Physical Chemistry B, 2010, 114 (30): 9805.

[118] VAISMAN L, WAGNER H D, MAROM G. The role of surfactants in dispersion of carbon nanotubes [J]. Advances in Colloid & InterfaceScience, 2006, 128-130: 37-46.

[119] ISLAM M F, ROJAS E, BERGEY D M, et al. High weight fraction surfactant solubilization of single-wall carbon nanotubes in water [J]. Nano Letters, 2003, 3 (2): 269.

[120] CHEN J, CHEN W, ZHU D. Adsorption of nonionic aromatic compounds to single-walled carbon nanotubes: effects of aqueous solution chemistry [J]. Environmental Science & Technology, 2008, 42 (19): 7225-7230.

[121] DONNA M CYR, BHAWANI VENKATARAMAN A, FLYNN G W, et al. Functional group identification in scanning tunneling microscopy of molecular adsorbates [J]. Journal of Physical Chemistry, 1996, 100 (32): 13747-13759.

[122] TAN Y, RESASCO D E. Dispersion of single-walled carbon nanotubes of narrow diameter distribution [J]. Journal of Physical Chemistry B, 2005, 109 (30): 14454-60.

[123] THOMAS B J C, BOCCACCINI A R, SHAFFER M S P. Multi-walled carbon nanotube coatings using electrophoretic deposition (EPD) [J]. Journal of the American Ceramic Society, 2005, 88 (4): 980-982.

[124] HAN Z，ZHANG F，LIN D，et al. Clay minerals affect the stability of surfactant-facilitated carbon nanotube suspensions [J]. Environmental Science & Technology，2008，42 (18)：6869.

[125] FAN W，STOFFELBACH F，RIEGER J，et al. A new class of organosilane-modified polycarboxylate superplasticizers with low sulfate sensitivity [J]. Cement & Concrete Research，2012，42 (1)：166-172.

[126] ZHAO L，GUO X，LIU Y，et al. Investigation of dispersion behavior of GO modified by different water reducing agents in cement pore solution [J]. Carbon，2018，127：255-269.

[127] PLANK J，SACHSENHAUSER B，REESE J D. Experimental determination of the thermodynamic parameters affecting the adsorption behaviour and dispersion effectiveness of PCE superplasticizers [J]. Cement & Concrete Research，2010，40 (5)：699-709.

[128] CUI H，YAN X，TANG L，et al. Possible pitfall in sample preparation for SEM analysis：a discussion of the paper "Fabrication of polycarboxylate/graphene oxide nanosheet composites by copolymerization for reinforcing and toughening cement composites" by Lv et al [D]. Cement & Concrete Composites，2016.

[129] YLMÉN R，JÄGLID U，STEENARI B M，et al. Early hydration and setting of Portland cement monitored by IR，SEM and Vicat techniques [J]. Cement & Concrete Research，2009，39 (5)：433-439.

[130] UKRAINCZYK N，UKRAINCZYK M，ŠIPUŠI Ć J，et al. XRD and tgainvestigation of hardened cement paste degradation，11 [J]. International Conference on Materials，Processes，Friction and Wear MATRIB′06/Krešimir Grilec，2006.

[131] CHENG Y T，CHENG C M，SCALING. Dimensional analysis and indentation measurements [J]. Materials Science & Engineering R，2004，44 (4)：91-149.

[132] MILLER M，BOBKO C，VANDAMME M，et al. Surface roughness criteria for cement paste nanoindentation [J]. Cement & Concrete Research，2008，38 (4)：467-476.

[133] BOBJI M S，BISWAS S K. Deconvolution of hardness from data obtained from nanoindentation of rough surfaces [J]. Journal of Materials Research，1999，14 (6)：2259-2268.

[134] CONSTANTINIDES G，ULM F-J. The nanogranular nature of C-S-H [J]. Journal of the Mechanics and Physics of Solids，2007，55 (1)：64-90.

[135] RICHARDSON I G. Tobermorite/jennite- and tobermorite/calcium hydroxide-based models for the structure of C-S-H：applicability to hardened pastes of tricalcium silicate，β-dicalcium silicate，Portland cement，and blends of Portland cement with blast-furnace slag，metakaolin，or silica fume [J]. Cement and Concrete Research，2004，34 (9)：1733-1777.

[136] ULM F J，VANDAMME M，JENNINGS H M，et al. Does microstructure matter for statistical nanoindentation techniques [J]. Cement & Concrete Composites，2010，32 (1)：92-99.

[137] ĖME ČEK J N. Creep effects in nanoindentation of hydrated phases of cement pastes [J]. Materials Characterization，2009，60 (9)：1028-1034.

[138] 赵素晶，孙伟. 纳米压痕在水泥基材料中的应用与研究进展 [J]. 硅酸盐学报，2011，39 (1)：164-176.

3 氧化石墨烯改性水泥基材料的研究

3.1 概述

随着纳米科学技术的快速发展，材料领域正在经历一场变革，这为高性能水泥基材料的发展带来了机遇[1-2]。将纳米材料应用于水泥基材料中可以减少原有的缺陷，并促进水泥基材料的高性能化发展，极大地扩展了水泥基材料的应用领域。水泥基材料具有的多尺度性和复杂性是其主要特征。如图 3.1 所示，水泥基材料主要由水化硅酸钙（C-S-H）和氢氧化钙（CH）组成，因此，通过改性水化硅酸钙，有可能使水泥基材料的强度得到质的提升。从尺度上推断，纳米材料可以像桥梁一样连接水泥基材料中的纳米和微米尺度的水化产物，形成更加致密且强度高的微观结构。随着纳米材料在建筑材料领域的应用扩展，许多纳米材料如纳米二氧化硅、硅粉、纳米二氧化钛、纳米氧化铝、纳米三氧化二铁、纳米三氧化铬、纳米黏土、纳米碳酸钙、碳纳米管、纳米纤维和石墨烯等[3-6]被许多研究者应用于水泥基材料，并展示出优异的效果。

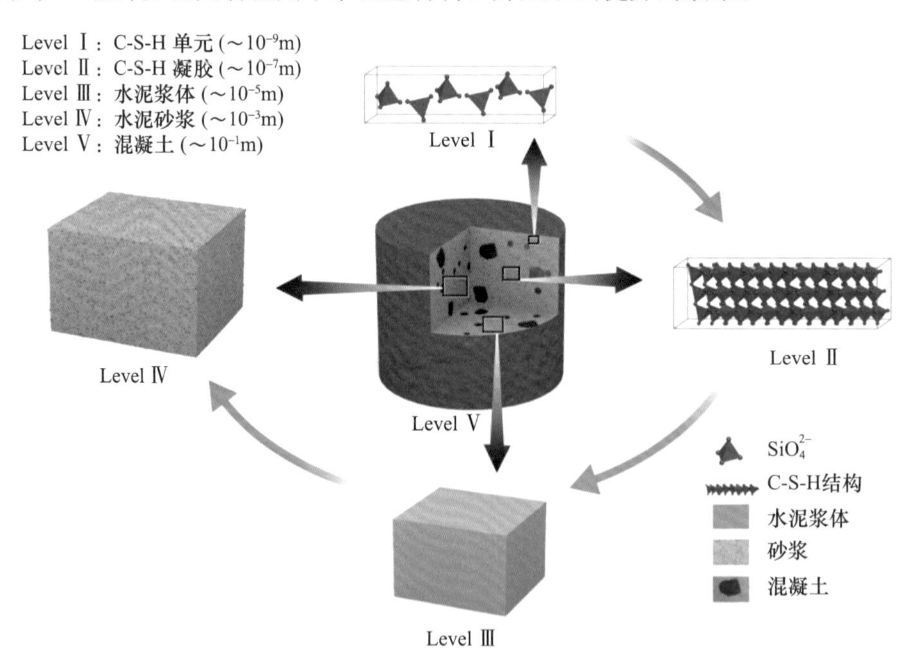

图 3.1 水泥基材料从水化硅酸钙微观结构到混凝土宏观结构的多尺度研究示意图

石墨烯及其衍生物因其出色的力学性能而在材料、能源、生物、化学等交叉学科领域受到广泛研究。据研究报道，石墨烯的强度可达到 130GPa，是已知材料中最高的，是钢材强度的 100 多倍[7]。因此，将石墨烯及其衍生物作为增强相应用于水泥基材料中，可以改善水泥基材料的韧性和抗拉强度。与石墨烯相比，氧化石墨烯（graphene oxide，GO）通过功能化方法在石墨烯结构上引入了大量的活性含氧基团，如羟基（—OH）、羧基（—COOH）及环氧基（—O—）等[8]，如图 3.2 所示。因此，氧化石墨烯更适合应用于水泥基材料中，其亲水基团的存在使得其更容易与水泥水化产物形成复合物，从微纳米尺度上改变水泥水化产物的性能，减少混凝土内部微裂缝和孔隙的生成，从而改善抗拉强度和耐久性。

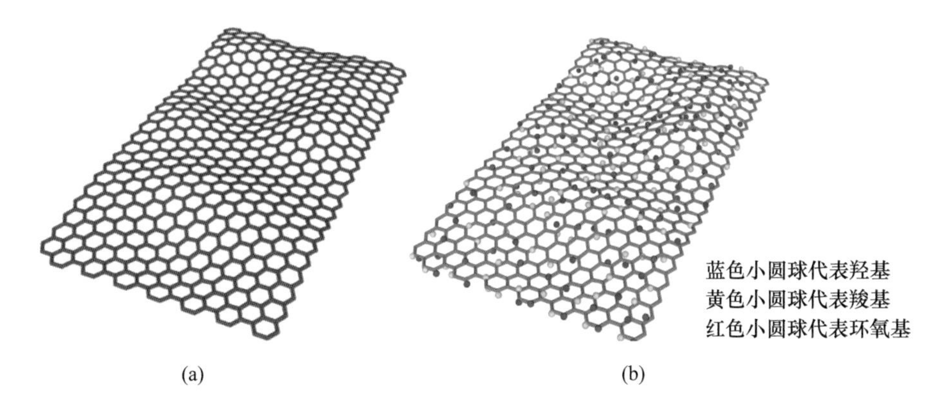

图 3.2 石墨烯和氧化石墨烯的结构示意图

（a）石墨烯；（b）氧化石墨烯

目前，由于 GO 制备技术的瓶颈，其生产成本远高于水泥基材料，从而也增加了 GO 改性水泥基材料的应用成本。Lin 等人[9]发现，将质量分数为 0.05% 的工业级 GO 掺入到混凝土中，每 $1m^3$ 混凝土的成本会增加 16.7%，但其抗折性能提升了 15.6%[10]。Devi 等人[11]进一步考虑了混凝土经济指标，即混凝土抗压强度与每 $1m^3$ 造价成本的比值，研究结果显示，将质量分数为 0.06%的 GO 掺入混凝土后，其经济指标略高于纯混凝土。尽管如此，可以预期随着生产技术的改进，未来几年石墨烯氧化物的价格将继续下降。根据目前市场行情，工业级 GO 价格大约在 3 元/g[9]，预计不久的将来有望降低至 0.5 元/g 的价格。因此，理论上可以发展 GO 改性水泥基材料，并且进行其性能研究是非常必要的。

由于二维结构的 GO 具有较大比表面积，它可以为水泥硬化过程中提供大量的成核位点，进而促进水泥水化反应。Li 等人[12]使用等温量热仪研究了不同 GO 掺量下水泥的早期水化反应。结果表明，添加 GO 组分的水泥水化速率和累积放热量都显著高于未添加组分，并且其速率与放热量随着 GO 掺量的增加而增加。此外，GO 在水泥水化中也发挥了催化作用。GO 表面丰富的含氧官能团可以与水泥水化产生的 Ca^{2+} 发生作用，促进水化产物的生成。同时，这些含氧官能团可以吸附大量水分，为 GO 后期水化进程提供额外的水供应[13]。

其次，现有的研究[14-20]证实了 GO 可以优化水泥基基材的孔结构，包括降低临界孔径、减少大孔隙数量以及使得孔径分布更均匀。这种优化作用主要归功于 GO 优异的二维结构为水泥水化产物提供成核位点，以生成更加致密的水泥基材。Wang 等人[20]报道称，将质量分数为 0.02%的 GO 添加到水泥中，水泥基材料的总孔隙率可从 23.81%降低到 14.46%，平均孔径尺寸从 30nm 减少至 23.8nm。此外，Kang 等人[21]也发现，将

GO 添加至硅酸三钙中，可以使得硅酸三钙的单位比表面积从 129.53m^2/cm^3 提升至 156.00m^2/cm^3，这与 Pan 等人[18]的结果相一致。这些结果证实，将 GO 添加至水泥基材料中，会使得生成的水化产物更致密，进一步优化水泥基基材的孔结构。

另外，由于 GO 对水泥基材料微观结构具有改善作用，因此它不仅可以促进水泥基材料早期力学性能，也可以改善水泥基材料的后期力学性能[22]。现有的研究表明，GO 的最佳掺入量为水泥质量的 0.02%～0.5%，其相应的水泥基力学性能强度提升范围处于 6.2%～294.9%，这取决于水泥基材料类型、水胶比、GO 的特征以及养护时间等[23]。例如，Lavagna 等人[24]的研究结果显示，在水泥基材料中添加质量分数为 0.1%的 GO，其 28d 的抗折强度与抗压强度比未添加组分提升了 80%和 30.0%。同样，Ruan 等人[25]也报道称，通过添加质量分数为 0.04%的 GO，水泥基材料的劈裂抗拉强度也提高了 43.3%。

然而，GO 增强水泥基材料的效果与其在水泥基材料中的均匀分散程度密切相关。如果 GO 在水泥浆体的强碱性环境中发生再团聚现象，将不可避免地降低其增强水泥基材料的潜力[26]。因此，本节的主要研究内容包括以下几个方面：首先，通过研究 GO 在不同碱性溶液中的分散状态，旨在厘清 GO 在碱性环境中的再团聚机理，并探究超声分散和表面活性剂改性相结合的方法，以实现 GO 在碱性溶液中的均匀分散。我们将考察分散工艺、超声能量、表面活性剂与 GO 质量比以及表面活性剂类型等关键参数对 GO 分散性能的影响。其次，已有研究表明，在硬化水泥中，无定形水化硅酸钙(C-S-H)相是提供强度的主要组分[22]，故需要明晰 GO 对 C-S-H 微观结构产生影响的作用机理。另外，尽管研究者在 GO 改性水泥基材料的早期性能方面做了大量的研究，但仍缺乏定量表征 GO 对水泥基材料早期水化过程的影响。基于此，本节也系统地研究不同 GO 掺量对水泥基材料的 C-S-H 微观结构和水化过程的影响。

3.2 原材料与测试方法

3.2.1 试验材料

本研究中使用的水泥为基准水泥，购自于中国建筑材料科学研究总院有限公司，其化学成分见表 3.1。标准砂购买于厦门艾思欧标准砂有限公司，其按照 ISO679：1989 标准进行级配。GO 的分散试验分别采用 6 种不同类型的表面活性剂：APEO、TNW-DIS、Sika-PCE、Silane-PCE、Ⅰ-C-PCE 和Ⅱ-C-PCE，它们的化学结构如图 3.3 所示。TNWDIS、APEO 和 Sika-PCE 分别购自成都有机化工有限公司、深圳贝诺实业有限公司和瑞士西集团，而 Silane-PCE、Ⅰ-C-PCE 和Ⅱ-C-PCE 在实验室中合成。从图中可以看出，所有表面活性剂都具有疏水与亲水两亲性基团。

表 3.1 普通硅酸盐水泥的化学组分 质量分数，%

CaO	SiO_2	Al_2O_3	Fe_2O_3	SO_3	MgO	Na_2O	Cl^-	f-CaO	烧失量
64.3	21.8	4.55	3.45	2.45	2.9	0.532	0.011	0.93	1.27

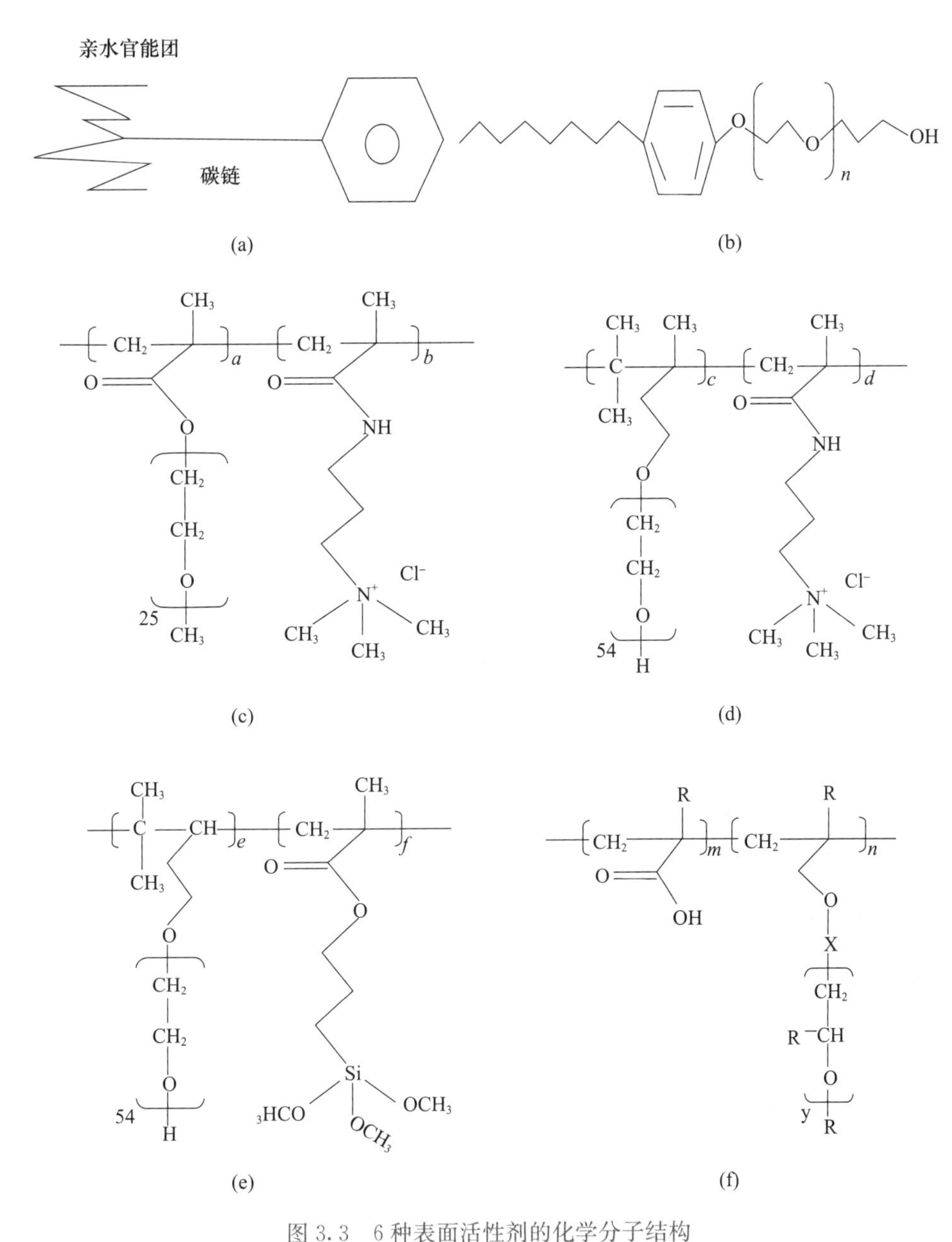

图 3.3　6 种表面活性剂的化学分子结构

(a) TNWDIS；(b) APEO；(c) Ⅰ-C-PCE；(d) Ⅱ-C-PCE；(e) Silane-PCE；(f) Sika-PCE

工业级氧化石墨烯（GO）购买于中国科学院成都有机化工有限公司，其物理性能见表 3.2。图 3.4 和 3.5 展示了所购买 GO 的微观形貌和化学成分及结构特征。如图 3.4所示，原子力显微镜图像（AFM）显示氧化石墨烯的厚度为 3nm，TEM 图像显示氧化石墨烯的尺寸为 8μm 左右。图 3.5 展示了 GO 的 X 射线光电子谱（XPS）和 XRD 图谱。通过 XPS 的元素分析，确定 GO 的 C 元素含量为 67.4%，O 元素为 31.2%，因此可知 GO 的 C/O 比为 2.16；进一步分析发现 GO 表面携带有大量的含氧亲水基团（羟基、羧基和环氧基）。XRD 结果显示，在 10.7°处有一个独特而强烈的峰，通过布拉格方程可以计算氧化石墨烯的层间距为 0.824nm。因此，结合图 3.4 和图 3.5

可知，GO的层数为4层左右。拉曼光谱测试结果显示，GO拥有3个不同的特征峰，其中2个峰在1350cm^{-1}和1580cm^{-1}处，分别标记为D和G峰，并且在2500～3250cm^{-1}处出现了3个小峰。D峰是由六原子环的无序结构模式引起的，G峰对应石墨材料中C—C键的拉伸振动[27-29]。从D峰和G峰的强度比（I_D/I_G）可知，该GO的无序度为0.92。此外，2D峰是D峰的二阶，其代表石墨的晶格无序。综上，可判断所购买的产品是具有极高氧化程度的GO，其层数为4层左右，尺寸为8μm左右。

表3.2　GO的物理性能

样品	厚度（nm）	平面尺寸（μm）	纯度（质量分数,%）	状态
工业GO	＜5	3～10	＞97	棕色粉末

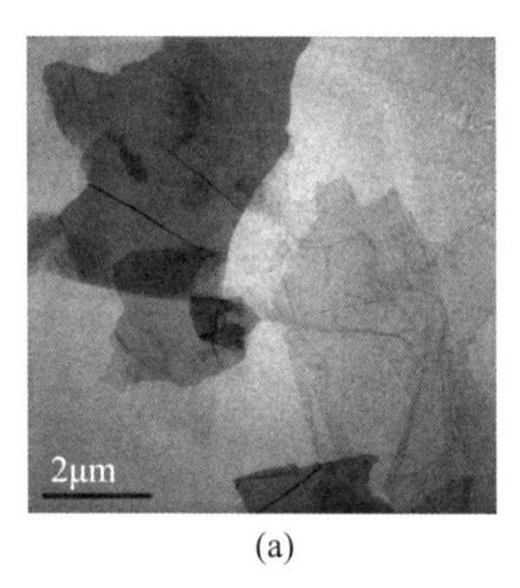

(a)

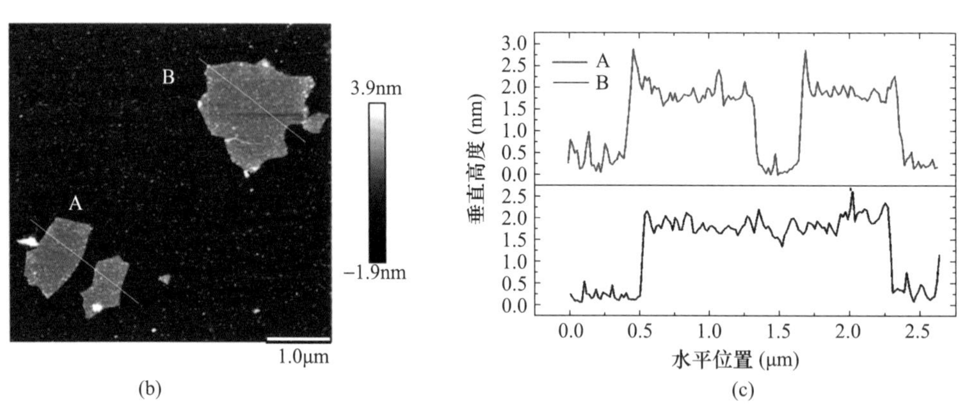

(b)　(c)

图3.4　氧化石墨烯（GO）的微观形貌

（a）透射电镜下的GO微观形态；（b）原子力显微镜下的GO微观形态及其厚度；（c）b中线条A和B处的2D截面

3.2.2　GO在水溶液中分散试验

根据表3.3的混合比例制备不同分散效果的GO分散液，具体过程如下：首先，将适量的GO、去离子水和一定量的表面活性剂混合在一起，并通过磁力搅拌装置在300r/min下搅拌15min，使其混合均匀。然后，将该混合溶液置于杆式超声仪器（宁波新芝，JY92-IIN，中国）中，持续超声30min（超声2s，暂停2s），超声功率为390W，以保证GO的均匀分散。

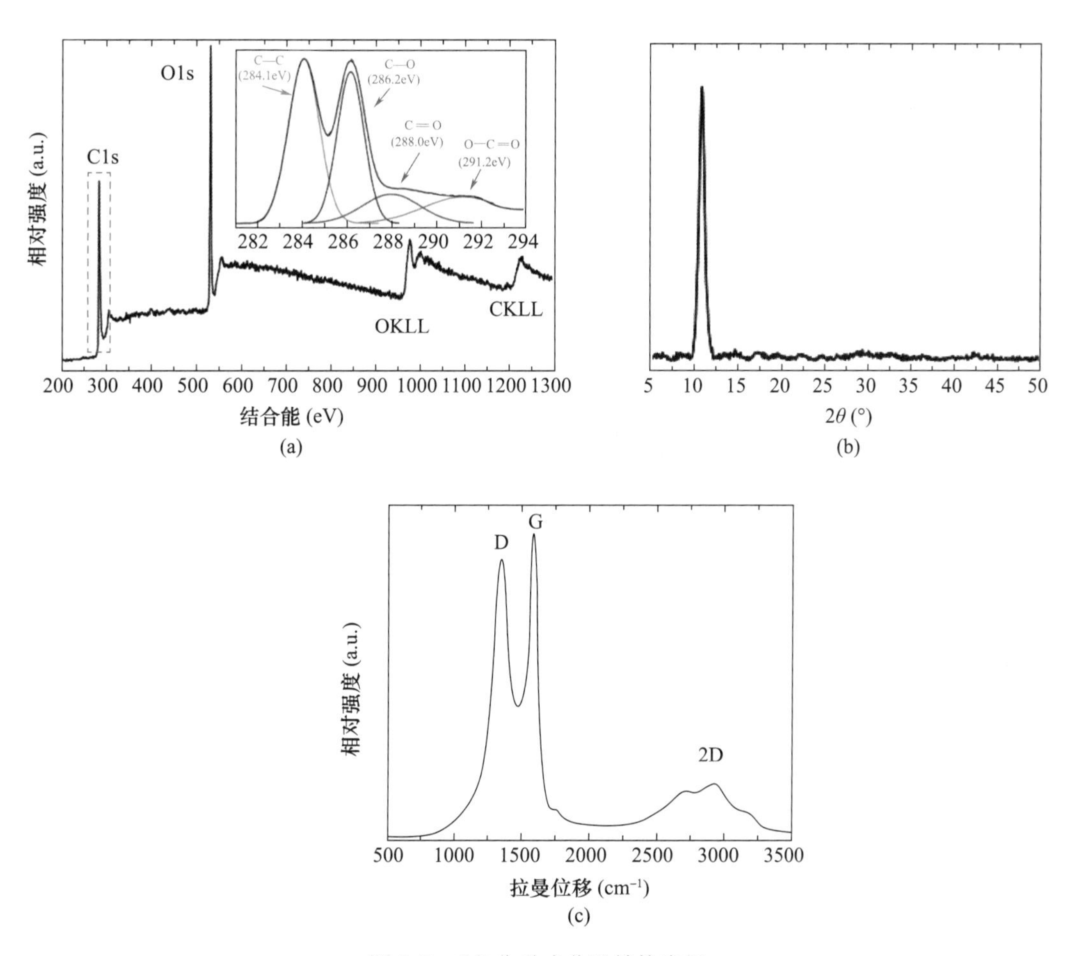

图 3.5　GO 化学成分及结构表征

(a) XPS 能谱图；(b) XRD 谱图；(c) 拉曼光谱图

表 3.3　不同种分散剂对 GO 分散效果的配合比

表面活性剂名称	质量（g）	GO（g）	去离子水（g）	超声能量（%）	超声时间（min）
APEO	0.05	0.05	100	30	30
TNWDIS	0.05	0.05	100	30	30
Ⅰ-C-PCE	0.05	0.05	100	30	30
Ⅱ-C-PCE	0.05	0.05	100	30	30
Silane-PCE	0.05	0.05	100	30	30
Sika-PCE	0.05	0.05	100	30	30

3.2.3　GO 在碱性溶液中分散试验

为了研究水泥浆体（碱溶液）中 GO 的分散效果，本研究采用饱和氢氧化钙溶液和氨水溶液 $NH_3 \cdot H_2O$（pH=13.5）模拟水泥浆中的孔隙溶液环境。通过以下步骤进行：首先，配置浓度质量分数为 0.2% GO 分散液和质量分数为 0.2%GO/Sika-PCE（质量比为 1∶1）的分散液。将上述制备好的分散液（20mL）各自滴入饱和 $Ca(OH)_2$ 溶液

(40mL) 和 $NH_3 \cdot H_2O$ 溶液 (40mL) 中，之后分别目测观察 GO 的分散效果。

3.2.4 GO 改性水泥净浆的制备

由于 GO 拥有超高的比表面积，所以 GO 表面会吸附部分游离水，导致水泥浆体的流动性大幅度地减少[30]。为了达到相同的工作性能，获得合理的配合比，本试验按照《混凝土外加剂匀质性试验方法》(GB/T 8077—2012)，采用聚羧酸减水剂 (PCE) 提高水泥浆体的流动性，配合比见表 3.4。本试验的聚羧酸减水剂有两个作用：①用作分散剂，使 GO 在水泥浆体中有良好的分散效果；②用作减水剂，增加水泥浆体的流动度，保持相同的工作性。

表 3.4　GO 增强水泥净浆的配合比

样品	水泥 (g)	水 (g)	氧化石墨烯 (g)	减水剂 (g)	流动度 (mm)
GC	300	120	0	0.12	183
G10	300	120	0.3	0.49	185
G15	300	120	0.45	0.66	186
G20	300	120	0.6	0.84	195

制备改性水泥净浆样品的过程如下：首先，将上述分散好的 GO 溶液缓慢地加入到水泥中，并低速搅拌 2min，然后再高速搅拌 2min。搅拌完成后，成型标准水泥净浆抗压力学性能测试的试块 (40mm×40mm×40mm)。样品分两层浇筑，每层振动 30 s。为了防止水分流失，所有样品都用保鲜塑料薄膜覆盖。在硬化 24h 后样品脱模，然后在测试前将其分别保存在标准养护室 [(20±1)℃ 和 99%RH] 中 1d、3d、7d、14d 和 28d。最后按照《水泥胶砂强度检验方法 (ISO 法)》(GB/T 17671—2021) 的要求，将 40mm×40mm×40mm 试样进行抗压强度试验。

3.2.5 GO 改性水泥砂浆的制备

GO 改性水泥砂浆的配合比见表 3.5。为了获得新制备砂浆的工作性能，按国家标准《混凝土外加剂匀质性试验方法》(GB/T 8077—2012) 的流动性试验进行流动度测试，如图 3.6 所示。GO 改性水泥砂浆试样的制备步骤可分为四个部分。首先，将水泥和砂子在搅拌锅中预混合 2min。其次，将 GO 分散液倒入到搅拌锅中，分别进行 2min 低速搅拌和 2min 高速搅拌。然后，将新搅拌的砂浆倒入 40mm×40mm ×160mm 的三联钢模中成型。每一层进行 45s 的振动移除气泡并且能够使砂浆更加密实。随后，在钢模表面上覆盖一薄层塑料膜以防止水分蒸发。养护 24h 后脱模并置于养护箱中 (100% RH，20℃±1℃) 养护 2d、6d 和 27d，然后进行力学性能测试。

表 3.5　GO 改性水泥砂浆的配合比

样品	水泥 (g)	标准砂 (g)	Sika 分散剂 (g)	GO (g)	水 (g)	流动性 (mm)
GCM0	450	1350	0.09	0	225	173.5
GCM2	450	1350	0.09	0.09	225	174
GCM4	450	1350	0.18	0.18	225	172.5

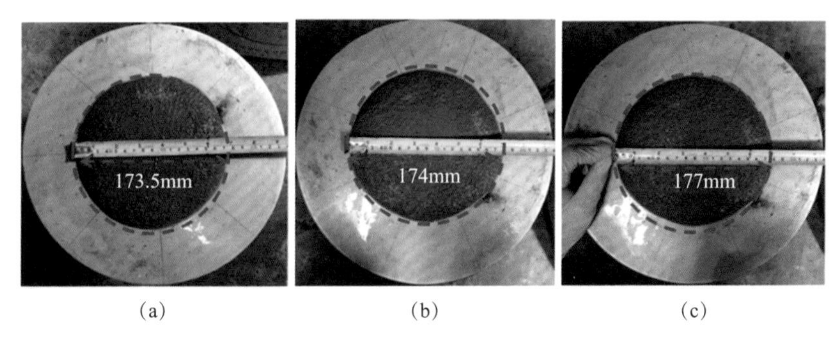

图 3.6　GO 改性水泥砂浆的工作性能测试

(a) GCM0；(b) GCM2；(c) GCM4

3.2.6　表征方法

（1）微观形貌

本研究使用透射电子显微镜（TEM，JEM-1230）观察 GO 的微观形态。首先，将 2mg GO 分散到 100mL 乙醇溶液中，然后将一滴分散液滴入铜网中，并在样品自然干燥后再拍摄 TEM 图像。透射电子显微镜设备可以在高真空下以 30kV 的加速电压运行。为了获得更加清晰的图像（良好的对比度），观察视窗尽量靠近铜网边缘区域。

（2）GO 厚度

GO 的厚度及微观形貌可以通过原子力显微镜（AFM，Bruker ICON-PT-PKG）来表征。与透射电镜类似，使用 AFM 测试时候，GO 样品需要有良好的分散效果，以确保样品测试的准确性。GO 观察样品制备步骤如下：首先将 10mg GO 样品分散到 100mL 乙醇溶液中，然后将一滴溶液滴入硅片基体中，并用氮气尽快吹干并密封保存，避免样品的污染。

（3）GO 官能团

通过 X 射线光电子能谱（XPS，ULVAC-PHI VPII）表征 GO 的氧化程度及官能团特征。XPS 的测试主要分为两个步骤：第一步为扫描 0eV 到 800eV 范围内的全谱，从中得知样品表面的各个元素比值；第二步为单谱高分辨率分析，如进行 GO 的碳谱分析，可以精确地计算出 C—C 键、C—O 键、C ═O 键和 C ═O—O 键中占比。由 XPS Peak4.1 软件分析元素的共价键和元素的占比，之后再由 Origin 作图软件绘制图表。

（4）GO 分散表征

为了研究水泥浆体（碱溶液）中 GO 的分散效果，本研究采用饱和氢氧化钙溶液和氨水溶液 $NH_3 \cdot H_2O$（pH＝13.5）模拟水泥浆的孔隙溶液环境。通过以下步骤进行：配置浓度质量分数为 0.2%GO 分散液和质量分数为 0.2%聚羧酸减水剂/GO（质量比为 1∶1）分散液；将上述制备好的分散液（20mL）各自滴入饱和 $Ca(OH)_2$ 溶液（40mL）和 $NH_3 \cdot H_2O$ 溶液（40mL）中，之后分别目测观察氧化石墨烯的分散效果。

（5）水泥基材料的化学结构

为了验证 GO 对水泥基材料化学结构的影响，超导固体核磁共振波谱仪 Bruker AVANVE IIITM 600MHz 被用以测试样品中硅元素（^{29}Si）的化学结构变化。该仪器装备了 7mm CP/MAS 宽带探头，使其更加清晰地检测到信号的变化，仪器工作参数为：共振频率为 119.28MHz，旋转速率为 5kHz。所得的数据结果经过 Mestrelab Research Mnova 软件处理后，再导入 Origin 作图软件绘制图表。

此外，GO 在水溶液中的分散情况还利用 UV-vis 光谱进行表征；水泥基材料的微观形貌、水化进程和力学性能测试分别利用扫描电子显微镜（SEM）、热重分析仪和力学试验机进行试验表征，具体的测试方法见第 2 章。

3.3 氧化石墨烯分散性的研究

GO 在水泥基材料的分散效果对其力学增强具有重要意义。由于钙离子与 GO 会发生交联效应，引起的 GO 再团聚现象，使 GO 不能在水泥基材料中分散均匀。本节将通过调整分散工艺、表面活性剂类别以及超声波能量等进行 GO 在孔隙溶液中的分散，并利用 UV-vis 分析来定性表征 GO 的分散效果。由于分散状态下 GO 的—C═C—会发生 π—π 键能跃迁，因此在 UV-vis 光谱下可发现在 240nm 处会出现吸收峰。由于在水溶液中分散的 GO 符合朗伯-比尔定律，即吸光度大小与物质浓度成正比，即利用 UV-vis 测量得的吸光度数值可用于评估 GO 的分散效果。

3.3.1 表面活性剂种类对 GO 分散的影响

不同类型表面活性剂对 GO 分散效果如图 3.7 所示。从图中可以看到，掺入 Sika-PCE、Silane-PCE 和Ⅱ-C-PCE 的 GO 分散液呈现棕色，瓶底没有存在 GO 沉淀，这一结果表明在这三种表面活性剂的加入下 GO 拥有良好的分散效果。然而，掺入Ⅱ-C-PCE、TNWDIS 和 APEO 这三种表面活性剂的 GO 溶液呈透明状，瓶底出现一些褐色絮状沉积物，这表明Ⅱ-C-PCE、TNWDIS 和 APEO 这三种表面活性剂抑制了 GO 的分散。

图 3.7 加入不同表面活性剂的 GO 分散液的肉眼观察结果

如 UV-vis 光谱图（图 3.8）所示，由于不同种类表面活性剂的加入，GO 的分散效果呈现较大差异。在波长为 240nm 处，APEO 和 TNWDIS 组虽然在所有组中展示出最大的吸光度，但曲线不存在任何峰值，表明水溶液中芳香族表面活性剂不能使 GO 均匀分散，而其余的曲线（Sika-PCE、Silane-PCE、Ⅰ-C-PCE 和Ⅱ-C-PCE）都有峰值，表示它们都可使 GO 分散。Sika-PCE、Silane-PCE、Ⅰ-C-PCE 和 Ⅱ-C-PCE 试验组在 240nm 处的吸光度分别为 1.002、0.943、0.8336 和 0.556，说明 Sika-PCE 分散效果最好，此外 Silane-PCE 的分散效果优于Ⅰ-C-PCE，而Ⅱ-C-PCE 分散效果最差。综上所述，根据试验结果来看 6 种表面活性剂对 GO 分散的改善效果顺序为：Sika-PCE＞Silane-PCE＞Ⅰ-C-PCE＞Ⅱ-C-PCE＞APEO＝TNWDIS。

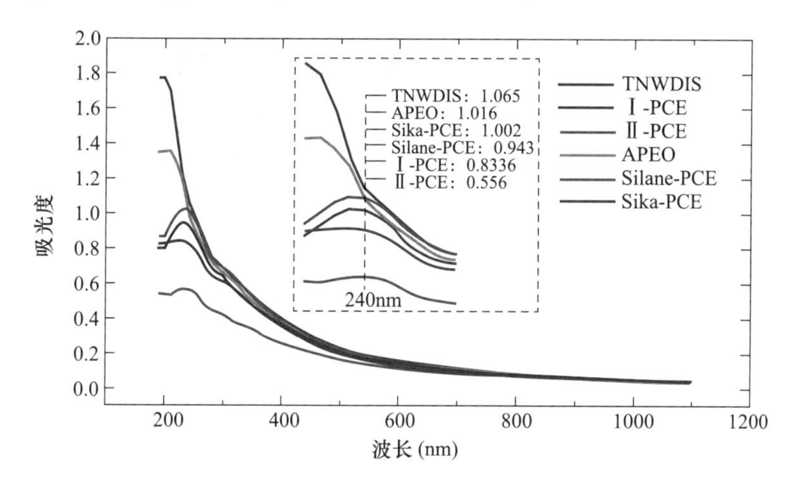

图 3.8　加入不同表面活性剂的 GO 分散液的 UV-vis 光谱图

不同表面活性剂对 GO 分散的影响与表面活性剂的分子结构密切相关。绝大多数的研究者[31-33]认为，疏水作用、静电力作用和 π—π 键作用是表面活性剂分子与 GO 表面吸附的主要机制。在疏水作用或静电力的驱动下，溶液界面张力降低，表面活性剂分子倾向于以疏水尾部朝向石墨烯表面、亲水头部朝向水溶液的方式包裹石墨结构，此外，空间体积和支链长度也对 GO 的分散起决定性作用。因此，不同表面活性剂的结构特征对 GO 分散效果具有较大的差别。

芳香族类表面活性剂，包括 APEO 和 TNWDIS，会在石墨烯表面具有较强的吸附作用。但是，由于 APEO 和 TNWDIS 的支链长度太短，不能提供足够的空间位阻，导致其分散效果较差。对于聚羧酸型表面活性剂，Ⅱ-C-PCE 显示了最弱的分散性，因为它在 4 组分散剂中具有最长的亲水支链长度，而较长的亲水链更有可能与相邻支链相互作用形成胶束。此外，较短的亲水性支链长度可以较好地适应在超声处理过程中表面活性剂的吸附能力。出于同样的原因，Sika-PCE 表现出最好的分散性，因为它比其他聚羧酸型表面活性剂具有更长的亲水侧链。至于 Silane-PCE 和Ⅰ-C-PCE，尽管前者具有较长的亲水链，但 Silane-PCE 侧链的三烷氧基硅烷组可以通过脱水缩合与 GO 发生反应，这种化学反应可以显著地增强 GO 和 Silane-PCE 之间的吸附，并促进石墨表面的吸附量。因此，Silane-PCE 相比Ⅰ-C-PCE 在保持 GO 在水中的分散方面具有明显优势。

3.3.2　分散工艺对 GO 分散的影响

本节研究当减水剂在超声开始后的不同时刻加入分散液对 GO 在水溶液中分散效果的影响，所有样品的超声时间都为 30min，不同组之间唯一的差别在于分散剂被加入到 GO 分散液中的时间不同。本试验取 Sika-PCE 作为表面活性剂，试验结果如图 3.9 所示。

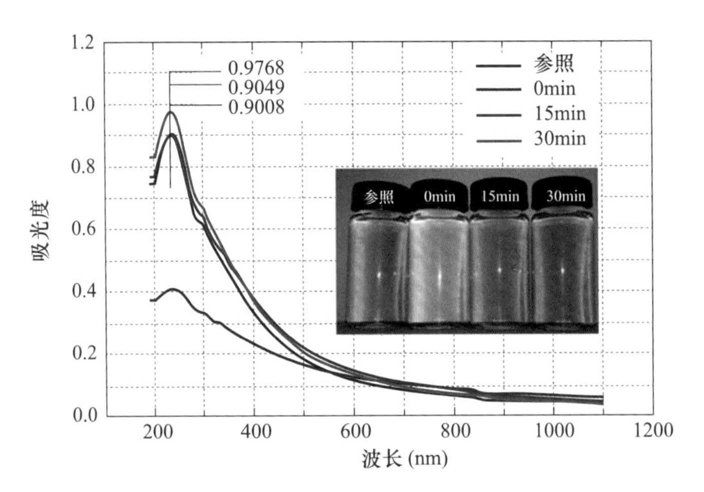

图 3.9　不同时刻加入分散液对 GO 分散效果影响的 UV-vis 光谱图

在图 3.9 中，参照组表示在不加入 Sika-PCE 的情况下 GO 在水溶液中的分散，而 0min、15min、30min 分别代表在超声开始前，超声开始 15min 后和超声 30min 后分别加入 Sika-PCE。图 3.9 直观地反映出表面活性剂加入时刻对 GO 分散效果的影响。参照组溶液的金黄色表明 GO 仅需要通过超声分散处理就能实现较好的分散状态。这种分散方法的原理在于将未分散的 GO 置于超声环境中使多层 GO 进行物理剥离，而被剥离开的 GO 表面因为含有的—OH 和—COOH 等负电荷官能团，所以这些电荷会通过静电斥力促进单层 GO 保持良好的分散。然而，在参照组右侧，超声开始前加入分散剂组的颜色比其他组要浅得多，这可能是由于在超声波处理之前，团聚的 GO 已经被 Sika-PCE 分子的长链包裹着，使得随后的超声波处理过程中 GO 仍保持团聚的状态。而在 15min 和 30min 组中分散液显示出的金黄色与参照组的颜色非常相近，可判断三组的分散程度相近。

此外，图 3.9 还展示了 UV-vis 光谱图从定性角度分析表面活性剂的添加时间对分散效果的影响。参照组、15min 组、30min 组的吸光度值分别为 0.9008、0.9049、0.9768，远大于 0min 组（0.4113）。结果表明，30min 组 GO 的分散程度比其他组高，但是与参照组的分散效果差异并不是很大，而 0min 组的分散效果最差。

导致这些结果的原因可能有以下几种：首先，经过 30min 的超声处理后，单层的 GO 从团聚的 GO 中剥离开，此时 GO 之间的距离足够允许 Sika-PCE 分子渗透进其空隙中；空隙中的 Sika-PCE 分子吸附在 GO 薄片表面上，通过其长侧链提供的空间位阻作用将石墨烯保持分离状态，从而 30min 组能够保持 GO 的高度分散效果。其次，参照组的分散情况与 30min 组相似。然而由于缺少 Sika-PCE 分子保持 GO 片的分散状态，因此表面作用力的影响使得部分 GO 再次团聚，从而导致参照组的吸光度略低于 30min 组。最后，对于 15min 组而言，15min 的超声处理不足以让 Sika-PCE 分子充分地渗透进 GO 片层之间的空隙。被 Sika-PCE 分子缠绕着的未分散开的部分 GO 并没有能够充分地分散，也就导致了 15min 组拥有相对较低的 GO 分散效果。

为了深化对上述解释的理解，本书提出了图 3.10 所示的示意图以阐明 GO 在不同分散过程中的状态。同时采用纳米激光粒度仪对 GO 分散液的粒径分布进行分析，进一步验证GO在不同分散工艺中的分散效果。结果如图3.11所示，三组GO的平均粒径大小相当接近。然而，30min组的半高宽为500mm，比0min组和15min组的半高宽（分别为690min和810min）小得多。这些结果再次证明，30min组的GO分散状态比15min和0min组均匀。

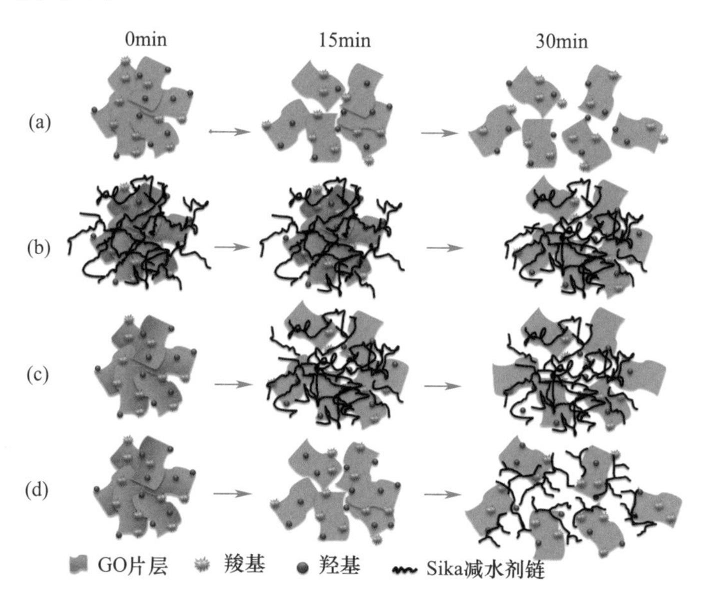

图3.10 在不同时刻加入分散液工艺中表面活性剂的作用机理

（a）参照组；（b）0min组；（c）15min组；（d）30min组

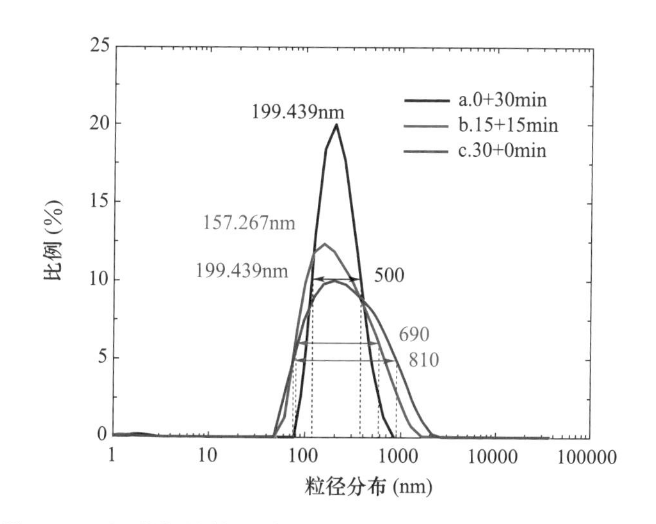

图3.11 在不同时刻加入分散液工艺分散后GO颗粒的粒径分布

3.3.3 超声能量对GO分散的影响

图3.12图谱清晰地展示了GO的分散效果与超声能量呈线性关系。从插图3.12（a）可以看出，当超声功率从15%增加到30%时，GO分散液的吸光度显著提高。然而，随着超声能量继续增加，吸光度的增长趋势变得缓慢，最终在超声功率为60%时，

GO 的吸光度达到最大值 0.95。试验结果表明，超声能量越高，GO 的分散效果越好。这是因为较高的超声输入能量会产生更多气泡空穴。当气泡破裂时，对团聚的 GO 施加更大的剪切应力，从而撕开 GO 片层之间的间隙，使更多的表面活性剂分子渗透和吸附在 GO 表面，并且大量吸附的表面活性剂产生的静电斥力和空间位阻能够抵抗范德华吸引力，进一步促进 GO 的分散效果。

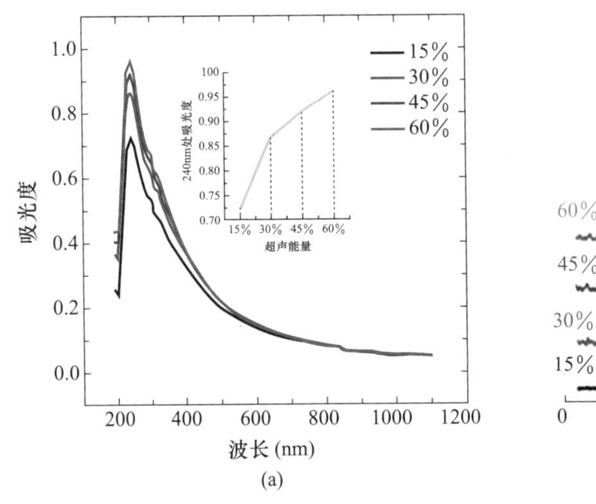

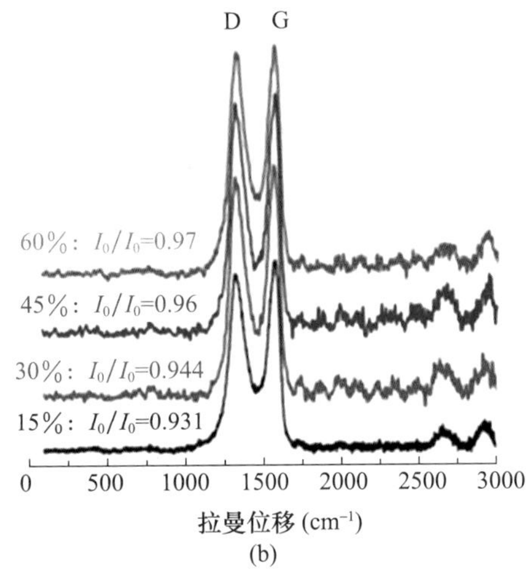

图 3.12　GO 在不同超声能量下分散

(a) UV-vis；(b) 拉曼光谱图

虽然剧烈的超声处理是一种有效分散 GO 的方法，但需要在 GO 结构的破坏和分散效果之间进行权衡。拉曼光谱图［如图 3.12（b）所示］显示了 GO 的特征峰，包括 1330cm^{-1}处的 D 峰和 1580cm^{-1}处的 G 峰，分别对应石墨底面的不规则结构和切向 C—C 拉伸的石墨结构。通过计算 ID/IG 比值，可以评估超声分散过程中 GO 结构的损伤程度。观察光谱图发现，随着超声能量的增加，ID/IG 比值也增加，表明超声能量的强化导致 GO 结构的缺陷更为显著。因此，在提高水泥砂浆强度时，需要在分散效果和结构破坏之间找到平衡，以获得最佳的力学性能。试验结果显示，在 30%超声功率处理下，GO 分散液的吸光度显著提升，同时保持较低的结构缺陷程度。这表明 30%的超声能量在进一步研究中是合适的选择。

3.3.4　SP：GO（质量比）对 GO 分散的影响

在 GO 的分散中，表面活性剂与 GO 质量的比值是一个重要的影响因素，并且存在一个最优值使 GO 达到最佳的分散状态。在图 3.13 中可以看到 GO 在不同表面活性剂质量比下的吸光度。如插图所示，不同质量比的 GO 分散液吸光度值在波长为 240nm 处呈现出明显差异。当该质量比值低于 1∶1 时，这条曲线呈上升趋势；而质量比值高于 1∶1 时，曲线出现明显的下降。这是由于低浓度的表面活性剂不能充分包裹 GO 的表面，从而无法克服 GO 片之间的范德华吸引力。然而在高浓度条件下，过量的表面活性剂分子很容易形成胶束，最终因悬浮液系统渗透压的增加而导致与 GO 片层的吸附失效。其结果是分离的 GO 会在胶束的损耗下重新形成聚集。最后本研究认为最优的表面活性剂与GO质量比值为1∶1，因为它用适量的表面活性剂分子保持了最大数量GO单体的分散状态。

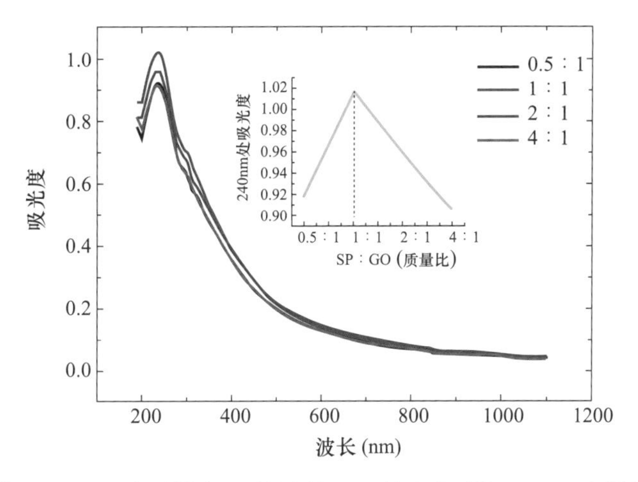

图3.13 GO在不同表面活性剂与GO的配比下的UV-vis光谱图

3.3.5 GO在水泥基材料中分散及其机理研究

为了验证GO的团聚机理，本试验配置pH值为13.5的氢氧化钙与氨水作为对比组，如图3.14中所示。可以通过肉眼清楚地观察到GO在氢氧化钙溶液中团聚，然而在经过聚羧酸改性后的GO滴入氢氧化钙溶液时没有发现GO团聚。正如Babak等人提出了类似的分散机理，他们认为，聚羧酸减水剂会产生强烈的空间阻碍作用，会在水泥颗粒之间产生斥力[34]。聚羧酸减水剂中的羧酸基团将附着在GO表面上，增加其亲水能力。因此，GO片材之间的范德华力会降低，更利于分散；并且将它们更易于与水泥基体相结合。此试验将减水剂添加到水泥基体中有两个明显的优点：(1) 适量的减水剂可以有助于给水泥基提供适当的工作性而不影响最终的水泥强度；(2) GO能够充分地分散在水泥基体中而不发生团聚。

(a)

(b)

图3.14 试验验证GO团聚

(a) GO在氢氧化钙溶液中团聚（左）和GO在氨水环境中具有良好的分散（右）；

(b) 聚羧酸减水剂改性的GO在氢氧化钙溶液（左）和氨水（右）都具有良好的分散

与氨水溶液实验对比验证了Ca^{2+}是主要引起GO形成团聚的原因。因为与氢氧化钙溶液相比，即使不添加减水剂，在将GO滴入$NH_3 \cdot H_2O$后GO还呈现良好的分散性。这一现象证实了羟基（—OH）基团的存在没有影响到GO的团聚，并且进一步揭

示羧酸基团被 Ca^{2+} 和 H^{+} 取代，从而导致 GO 团聚[35-36]。

3.4 GO 对水泥净浆力学性能及水化特征的影响

3.4.1 GO 对水泥净浆力学性能影响研究

根据表 3.6 和图 3.15 的结果可得出以下结论：添加氧化石墨烯（GO）显著提高了水泥基材料的抗压强度，尤其是在早期阶段。与对照样品组（GC）相比，添加 0.10% 的 GO（G10）、0.15%的 GO（G15）和 0.2%的 GO（G20）的抗压强度分别在 3d 后增加了 24.7%、30.7%和 42.3%。这与其他研究结果一致。在所有龄期中，3d 龄期的抗压强度提升幅度最大，这表明 GO 的官能团在硬化的早期阶段对水化硅酸钙的生长起到了促进作用。然而，随着养护时间的增长，抗压强度逐渐降低，G10、G15 和 G20 在 28d 养护龄期的强度提高了 4.8%、7.4%和 11.2%。本研究中 GO 对水泥净浆增强的效果与其他研究者的研究结果一致[34-35,37-38]。图 3.15（b）清楚地显示随着 GO 含量的增加，水泥基材料的力学强度呈上升趋势。

表 3.6 1d、3d、7d、14d 和 28d 龄期的氧化石墨烯/水泥基材料的抗压强度

养护时间（d）	抗压强度（提高百分比）			
	GC	G10	G15	G20
1	18.5 (100)	21.4 (115.7)	21.7 (117.3)	22.0 (119.2)
3	28.1 (100)	35.0 (124.7)	36.7 (130.7)	40.0 (142.3)
7	33.9 (100)	38.5 (113.6)	39.5 (116.4)	46.0 (135.7)
14	42.1 (100)	47.9 (113.7)	49.1 (116.7)	51.1 (121.3)
28	49.3 (100)	51.7 (104.8)	53.0 (107.4)	54.9 (111.2)

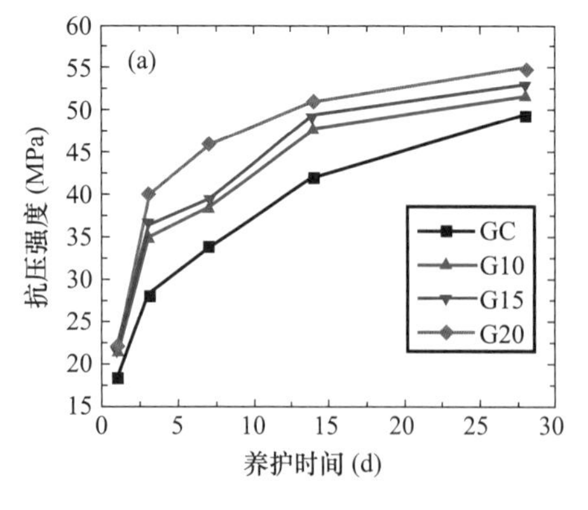

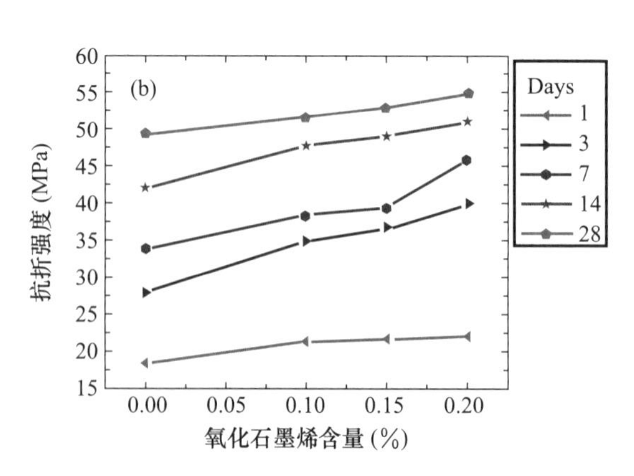

图 3.15 1d、3d、7d、14d 和 28d 龄期的氧化石墨烯/水泥基材料抗压强度

（a）龄期与强度的关系；（b）掺量与强度关系

尽管 GO 掺量与水泥基材料强度的提高成正比，但需要考虑以下因素限制 GO 掺量：经济成本和强度性能的平衡、水泥浆体的工作性能以及 GO 的分散性。因此，在工

程应用中，用户可以根据抗压强度要求选择适当的 GO 掺量。此外，与 GC 样品相比，G10、G15 和 G20 样品从第 1 天至第 3 天养护过程中，抗压强度分别增加了 63.6%、69.1%和 81.8%，远高于 GC 样品的增幅（51.9%）。这进一步证实了 GO 对水化过程的促进作用。综上所述，本研究结果表明 GO 的加入可以显著提高水泥基材料的抗压强度，特别是在早期阶段。然而，在选择合适的 GO 掺量时，需要综合考虑经济性、工作性能和分散性等因素。这些研究结果为 GO 增强水泥基材料的应用提供了有价值的参考。

3.4.2 GO 对水泥水化的影响研究

为了进一步探究水化过程与力学强度之间的关系，本研究使用热重分析（TGA）和微分热重分析（DTG）对不同龄期（1d、3d、7d、14d 和 28d）的水泥基材料进行了定量分析。如图 3.16 所示，DTG 曲线呈现明显的拐点，清晰地显示了水泥基材料在不同温度下各组分的微妙变化。TGA 结果准确地反映了氢氧化钙（CH）含量，进而反映了水化程度。根据前人的几项研究[39-42]，反应过程的不同步骤总结如下：30～105℃：蒸发水和部分结合水逸出；110～300℃：C-S-H 分解时结合水损失；450～550℃：氢氧化钙（CH）分解，即 $Ca(OH)_2 = CaO + H_2O$；650～800℃：碳酸钙（$CaCO_3$）分解，由 $CaCO_3 = CaO + CO_2$ 和 $Ca(OH)_2 + CO_2 = CaCO_3$ 计算。所以计算氢氧化钙含量分为两部分，如式（3-1）～式（3-3）：

$$\frac{74}{18} = \frac{m_{450-550℃}}{m_{CH_1}} \tag{3-1}$$

$$\frac{74}{44} = \frac{m_{650-800℃}}{m_{CH_2}} \tag{3-2}$$

$$CH = CH_1 + CH_2 \tag{3-3}$$

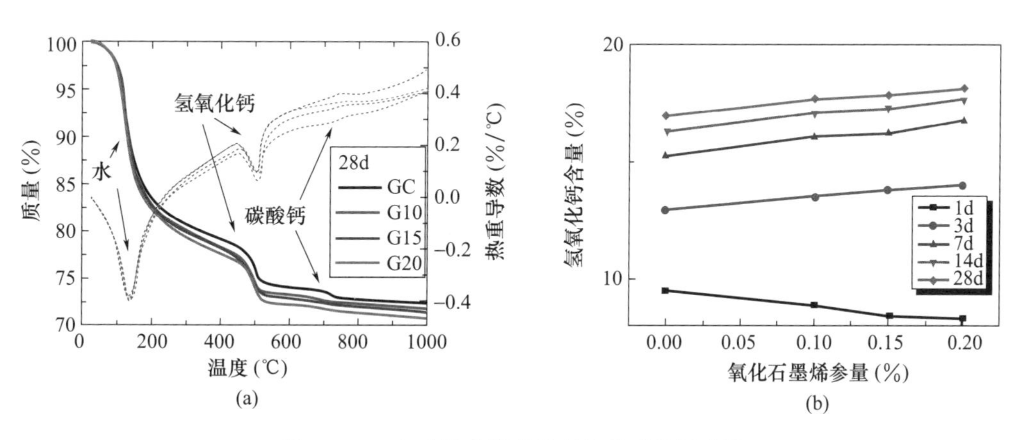

图 3.16 GO 改性水泥基材料的热重分析曲线

(a) TGA/DTG 的结果；(b) 氧化石墨烯含量与氢氧化钙含量的关系

图 3.14（b）展示了随着 GO 掺量增加，氢氧化钙（CH）含量随养护龄期的变化。除了 1d 养护期外，CH 含量随着养护时间的增加而逐渐增加。在早期的水化过程中（1d 龄期），由于 GO 具有较大的比表面积，它可以吸附水分子。这种吸附水的方式降低了早期水化所需的游离水含量，从而减少了 CH 的形成[34,43]。另一个可能与氢氧化钙含量降低有关的因素是在初始水合过程中，Ca^{2+} 与 GO 表面上的官能团反应，从而 GO

吸附一部分的Ca^{2+}[44-45]，因此添加GO后氢氧化钙整体减少。此外，从3d和7d的数据可以得出结论，一旦水化反应出现成核种子点，水化作用将迅速增加。由于GO与水泥基材料之间的强化化学键结合，它可以抑制水泥基试块的破坏。此外，GO表面的水分子可能充当保水作用，所吸附的水有利于促进水泥水化的后期反应[13]。这些因素共同作用促进了GO对水泥浆体的强化作用。因此，尽管添加GO可能降低了CH含量，但在早期龄期后，GO的加入仍能有效提高水泥基材料的力学性能。

3.4.3 GO对水化硅酸钙结构影响的研究

(1) 傅立叶红外光谱分析

图3.17中显示了纯GO以及样品GC、G10、G15和G20在养护28d后的傅立叶红外光谱（FT-IR）谱图。如图3.17（b），GO的谱图显示在$1042cm^{-1}$处的C—O伸缩振动峰与羟基有关；在$1154cm^{-1}$处的C—O—C强度振动峰与环氧基有关，在$1620cm^{-1}$处的C═C指定了未氧化的石墨主导的结构的振动；在C═O $1722cm^{-1}$的振动峰与羧基有关；在1343和$3300cm^{-1}$处的—OH伸缩键的振动峰与水分子和羟基有关；在2265～$2420cm^{-1}$处的峰指示着吸收的H_2O分子的H—O—H弯曲振动[34,38,43,46-48]。这证明了该GO表面携带有大量的含氧亲水基团（—OH，—COOH和—O—），以及含有少量的水分。然而图3.17（a）展示了不同GO添加量的改性水泥基材料谱图，其中在$955cm^{-1}$处发生强烈谱带的波峰归因于水化硅酸钙（C-S-H）凝胶四面体形状的Si—O键的伸缩振动[13,49-50]。在820～$830cm^{-1}$和1100～$1200cm^{-1}$处的峰都属于由硫酸盐中SiO_4^{-2}基团的振动引起的特征硫酸盐吸收峰。从图3.17（a）中还可以推论出，添加GO后，水泥基复合材料结构并没有发生变化，除了出现可能由不同的样品储存条件产生小的碳化而引起CO_3^{2-}振动峰。图3.17（b）显示了G20和纯GO谱图之间的比较，其中两个样品中只存在唯一相同的峰，其与H_2O相关（2265～$2420cm^{-1}$），但是具有不同的信号强度。结果显示C-S-H结构没有发生改变的原因可能是以下两个：在水泥浆中使用的GO的量不足以在傅立叶红外光谱灵敏度范围内检测到。其他研究表明，GO含量甚至达到3%以上时，FT-IR才能观察到GO的存在[13,46]；此外，添加GO可能不会改变C-S-H结构是另一个原因。正如在5.5.3中的^{29}Si MAS-NMR结果显示，与C-S-H凝胶的微结构改变相比，GO促进水化进程是水泥基材料力学性能增强的最主要原因，并且随着水化时间的增加，GO与水化产物的相互连接更加牢固，这进一步提高了水泥基材料的力学性能。

(2) X射线衍射分析

如图3.18所示，为了判断不同掺量GO对水化产物的影响，本研究对不同水泥基复合材料进行了5°～80°的X射线衍射（XRD）分析，结果如图3.18（a）所示。从图中，我们检测到了水泥样品中存在未完全水化的硅酸三钙（C_3S）、硅酸二钙（C_2S）和氢氧化钙（CH），除此之外并没有其他晶体结构出现。XRD数据展示的水化相晶体结果与热重分析（TGA）结果相同。必须指出的是，氢氧化钙晶相的量随着GO的浓度增加而增加，这也验证了TGA的结果。尽管XRD无法检测到水化硅酸钙（C-S-H）凝胶（非晶结构），但可以通过氢氧化钙的量进行C-S-H半定量估算[37]。在上述显示的参数范围内，尽管XRD的测量方法存在局限性，但结果仍能表明GO不会改变水化硅酸钙的结构（晶型还是非晶态），仅会加速水化进程。图3.18（b）展示了经过处理后以

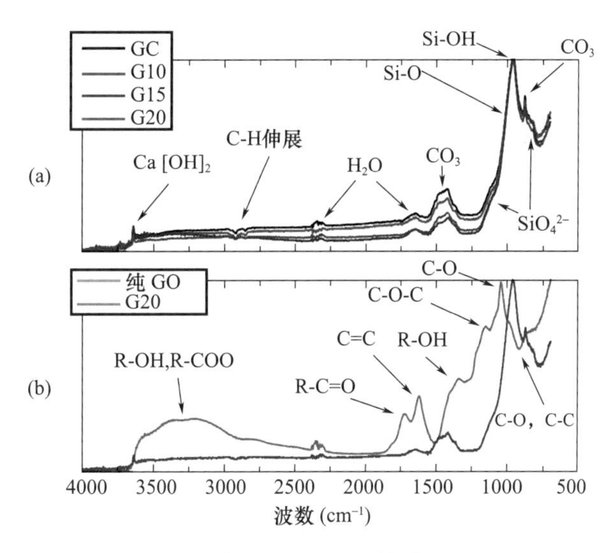

图 3.17 FT-IR 谱图

（a）不同水泥基材料之间的图谱对比；（b）GO 与水泥基材料图谱之间的对比

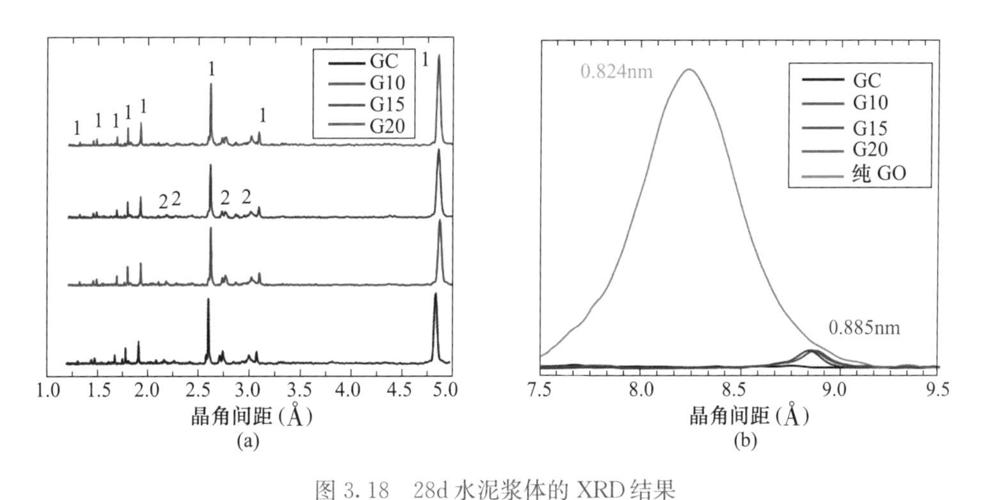

图 3.18 28d 水泥浆体的 XRD 结果

（a）不同掺量的氧化石墨烯水泥基的 XRD 数据；（b）不同形式的氧化石墨烯的晶角间距

1—氢氧化钙；2—硅酸二钙与硅酸三钙

层间距的形式呈现的小角度 X 射线衍射扫描数据。由于不同样品中 GO 的测试含量存在差异，纯 GO 和其他样品之间的信号强度有明显差异。从图中可以清晰地观察到，G10、G15 和 G20 样品中的 GO 层间距明显大于纯 GO 的层间距。通常来说，GO 的层间距与其氧化程度有关，然而我们测试的 GO 样品来自同一批次，因此应该是其他原因导致的差异。据报道，高含水量也会导致层间距的增加[51-52]。因此，我们可以推断，G10、G15 和 G20 样品中可能存在更多的水或氧分子。在水泥水化过程中，部分水被 GO 吸收，从而影响了水泥浆体的流动性，并可能在早期阶段减缓水泥的水化过程。这解释了为什么添加 GO 后水泥浆体的流动性会降低。然而，这些被困的水分子可以在后期水化过程中提供更多的游离水，进一步提高后期水化的程度。这个结果与热重分析（TGA）和力学性能结果以及其他研究的结论是一致的[13,34,43]。

（3）固体核磁共振分析

本试验使用^{29}Si MAS-NMR光谱对水化硅酸钙（C-S-H）结构的变化进行了验证。在一般认识中，C-S-H相被认为具有类似于雪硅钙石（托贝莫来石）的结构，其中包含具有7个配位Ca^{2+}的双层氧化钙，而氧原子与SiO_4四面体链中的Si^{4+}共享[53]。此外，根据过去的研究，我们知道硅酸盐阴离子的化学位移Q^0位于$-70\sim-76\times10^{-6}$之间，Q^1的峰值为-78×10^{-6}，Q^{2p}为-82.8×10^{-6}，Q^{2b}为-84.5×10^{-6}，如图3.19所示。这些Q^n单元（$n=0\sim4$）通常在相对独立的范围内被观察到，其中n表示每个硅氧四面体与其他硅氧四面体相连的桥连数[54]。因此，通过分析^{29}Si MAS-NMR光谱数据，可以得到关于C-S-H结构的信息。例如，Q^0的位置对应于C_3S的含量或未水化的水泥，Q^1的峰代表端链硅酸盐四面体，Q^2表示中链硅酸盐四面体，它具有两个相邻的Q^1位点。在中链硅酸盐中，它可以与桥连位置形成dreierketten结构（Q^{2b}）[49,55]或对子结构（Q^{2p}）[56]，如图3.20所示。通过对试验数据进行高斯函数拟合处理，并根据Richardson方程[49]计算每组C-S-H的平均链长（MCL）[57]，我们可以进一步了解C-S-H的结构变化。这样的分析有助于揭示水泥水化过程中C-S-H的形成和演化机制，为我们深入理解水泥基材料的性能提供重要线索，见公式（3-4）。

$$MCL=\frac{2(Q^1+Q^2)}{Q^1} \tag{3-4}$$

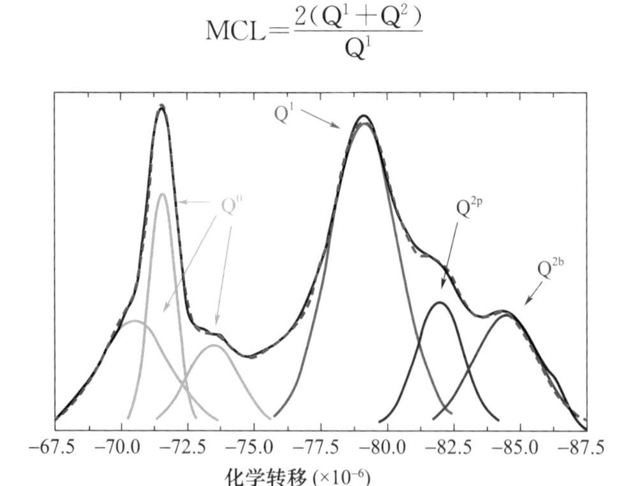

图3.19 ^{29}Si MAS-NMR谱中各个硅氧四面的化学键分布

注：黑色的线代表原始数据。绿色，棕黄色，蓝色和紫色分别代表了Q^0，Q^1，Q^{2p}和Q^{2b}峰的高斯拟合曲线；红色的虚线代表了高斯拟合后^{29}Si MAS-NMR谱的曲线。

在图3.21中展示了养护时间为14d和28d后样品的^{29}Si MAS-NMR谱图，根据高斯积分计算得出的所有信息列在表3.7中。根据前面的分析，我们可以从Q^0区域定量推断水化程度。根据表3.7的数据，14d时GC、G10、G15和G20样品的水化程度分别为53.0%、55.3%、59.7%和59.4%，而28d时分别为56.9%、67.3%、67.3%和65.4%。因此，我们可以得出结论：添加氧化石墨烯的水泥样品的水化程度高于纯水泥样品。这一结论与TGA和XRD测量结果相吻合。通过计算，我们发现C-S-H的平均链长值都在3.1～3.3个硅氧四面体内。尽管这些值在测量误差范围内存在差异，但反映了所有样品中类似的C-S-H结构。这一结果与FT-IR和XRD测量结果一致。值得注意的是，尽管我们没有观察到C-S-H结构的明显变化，但是我们不能完全否定GO对

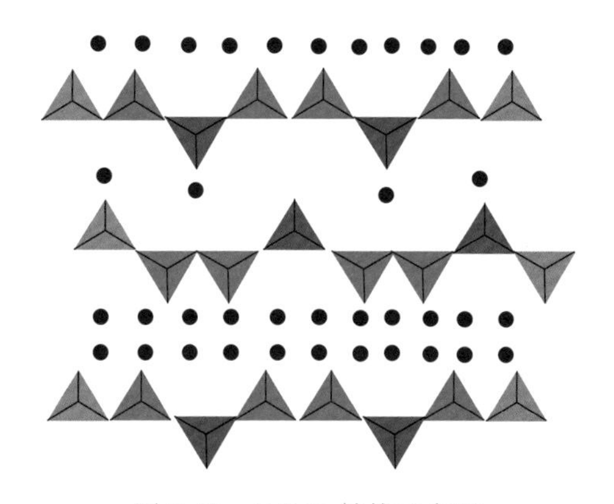

图 3.20　C-S-H 结构示意图

注：棕黄色 Q^1，蓝色为 Q^{2p}，紫色为 Q^{2b}，黑色为氧化钙层。

C-S-H 结构的影响，有可能会因为 GO 掺量较低，其对 C-S-H 的影响可能不够显著。此外，固体核磁共振技术的分辨率也存在一定的限制。总之，通过^{29}Si MAS-NMR 谱图的分析，我们对 GO 改性水泥样品的水化程度和 C-S-H 结构变化进行了定量研究。尽管有一些限制，我们的结果与其他测量方法的结果相一致，为理解 GO 在水泥基材料中的应用提供了有益的信息。

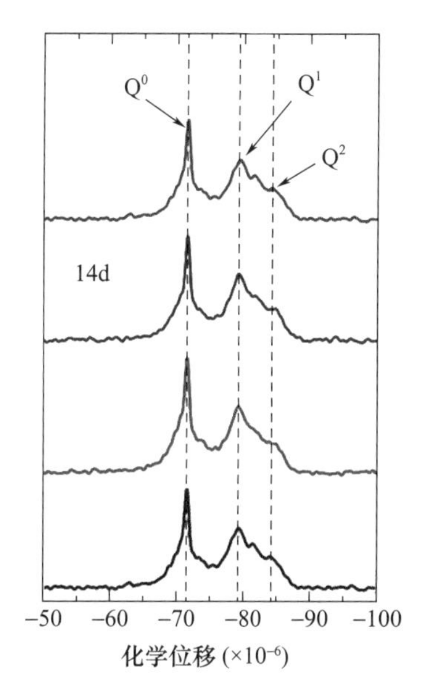

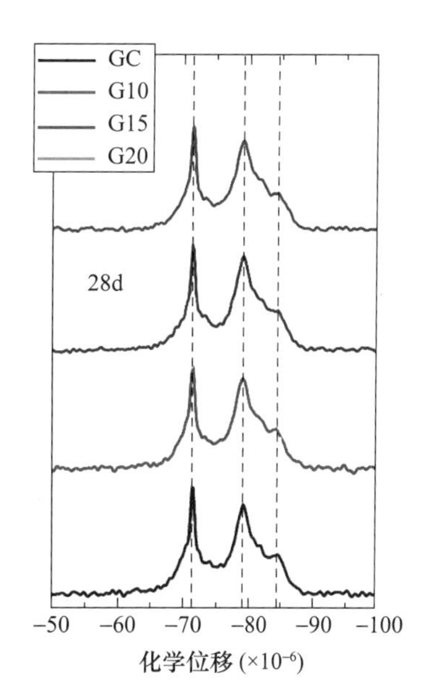

图 3.21　14d 和 28d 的水泥基材料样品的^{29}Si MAS-NMR 图谱

表 3.7　各个硅氧四面体组分的比例

养护时间	14d				28d			
样品	Q^0（%）	Q^1（%）	Q^2（%）	链长	Q^0（%）	Q^1（%）	Q^2（%）	链长
GC	47.0	31.4	21.5	3.374	43.1	48.6	29.1	3.199
G10	44.7	35.0	20.2	3.153	32.7	42.3	25.0	3.181
G15	40.3	37.7	21.9	3.165	32.7	40.6	26.6	3.311
G20	40.6	37.2	22.1	3.188	34.6	40.2	25.3	3.260

3.5 氧化石墨烯对水泥砂浆力学性能及微观结构的影响

3.5.1 GO改性水泥砂浆的力学性能

图3.22展示在不同养护龄期下GO掺量对水泥砂浆样品抗折强度和抗压强度的影响。为了获得强度的合理性与可重复性，对每组测试三个样品，并取均值作为强度值。随着GO掺入量的增加，结果显示抗折强度和抗压强度都有明显增加的趋势。如图3.22所示，GCM2和GCM4的抗折强度和抗压强度在不同养护龄期下呈现出类似的增长趋势。在图3.22（a）中GO掺入量为0.02%时GCM2抗折强度增加，而GO掺入量为0.04%时GCM4的抗折强度有所降低，但仍高于普通样品。当GO掺入量为0.02%时，在养护3d、7d和28d，GCM2试样的抗折强度分别增加了15.84%，5.19%和4.69%；而GCM4样品的抗折强度仅分别增加了5.25%，0.43%和0.10%。在图3.22（b）中，GCM2和GCM4的抗压强度随着养护时间的增长而增加。在养护3d、7d、28d后，相对于空白组，GCM2样品的抗压强度分别增长了2.15%、0.55%和1.84%。与此同时，GCM4样品的增幅分别为14.39%、7.15%和3.13%。根据上述试验结果我们得出结论：GO的掺入能够提高水泥砂浆的力学性能，特别是对养护前3d，力学性能得到了较大增幅，表明GO能够加速水泥的早期水化。

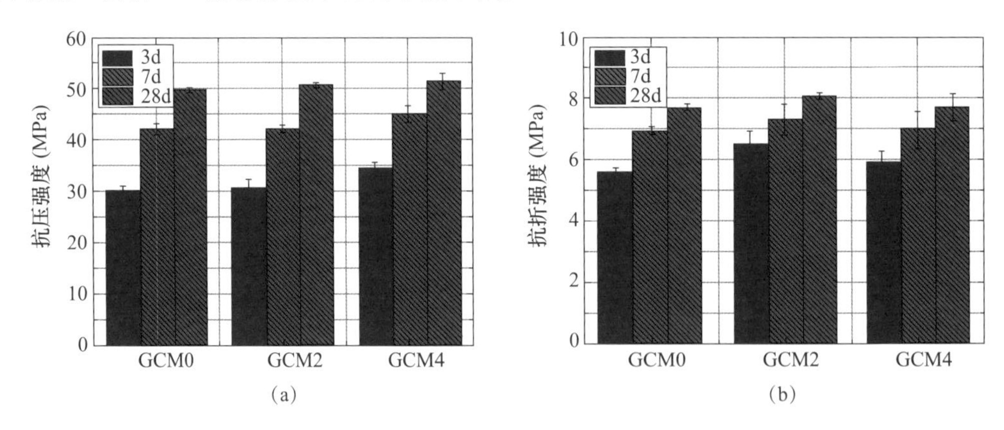

图3.22 GO改性水泥试块的力学性能

（a）抗压强度；（b）抗折强度

根据当前的文献，并且结合本试验数据可以总结出水泥砂浆力学性能的提高原因可以归结为以下两点：首先，较大的GO表面积和褶皱形态改善了水泥基体或砂子之间界面过渡区，从而提高了荷载传递的效率；其次，GO所含的官能团和钙离子之间的化学交联作用虽然牺牲了一定的分散度，但是也增强了GO与水泥基材或砂子之间的相互作用从而形成了更加密实的界面过渡区（ITZ），因为GO为水泥的水化提供了更多的成核位置，从而导致更高程度的水化反应以及在ITZ过渡区生成更密实的水化产物。

在近期的研究中，Gelamo等人发现GO有助于加快早期水泥水化反应，这可能是GCM2和GCM4样品强度在第3天时表现出更大增幅的原因。此外根据之前的研究，在水泥砂浆体系中，抗折强度与水泥基材的强度密切相关，而抗压强度与ITZ的性质密切相关。根据目前的试验数据显示，最大抗折强度和抗压强度分别在GO掺入量为0.02%和0.04%时获得，其原理可能在于GO的二维结构具有大比表面积，因此GO表面吸附大量的水分子，导致更多的反应水被用在水泥界面过渡区的水化，因此水泥基材水化的水减少了。在这种情况下，GCM4具有更强的ITZ。此外，随着水化反应的进行，GO表面吸附的水逐渐释放，随着GO掺入量的增加改性水泥砂浆的力学性能也随之提高。

3.5.2 GO改性水泥砂浆的微观结构分析

在SEM的背散射模式（BSE）下，根据图像灰度的不同，水泥基材料各种物相有较大的识别度。图3.23展示了不同掺量的GO改性水泥砂浆在养护28d时的BSE图像。一般来说，BSE图像中的浅灰色部分通常与未水化的熟料相关，而深色部分通常代表着存在孔隙或裂缝。如图3.23（a）所示，普通水泥基材分布着更多的孔，砂浆细骨料表面的一层未水化的熟料在ITZ附近也显而易见，反映出低水化度和弱界面结合。而GCM2在背散射模式下能观察到基材与砂体之间的间隙以及长裂纹扩展。此外，在GCM4的BSE图像中熟料的平均尺寸远大于GCM2，说明GCM4基材中的水化度较低。但是该图像显示出更密集的ITZ形态，表明相比GCM2，GCM4具有更高的ITZ强度。以上的结果说明GO在水泥砂浆中的应用有助于提高水泥基复合材料的力学性能。

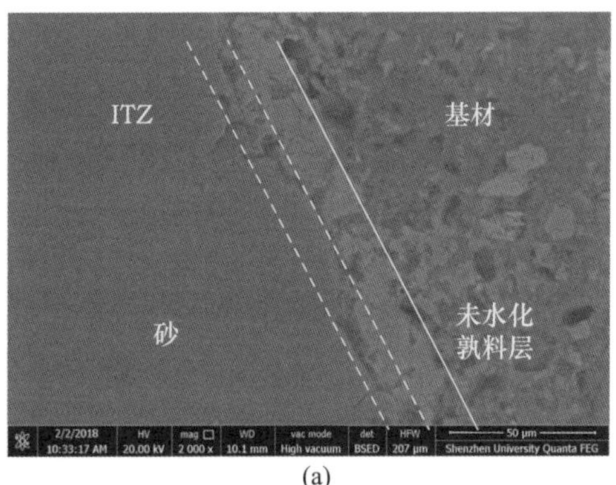

(a)

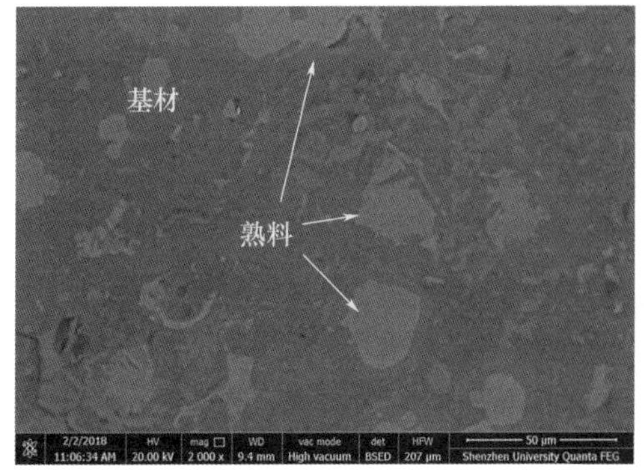

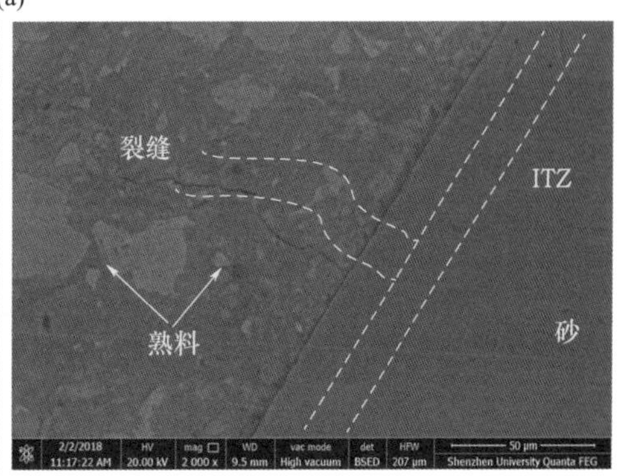

(b)

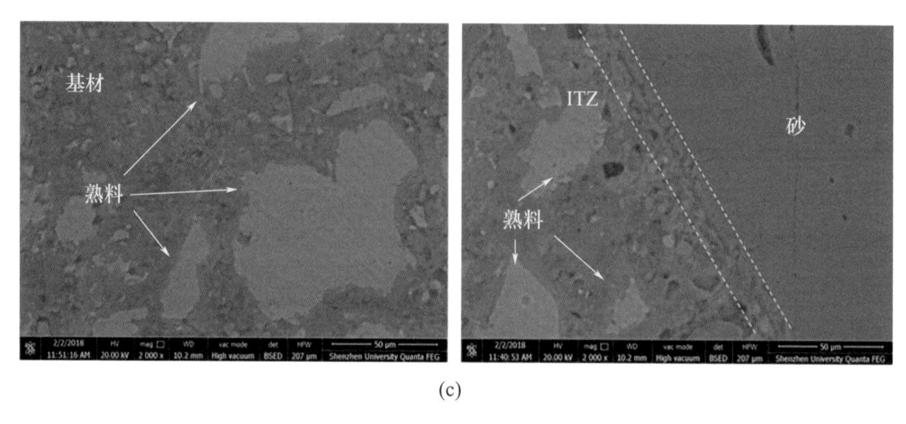

(c)

图 3.23　不同 GO 掺入量下水泥砂浆的 BSE 图像

(a) GCM0；(b) GCM2；(c) GCM4

3.5.3　X 射线能量色散光谱分析

通过进行 EDS 分析，我们研究了 GO 改性水泥砂浆中界面过渡区（ITZ）和基材中的钙硅比变化，以揭示 GO 改性水泥基材料的微观结构。根据水泥水化反应的原理，最终的水泥水化产物是 C-S-H 和氢氧化钙。C-S-H 可以分为低密度的外部 C-S-H 产物和高密度的内部 C-H-S 产物，其钙硅比范围为 1.53～2.5。然而，在本研究中，基材和 ITZ 的钙硅比均高于文献报道的 C-S-H 的最大钙硅比。这是因为在本试验中，钙硅比的分析结果代表了 C-S-H 和氢氧化钙复合的外部水化产物的钙硅比。因此，这个数值的大小可以用来评估 GO 改性水泥砂浆的水化程度。如图 3.24 所示，无论是水泥基材还是 ITZ，添加 GCM2 和 GCM4 样品的钙硅比都高于对照组，这进一步说明 GO 促进了水泥的水化反应。当掺入质量分数为 0.02%的氧化石墨烯时，GCM2 样品中基材和 ITZ 的钙硅比略微增加。而当氧化石墨烯掺入量增加到质量分数为 0.04%时，GCM4 样品中基材和 ITZ 的钙硅比相比 GCM0 和 GCM2 样品显著增加。这个现象表明 GCM4 样品具有更高程度的水化。此外，观察到在这个掺量下，ITZ 的钙硅比超过了基材的钙硅比，这表明 GCM4 样品中的 ITZ 的水化程度高于水泥基材。这种现象的背后机制可能是由于更多的 GO 掺入吸收了更多用于 ITZ 中的水化反应的反应水，导致作为基材的水化反应所需的水分不足。综上所述，通过 EDS 分析得到的钙硅比结果揭示了 GO 改性水泥砂浆中的微观结构变化。

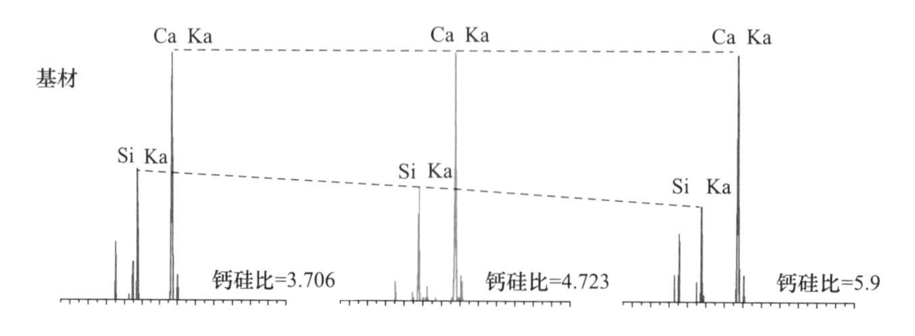

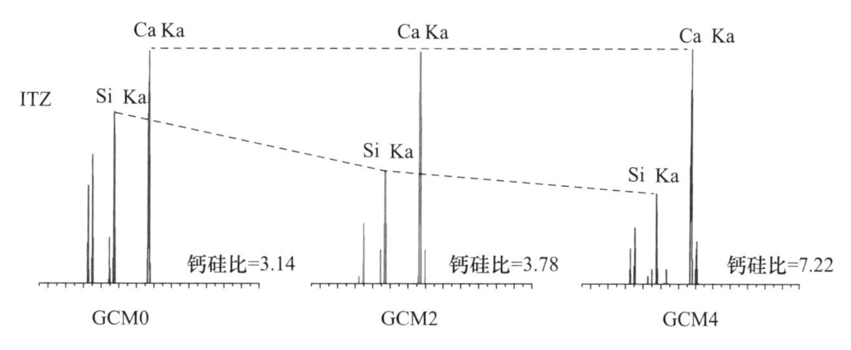

图 3.24　不同 GO 掺入量下水泥砂浆的钙硅比分析

3.6　结论

根据对氧化石墨烯在水溶液和碱性溶液中的分散以及其在增强水泥基材料方面的研究试验，我们得出以下结论：

（1）分散工艺对氧化石墨烯（GO）的分散效果有显著影响。过早加入表面活性剂反而会限制超声分散的效果。在 6 种分散剂中，Sika-PCE 为表现最佳的分散剂，最佳的 SP（分散剂）∶GO 质量比为 1∶1，最佳超声能量为 30%。

（2）在水泥基复合材料中，Ca^{2+} 离子是导致氧化石墨烯在水泥基浆体中团聚的主要原因。通过使用聚羧酸减水剂作为分散剂，可以使氧化石墨烯在氢氧化钙溶液中均匀分散。

（3）XRD 和 TGA 结果显示，随着氧化石墨烯掺量的增加，水泥基材料中的氢氧化钙含量增加，这表明氧化石墨烯加速了水化过程。此外，^{29}Si MAS-NMR 定量分析了水泥水化的程度。试验结果显示，GC、G10、G15 和 G20 样品在 14d 时的水化程度分别为 53.0%、55.3%、59.7%和 59.4%，而在 28d 时分别为 56.9%、67.3%、67.3%和 65.4%。这说明氧化石墨烯不仅在早期促进水化，而且在 28d 龄期仍然有效果。

（4）与纯氧化石墨烯相比，G10、G15 和 G20 样品中的氧化石墨烯具有较高的层间距，这表明氧化石墨烯吸收了部分水分，导致层间距增加。

（5）通过使用^{29}Si MAS-NMR、FT-IR 和 XRD 等试验方法，发现氧化石墨烯对水化硅酸钙（C-S-H）结构没有产生任何改变的作用。此外，水泥基材料的力学性能改善主要是由于水化过程的加速或可能是氧化石墨烯与水化产物之间发生的化学反应（共价键连接）。

（6）水泥基净浆中掺入氧化石墨烯（GO）后，其力学性能随着 GO 掺入量的增加而提高，尤其是在硬化早期（3d 和 7d）。试验结果显示，相对于未掺入氧化石墨烯的组合，掺入 0.2%氧化石墨烯后，水泥基材料在 3d 和 7d 的抗压强度分别提高了 42.3%和 35.7%。此外，根据水泥砂浆的力学性能测试，氧化石墨烯可以显著提高水泥砂浆的抗折强度和抗压强度。例如，添加质量分数为 0.02%和质量分数为 0.04%的 GO，养护 3d 的样品的抗折强度和抗压强度的最大增幅分别为 15.48%和 14.39%。

（7）通过进行 EDS 能谱分析，发现在水泥砂浆中添加质量分数为 0.02%的 GO 可以促进基材的水泥水化进程，而添加质量分数为0.04%的GO会促进水泥砂浆中的界面过渡区（ITZ）的水化程度。

参考文献

[1] GHAFARI E，COSTA H，ÚLIO E J. Critical review on eco-efficient ultra high performance concrete enhanced with nano-materials [J]. Construction and Building Materials，2015（101）：201-208.

[2] SANCHEZ F，SOBOLEV K. Nanotechnology in concrete-a review [J]. Construction and building materials，2010，24（11）：2060-2071.

[3] DOUBA A，HOU P，KAWASHIMA S. Hydration and mechanical properties of high content nano-coated cements with nano-silica，clay and calcium carbonate [J]. Cement and Concrete Research，2023（168）：107132.

[4] HE S，CHAI J，YANG Y，et al. Effect of nano-reinforcing phase on the early hydration of cement paste：a review [J]. Construction and Building Materials，2023（367）：130147.

[5] MENG T，YING K，YU H，et al. An approach to effectively improve the interfacial bonding of paste-limestone by incorporating different nanomaterials [J]. Composites Part B：Engineering，2022（242）：110046.

[6] LUAN C，ZHOU Y，LIU Y，et al. Effects of nano-SiO_2，nano-$CaCO_3$ and nano-TiO_2 on properties and microstructure of the high content calcium silicate phase cement（HCSC）[J]. Construction and Building Materials，2022（314）：125377.

[7] DENG Y，FANG C，CHEN G. The developments of SnO_2/graphene nanocomposites as anode materials for high performance lithium ion batteries：a review [J]. Journal of Power Sources，2016（304）：81-101.

[8] ZHU Y，MURALI S，CAI W，et al. Graphene and graphene oxide：synthesis，properties and applications [J]. Adv Mater，2010，22（35）：3906-3924.

[9] LIN Y，DU H. Graphene reinforced cement composites：a review [J]. Construction and Building Materials，2020（265）：120312.

[10] TAO J，WANG X，WANG Z，et al. Graphene nanoplatelets as an effective additive to tune the microstructures and piezoresistive properties of cement-based composites [J]. Construction and Building Materials，2019（209）：665-678.

[11] DEVI S C，KHAN R A. Effect of graphene oxide on mechanical and durability performance of concrete [J]. Journal of Building Engineering，2020（27）：101007.

[12] LI W，LI X，CHEN S J，et al. Effects of graphene oxide on early-age hydration and electrical resistivity of Portland cement paste [J]. Construction and Building Materials，2017（136）：506-514.

[13] LIN C，WEI W，HU Y H. Catalytic behavior of graphene oxide for cement hydration process [J]. Journal of Physics and Chemistry of Solids，2016（89）：128-133.

[14] MOKHTAR M M，ABO-EL-ENEIN S A，HASSAAN M Y，et al. Mechanical performance，pore structure and micro-structural characteristics of graphene oxide nano platelets reinforced cement [J]. Construction and Building Materials，2017（138）：333-339.

[15] ZHAO L，GUO X，LIU Y，et al. Hydration kinetics，pore structure，3D network calcium silicate

hydrate and mechanical behavior of graphene oxide reinforced cement composites [J]. Construction and Building Materials，2018 (190)：150-163.

[16] LONG W J，GU Y C，XIAO B X，et al. Micro-mechanical properties and multi-scaled pore structure of graphene oxide cement paste：synergistic application of nanoindentation，x-ray computed tomography and SEM-EDS analysis [J]. Construction and Building Materials，2018 (179)：661-674.

[17] MOHAMMED A，SANJAYAN J G，DUAN W H，et al. Incorporating graphene oxide in cement composites：a study of transport properties [J]. Construction and Building Materials，2015 (84)：341-347.

[18] PAN Z，HE L，QIUL，et al. Mechanical properties and microstructure of a graphene oxide-cement composite [J]. Cement and Concrete Composites，2015 (58)：140-147.

[19] LI X，LIU Y M，LI W G，et al. Effects of graphene oxide agglomerates on workability，hydration，microstructure and compressive strength of cement paste [J]. Construction and Building Materials，2017 (145)：402-410.

[20] WANG B，ZHAO R. Effect of graphene nano-sheets on the chloride penetration and microstructure of the cement based composite [J]. Construction and Building Materials，2018 (161)：715-722.

[21] KANG X，ZHU X，QIAN J，et al. Effect of graphene oxide (GO) on hydration of tricalcium silicate (C3S) [J]. Construction and Building Materials，2019 (203)：514-524.

[22] GLADWIN ALEX A，KEDIR A，GEBREHIWET TEWELE T. Review on effects of graphene oxide on mechanical and microstructure of cement-based materials [J]. Construction and Building Materials，2022 (360)：129609.

[23] YANG H，XU Z，CUI H，et al. Cementitious composites integrated phase change materials for passive buildings：an overview [J]. Construction and Building Materials，2022 (361)：129635.

[24] LAVAGNA L，MASSELLA D，PRIOLA E，et al. Relationship between oxygen content of graphene and mechanical properties of cement-based composites [J]. Cement and Concrete Composites，2021 (115)：103851.

[25] RUAN C，LIN J，CHEN S，et al. Effect of graphene oxide on the pore structure of cement paste：implications for performance enhancement [J]. ACS Applied Nano Materials，2021，4 (10)：10623-10633.

[26] BASQUIROTO DE SOUZA F，YAO X，LIN J，et al. Effective strategies to realize high-performance graphene-reinforced cement composites [J]. Construction and Building Materials，2022 (324)：126636.

[27] TUINSTRA F，KOENIG J L. Raman Spectrum of Graphite [J]. The Journal of Chemical Physics，1970，53 (3)：1126-1130.

[28] FERRARI A C，ROBERTSON J. Resonant Raman spectroscopy of disordered，amorphous and diamondlike carbon [J]. Physical Review B，2001，64 (7)：075414.

[29] SOME S，KIM Y，YOON Y，et al. High-quality reduced graphene oxide by a dual-function chemical reduction and healing process [J]. Scientific reports，2013 (3)：1929.

[30] WANG Q，WANG J，LU C X，et al. Influence of graphene oxide additions on the microstructure and mechanical strength of cement [J]. New Carbon Materials，2015，30 (4)：349-356.

[31] WANG H，ZHANG L，WANG D，et al. Stability of phenyl copolymer-graphene oxide composites in high-alkali and/or-calcium environments：implications for strengthening and toughening cement-based materials [J]. ACS Applied Nano Materials，2022，5 (3)：4038-4047.

[32] YANG H，ZHENG D，TANG W，et al. Application of graphene and its derivatives in cementitious materials：an overview [J]. Journal of Building Engineering，2022：105721.

[33] ALEX A G，KEDIR A，TEWELE T G. Review on effects of graphene oxide on mechanical and microstructure of cement-based materials [J]. Construction and Building Materials，2022 (360)：129609.

[34] BABAK F，ABOLFAZL H，ALIMORAD R，et al. Preparation and mechanical properties of graphene oxide：cement nanocomposites [J]. Scientific World Journal，2014：276323.

[35] WANG M，WANG R，YAO H，et al. Adsorption characteristics of graphene oxide nanosheets on cement [J]. RSC Advances，2016，6 (68)：63365-63372.

[36] CHOWDHURY I，MANSUKHANI N D，GUINEY L M，et al. Aggregation and stability of reduced graphene oxide：complex roles of divalent cations，pH and natural organic matter [J]. Environ Sci Technol，2015，49 (18)：10886-10893.

[37] SHARMA S，KOTHIYAL N C. Influence of graphene oxide as dispersed phase in cement mortar matrix in defining the crystal patterns of cement hydrates and its effect on mechanical，microstructural and crystallization properties [J]. RSC Advances，2015，5 (65)：52642-52657.

[38] ZHAO L，GUO X，GE C，et al. Investigation of the effectiveness of PC@GO on the reinforcement for cement composites [J]. Construction and Building Materials，2016 (113)：470-478.

[39] ZAJAC M，ROSSBERG A，SAOUT G LE，et al. Influence of limestone and anhydrite on the hydration of Portland cements [J]. Cement and Concrete Composites，2014 (46)：99-108.

[40] TAYLOR H，Cement chemistry [M]. London：Thomas Telford，1997.

[41] HEWLETT P C. Lea's Chemistry of Cement and Concrete [M].

[42] VILLAIN G，THIERY M，PLATRET G. Measurement methods of carbonation profiles in concrete：thermogravimetry，chemical analysis and gammadensimetry [J]. Cement and Concrete Research，2007，37 (8)：1182-1192.

[43] SHANG Y，ZHANG D，YANG C，et al. Effect of graphene oxide on the rheological properties of cement pastes [J]. Construction and Building Materials，2015 (96)：20-28.

[44] LI X，KORAYEM A H，LI C，et al. Incorporation of graphene oxide and silica fume into cement paste：a study of dispersion and compressive strength [J]. Construction and Building Materials，2016 (123)：327-335.

[45] PARK S，LEE K S，BOZOKLU G，et al. Graphene oxide papers modified by divalent ions-enhancing mechanical properties via chemical cross-linking [J]. ACS Nano，2008，2 (3)：572-578.

[46] HORSZCZARUK E，MIJOWSKA E，KALENCZUK R J，et al. Nanocomposite of cement/graphene oxide - Impact on hydration kinetics and Young's modulus [J]. Construction and Building Materials，2015 (78)：234-242.

[47] LI X，WEI W，QIN H，et al. Co-effects of graphene oxide sheets and single wall carbon nanotubes on mechanical properties of cement [J]. Journal of Physics and Chemistry of Solids，2015 (85)：39-43.

[48] LU Z，HOU D，MA H，et al. Effects of graphene oxide on the properties and microstructures of the magnesium potassium phosphate cement paste [J]. Construction and Building Materials，2016 (119)：107-112.

[49] MONASTERIO M，GAITERO J J，ERKIZIA E，et al. Effect of addition of silica- and amine functionalized silica-nanoparticles on the microstructure of calcium silicate hydrate (C-S-H) gel [J]. Journal of Colloid and Interface Science，2015 (450)：109-118.

[50] SAAFI M, TANG L, FUNG J, et al. Enhanced properties of graphene/fly ash geopolymeric composite cement [J]. Cement and Concrete Research, 2015 (67): 292-299.
[51] COSSIO MLT G L, ARAYA G, PÉREZ-COTAPOS MLS, et al. Springer Handbook of Nanomaterials [M]. Berlin: Springer, 2013.
[52] CERVENY S, BARROSO-BUJANS F, ALEGRÍA A N, et al. Dynamics of water intercalated in graphite oxide [J]. The Journal of Physical Chemistry C, 2010, 114 (6): 2604-2612.
[53] ANDERSEN M D, JAKOBSEN H J, SKIBSTED J. Characterization of white Portland cement hydration and the C-S-H structure in the presence of sodium aluminate by ^{27}Al and ^{29}Si MAS NMR spectroscopy [J]. Cement and Concrete Research, 2004, 34 (5): 857-868.
[54] PEYVANDI A, HOLMES D, SOROUSHIAN P, et al. Monitoring of sulfate attack in concrete by Al 27 and Si 29 MAS NMR spectroscopy [J] . Journal of Materials in Civil Engineering, 2015, 27 (8): 04014226.
[55] NONAT I K B P J V A. C-S-H structure evolution with calcium content by multinuclear NMR [M]. Berlin: Springer, 1998: 119-141.
[56] MATSUSHITA F, AONO Y, SHIBATA S. Calcium silicate structure and carbonation shrinkage of a tobermorite-based material [J]. Cement and Concrete Research, 2004, 34 (7): 1251-1257.
[57] RICHARDSON I G. Tobermorite/jennite- and tobermorite/calcium hydroxide-based models for the structure of C-S-H: applicability to hardened pastes of tricalcium silicate, β-dicalcium silicate, Portland cement and blends of Portland cement with blast-furnace slag, metakaolin, or silica fume [J]. Cement and Concrete Research, 2004, 34 (9): 1733-1777.

4 碳纤维改性水泥基材料的研究

4.1 概述

碳纤维（carbon fiber，CF）在增强水泥基材料的应用历史可以追溯到1960年[1]。碳纤维由于其极高的抗拉强度和弹性模量，被广泛用于制备高抗拉/抗折强度、高延性的水泥基复合材料[2]。在碳纤维增强水泥基材料中，试件在受到外部荷载作用时，通常会先产生微裂缝，在试件完全破坏之前出现“变形硬化”现象。这种现象可以消耗更多的断裂能量，从而提高水泥基材料抵抗荷载的能力[3]。然而，由于碳纤维在水泥基材料中的排列无序以及与水泥基体之间的界面黏结性较低等因素的影响，碳纤维在水泥基材料中的利用率和荷载传递效率仍有进一步提升的空间。为了充分发挥碳纤维的力学性能，需要寻找有效的方法来提高碳纤维与水泥基体的黏结强度和界面相容性，以实现更好的荷载传递。此外，通过优化碳纤维的排列方式，例如定向排列碳纤维以使其沿着受力方向排布，可以进一步提高水泥基材料的力学性能。为了实现这一目标，还需要研究和开发新的制备工艺和技术，以实现碳纤维在水泥基材料中的有序排列和良好的界面黏结性。综上所述，虽然碳纤维在水泥基材料中已经取得了一定的应用效果，但仍然存在改进的空间，通过解决排列无序和界面黏结性低等问题，可以进一步提高碳纤维在水泥基材料中的利用率和荷载传递效率。

4.1.1 国内外碳纤维改性水泥基材料的研究现状

Victor Li[4]等人使用的碳纤维长度为3～12mm，直径为6.8～24μm，弹性模量范围为690～4600GPa的碳纤维增强水泥基材料，并研究了碳纤维的物理参数对水泥基材料力学性能的影响。其研究结果显示：碳纤维的掺入显著提高了水泥试件的力学性能；与空白水泥样品相比，掺有碳纤维的水泥样品抗拉强度提高了40倍，延性提高了90倍；并且高弹性模量的短碳纤维，对水泥材料增韧的效果好于低模量长纤维的增韧效果。

Khan[5]等人将不同掺量的碳纤维加入到自密实混凝土中，研究结果发现，不含碳纤维的自密实混凝土抗拉强度较差，而加入质量比为0.6%的碳纤维可将抗压强度和劈裂抗拉强度分别提高20.93%和59%。此外，尽管加入质量比为0.6%的碳纤维会使得自密实混凝土抵抗硫酸盐离子侵蚀的能力有所增强，但低掺量下，不会对其流动性能以及坍落度产生不利的影响。

韩宝国等人[6]研究了具有表面亲水性碳纤维对水泥净浆力学和电学性能的影响。试验结果显示，亲水性碳纤维与水泥基材之间有着较好的黏结强度。相比于传统的碳纤维材料，亲水性碳纤维能降低纤维在受力过程中的滑移现象从而抑制裂缝的产生和扩展。当亲水性碳纤维掺量为0.8%（体积分数）时，水泥基材料的抗折强度提高22.2%；当掺量为 0.5%（体积分数）时，抗压强度提高 11.7%。此外，亲水性碳纤维之间因为能发生电子的遂穿现象，从而使水泥基材料的导电性也得到显著提升，当亲水性碳纤维掺量为 2%（体积分数）时，养护 3d 和 28d 的试件的电导率分别提高了 93.2%和 86%。

Peled[7]等人研究了浇筑工艺对碳纤维复合水泥材料力学性能和微观结构的影响，并使用粉煤灰来代替 70%（体积分数）的水泥以获得黏稠且适合使用喷嘴挤出的水泥复合材料。力学性能测试结果显示，使用挤出工艺制备的碳纤维复合水泥试件的抗折强度相比空白试件提高了 200%；并且 6mm 长的碳纤维对传统浇筑的水泥浆体的力学性能增强效果比较明显，而 3mm 长的碳纤维对挤出浆体的力学性能增强效果更好。粉煤灰的加入显著地改善了混合浆体的可挤出性，并且还能增强碳纤维与水泥基材之间的界面黏结强度。

Hambach[8]等人使用挤出喷射技术制备了定向排列碳纤维复合水泥净浆试件，研究了不同体积分数掺量的碳纤维对水泥净浆试件力学性能的影响，对碳纤维在水泥基材中的定向排列做了定量表征，并对由碳纤维引起的“多重开裂”现象的机理进行了分析。抗折强度测试的结果显示，挤出喷射技术能使碳纤维复合水泥试件的抗折强度提高 229%，而且当碳纤维掺量为 3%（体积分数）时定向排列碳纤维复合水泥试件的抗折强度高达 119.6MPa。定向排列测试的结果表明，挤出喷射技术能大幅提高碳纤维在水泥中定向排列的程度，另外，碳纤维体积分数的增加对其定向排列程度影响不大。循环加载测试结果显示，定向排列的碳纤维能有针对性地抵抗外力的作用，大幅吸收导致基材开裂的能量，使复合试件展现出超高的抗折强度。

4.1.2 国内外碳纤维枝接碳纳米管的研究现状

碳纤维和水泥基体之间的黏结较弱，主要靠不同材料之间的机械咬合作用，虽然有研究者证明了碳纤维表面的官能化改性可以显著提高界面强度，但这种改善作用在荷载传递过程中的贡献程度仍不得而知。此外，碳纳米管在水泥中的定向排列不容易实现，而碳纤维的定向排列很容易实现。将碳纤维与碳纳米管（carbon nanotube，CNT）进行枝接不但可以使碳纳米管随着碳纤维的定向排列而定向排列，也能使碳纳米管在纤维与基材之间的界面过渡区发挥作用，对于水泥基复合材料的力学性能的提升有着重要意义。目前制备碳纤维枝接碳纳米管的方法主要有化学气相沉积法（chemical vapor deposition，CVD）电泳沉积法（electrophoresis deposition，ED）、化学反应法、大分子聚合法等，以上这些方法又可根据试验设备、试验材料和试验工艺再进一步细分[9]。

Hui Mei 等人使用电泳沉积的方法将碳纳米管沉积在碳纤维表面以增强碳纤维与基材之间的界面强度。作者先将碳纤维放在硝酸中进行氧化处理，同时使用非离子表面活性剂 TX-100 对羟基化碳纳米管进行分散，之后将氧化的碳纤维和分散的碳纳米管在丙酮中混合并对混合液施加 30min 的 15 V 电压，此时羧基化碳纤维和羟基化碳纳米管会在电场力的作用下在电极阳极汇合实现碳纳米管在碳纤维表面的沉积。SEM 形貌观察的结果显示碳纳米管在碳纤维表面的沉积并不均匀，而且有明显的团聚现象。力学性能测试结果显示，复合材料的抗拉强度和杨氏模量分别提高了 9.86%和 12.40%。从以上试验结果来看，该方法制备的碳纤维枝接碳纳米管对于复合材料的增强效果并不明显。这是由于，电泳沉积法是使碳纳米管与碳纤维之间以范德华力相结合，这种吸附力的强度相比于其他化学反应生成的共价键要弱很多。此外，分散的碳纳米管也会在电场力的驱使下在阳极团聚，这严重影响了枝接的效果。

Feng[10]等人深入研究了CVD法中不同温度对碳纤维枝接碳纳米管的表面形貌和力学性能的影响。作者使用二茂铁的甲苯溶液作为催化剂，以碳源、氢气作为还原剂、乙二胺作为反应的促进剂在双注射化学气象沉积系统里合成碳纤维枝接碳纳米管，试验的温度为730～870℃。SEM观察结果显示沉积温度越高，碳纤维表面碳纳米管的直径越大；TEM观察的结果显示碳纳米管的生长模式为底部生长模式。抗拉强度测试结果表明：经过高温反应的碳纤维的力学性能明显降低，且温度越高，降低幅度越大。这是因为高温加速了碳纤维表面铁纳米颗粒的刻蚀作用，同时也使Fe熔化在碳纤维表面；温度越高，纳米铁颗粒摊开的面积就越大，所以碳纳米管的直径也越大。

Wang[11]等人使用两步法通过氨基重氮反应使碳纳米管与碳纤维之间通过苯环以共价键的方式相连。试验中，先将对苯二胺在亚硝酸异戊酯的作用下枝接在碳纤维表面，然后以相同的方法将碳纳米管枝接在苯环的另一端。这种方法制备出来的碳纤维枝接碳纳米管是以自然界中最强的碳碳键相连的，界面剪切强度测试结果显示，表面枝接有碳纳米管的碳纤维与树脂之间的界面剪切强度相比于普通碳纤维提高了104%。然而，采用这种方法制备的碳纤维枝接碳纳米管需要使用大量的化学药剂，且产量较低、操作烦琐，因此不能满足水泥的应用要求。而且，对苯二胺在自然界中难以分解，会给生态环境带来负担。

Mei[12]等人使用树状大分子聚乙二胺（PAMAM）通过氨基和羧基的脱水缩合来连接碳纳米管和碳纤维。试验过程分为三步，首先将碳纳米管和碳纤维羧基化，然后将羧基化碳纤维与PAMAM溶液在22℃条件下反应12h，接着在100℃条件下和羧基化碳纳米管反应12h。该方法相较于文献［81］中的试验方案操作更简单，而且反应废料也相对容易处理。从试验测试结果来看，羧基化碳纳米管能成功地被枝接在碳纤维表面。碳纤维表面的碳纳米管长度为50～150nm，枝接率为3%～15%。但是，这个试验的反应时间过长，而且碳纤维本身会在反应过程中被PAMAM连接起来，随着反应的进行这种大分子之间的相互络合会降低反应的效率。

Islam[13]等人使用羟基化碳纤维和羧基化碳纳米管之间的酯化反应来制备碳纤维枝接碳纳米管，并使用原子力显微镜的探针测试了酯化反应的枝接强度。试验过程中，普通的碳纳米管和碳纤维先被羧基化，然后羧基化碳纤维被还原成羟基化碳纤维，接着再将二者在圆底烧瓶中混合，在70℃条件下回流30min。这个方法制备的碳纤维表面碳纳米管密集，而且操作比较简单，无须中间介质的加入，反应效率比较高。枝接强度测试结果显示：碳纤维与碳纳米管之间是以共价键相连，枝接强度的平均值为28GPa。这种方法的产量依然偏低，不足以支撑碳纤维枝接碳纳米管在水泥基材料中的广泛应用。因此，未来还需要对该枝接方法进一步优化，以实现更大规模的制备。

4.1.3 存在的问题

（1）未改性的碳纤维和水泥基体之间的结合强度较低，主要靠机械咬合作用。尽管有研究者证明了碳纤维表面的官能化修饰可以显著提高界面强度，但这种改善作用在荷载传递过程中能有多大贡献仍不得而知。

（2）对于挤出成型的碳纤维改性的水泥浆体，复合水泥浆体的可操作性和碳纤维在水泥中的定向排列程度受复合材料的配合比的影响非常大。一般情况下都是通过使用硅灰或粉煤灰来代替一定体积的水泥来提高体系的黏稠度以提高复合浆体的可挤出性。但是这种做法制备的定向排列碳纤维复合水泥试件往往孔隙率很高，复合材料的高孔隙率削弱了定向排列碳纤维的增强效果。

（3）目前制备碳纤维枝接碳纳米管的方法普遍存在反应时间长、对设备要求高、操作复杂且产量偏低的问题，远远无法满足水泥基材料改性过程中对碳纤维枝接碳纳米管的用量要求，所以需要针对水泥材料中的应用开发新的方法。

4.1.4　本章主要的研究内容

（1）定向排列碳纤维的制备工艺及其改性水泥基材料的力学性能研究

本书采用了喷嘴喷射技术，通过挤出的方式将碳纤维定向排列在水泥中。研究还探讨了不同浇筑工艺对碳纤维在水泥中的定向排列程度的影响。此外，研究对不同掺量的定向排列碳纤维改性水泥材料进行了力学性能测试，并结合微观测试手段分析了其作用机理。

（2）碳纤维枝接碳纳米管的制备工艺研究

常见的碳纤维和碳纳米管的枝接方法包括化学气相沉积、电泳沉积、酸处理、偶联剂处理、表面刻蚀和共聚改性等方法[14-15]。其中，化学气相沉积法和电泳沉积法通过物理吸附（范德华力）将 CF 和 CNTs 连接在一起。与化学共价键相比，这种连接方式相对较弱，限制了对力学性能的增强效果。此外，CVD 试验过程中使用的催化剂和高温反应条件可能对碳纤维的力学性能造成初始损伤。

通过化学反应在碳纤维表面枝接碳纳米管的方法效果较好，并且具有较高的枝接强度。然而，单独使用偶联剂连接 CF 和 CNTs 存在反应时间过长和效率低的问题。结合偶联剂和树状大分子单体聚合虽然可以提高枝接强度，但大分子结构的体积和空间位阻会影响偶联剂的扩散，从而影响 CF 和 CNTs 之间的连接，导致枝接密度低[13]。相比之下，让 CNTs 表面的官能团与 CF 表面的官能团直接反应，通过共价键连接 CF 和 CNTs 具有明显的优点。一些研究小组已经成功通过生成酯键或酰胺键在 CF 上枝接 CNTs。酯键反应相对于酰胺键反应的优点是所形成的酯键不会形成氢键，因此不会自身结合，允许更多的羧基（—COOH）和羟基（—OH）官能团彼此扩散和相互作用，从而提高枝接密度和效率。

本研究采用酯化反应将羟基化的多壁碳纳米管枝接在羧基化的碳纤维表面。试验首先将碳纤维在硝酸溶液中进行预氧化[16]，然后通过碳纳米管表面的羟基官能团与碳纤维表面的羧基官能团之间的酯化反应将 CNTs 枝接在碳纤维上。本书也研究了不同 CF/CNTs 质量比、枝接工艺以及碳纳米管长度对枝接效果的影响。试验使用傅立叶变换红外吸收光谱仪（fourier-transform infrared，FT-IR）对不同 CF 预氧化的效果进行表征，且使用 SEM 和 FT-IR 评估 CF 枝接 CNTs 的效果。最后，选择枝接效果最好的 CF-CNTs 掺入水泥中制备 CF-CNTs 改性水泥试件以作进一步研究。

（3）定向排列碳纤维以及定向排列碳纤维枝接碳纳米管改性水泥基材料的力学性能研究

本研究旨在探究定向排列碳纤维（CF）和 CF-CNTs 对水泥净浆的抗折强度和抗压

强度的影响，并对 CF 在水泥基材中的定向排列程度进行定量表征。同时，通过扫描电子显微镜（SEM）观察 CF 和 CF-CNTs 在水泥净浆内部的形貌和界面特征，从微观角度分析 CF-CNTs 对水泥基材料的增强机理。

4.2 原材料与表征方法

4.2.1 试验原材料

（1）碳纤维

本研究所使用的碳纤维为 3mm 长表面无上浆剂的 T700-12k 型聚丙烯腈基碳纤维，购自日本东丽公司。各项物理性能指标见表 4.1。

表 4.1 碳纤维物理参数

品种	单丝直径（μm）	抗拉强度（MPa）	弹性模量（GPa）	拉伸率（%）	密度（g/m^3）
T700-12K	7	4900	230	2.1	1.8

（2）减水剂

减水剂是改善碳纤维复合水泥浆工作性能的关键组分。在新拌水泥浆中，减水剂分子吸附于胶凝材料颗粒表面，发挥斥力作用并释放水分，同时形成一层溶剂化膜层起到润滑作用，从而在拌和物中起到减水效果。本研究所使用的减水剂购自德国巴斯夫公司，型号为 MELFLUX® 2651F，是一种通过喷雾干燥工艺制成的改性聚羧酸醚粉末，其主要物理参数见表 4.2。

表 4.2 粉状减水剂主要物理参数

型号	堆密度（$g/100cm^3$）	干燥损失（%）	pH 值	添加量（%）
MELFLUX®2651F	30～60	<2.0	6.5～8.5	0.05～1.5

（3）其他

本章所使用的水泥和碳纳米管与第 2 章所用的材料相同。碳纤维表面羧基化和酯化枝接使用的浓硫酸（优级纯、含量 98%）购自衡阳市凯信化工试剂股份有限公司。浓硝酸（分析纯、含量 70%）和二甲基甲酰胺（DMF、无色液体、分析纯）购自广州市金华大化学试剂有限公司。

4.2.2 表征方法

（1）原材料的表征

碳纤维在扫描电镜下观察的形貌如图 4.1 所示。从图中可以看出碳纤维表面光滑而且沟壑清晰，单丝直径约为 7μm。碳纳米管的材料表征见第 2 章 2.2 节相关内容。

（2）样品制备方法

①定向排列碳纤维改性水泥基试件的制备。

本研究使用“喷嘴喷射技术”使碳纤维在水泥浆体中定向排列，即通过对复合浆体

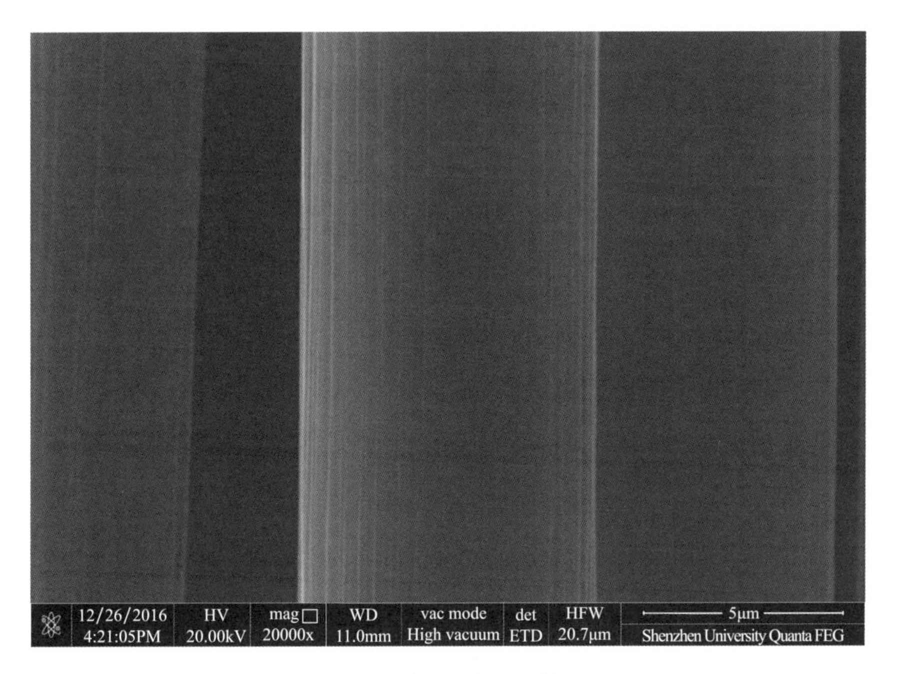

图 4.1 碳纤维扫描电镜图

进行挤压和剪切，使复合浆体从喷嘴射出，从而使复合浆体中的碳纤维朝着平行于复合浆体挤出的方向排列，其原理图如 4.2 所示。定向排列碳纤维改性水泥浆体的制备过程流程如下：

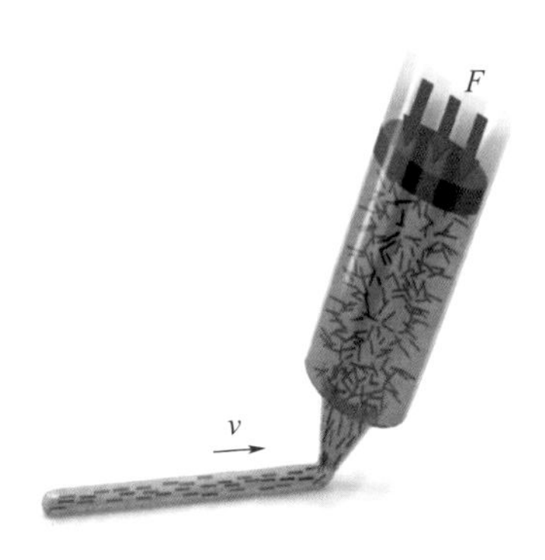

图 4.2 碳纤维在水泥浆中定向排列示意图

首先，称取 307.5g 基准水泥和 105g 硅灰以及一定体积分数的碳纤维倒入水泥净浆搅拌锅中低速搅拌 30s，使水泥、硅灰和碳纤维混合均匀；然后根据碳纤维体积分数的不同称取不同质量的粉状减水剂溶于 75g 去离子水中，再倒入水泥净浆搅拌锅；称取 25g 去离子水涮洗烧杯，将杯壁上残余的减水剂倒入搅拌锅中，最终达到 0.242 的水胶比；启动水泥胶砂搅拌机分别以慢速、快速各搅拌 2min，中间间隔 20s。搅拌结束后，将复合浆体注入 150mL 的注射器里，通过挤压注射器使复合水泥浆朝平行试件长度方向从挤出口匀速挤出。分 5 次将碳纤维改性水泥浆挤出到如图 4.3中的塑料三联模中（120mm×10mm×10mm），每次浇筑至 1/5 高度时，将试模放置在振捣台上，通过振捣排出内部气泡达到密实的效果，刮平后盖上保鲜膜，在自然条件下养护 24h 后拆模。完成拆模后，再将试件移至恒定温度（60±3)℃，相对湿度（95±3)%的快速养护箱和标准养护室中分别养护 2d 和 27d 后再进行力学性能测试。

对照组的样品制备流程与定向排列碳纤维改性水泥试件的制备方法类似，不同的是，在对照组样品的制备过程中浇筑的方法为传统的浇筑方法，即直接将新拌的浆体分 5 次浇筑到图 4.3 中的塑料三联模中，而不使用注射器挤出。碳纤维复合水泥净浆试件的配合比见表 4.3。

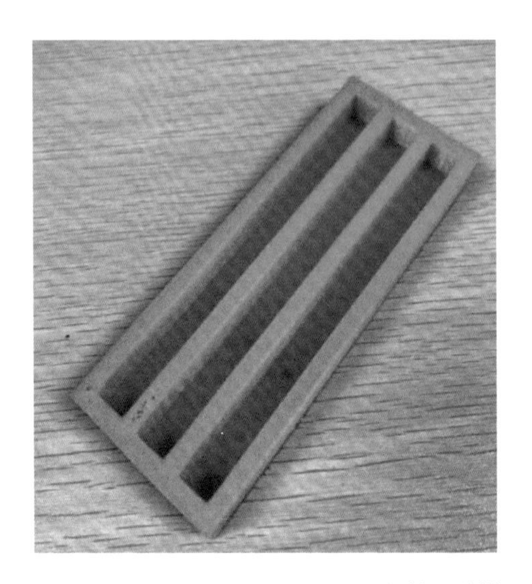

图 4.3　120mm×10mm×10mm 塑料三联模

表 4.3　不同掺量碳纤维改性复合材料配合比

编号	CF（体积分数,%）	浇筑工艺	减水剂（g）	水（g）	硅灰（g）	水泥（g）	流动直径（mm）
1	0	传统浇筑	2	100	105	307.5	107
2	1	传统浇筑	2.5	100	105	307.5	106
3	1	挤出喷射	2.5	100	105	307.5	106
4	2	挤出喷射	2.583	100	105	307.5	102
5	3	挤出喷射	2.67	100	105	307.5	106
6	4	挤出喷射	2.738	100	105	307.5	103
7	5	挤出喷射	2.833	100	105	307.5	102

②碳纤维枝接碳纳米管研究。

研究显示[17]，使用强酸溶液氧化碳纤维，反应时间和温度易控制，而且处理后碳纤维表面的含氧官能团较丰富，故本书采用混酸氧化法来氧化碳纤维。具体操作为：称取一定质量的碳纤维分别倒入装有70%浓硝酸、98%浓硫酸和98%浓硫酸与70%浓硝酸按体积比3∶1混合的溶液的烧杯中并搅拌均匀；放入磁搅拌转子，在烧杯口盖上保鲜膜，将烧杯移到磁力加热搅拌器上，在水浴加热60℃条件下以300r/min搅拌6h；6h后取出烧杯，静置至室温后将烧杯内混合液稀释一定倍数，然后使用抽真空过滤器过滤、洗涤氧化碳纤维至中性，再放入抽真空烘箱中，在65℃下干燥24h，待下一步试验。

碳纤维和碳纳米管在经过化学处理后，可以通过两种材料表面的官能团之间的反应来实现碳纳米管在碳纤维表面的枝接[18-20]。本书通过酯化反应使碳纳米管与碳纤维枝之间通过强共价键酯基相连，在60℃条件下将羟基多壁碳纳米管（MWCNTs-OH）和表面羧基化的碳纤维在浓硫酸的催化作用下搅拌超声2h即可制得碳纳米管枝接碳纤维，其原理如图4.4所示。本试验具有步骤少、反应条件相对温和、产量大和反应时间短等优点；此外，反应生成的酯基之间不会产生氢键，避免了生成物之间的互相络合，因此使得羟基和羧基更容易扩散并且互相作用，提高了碳纤维表面枝接碳纳米管的密度。试

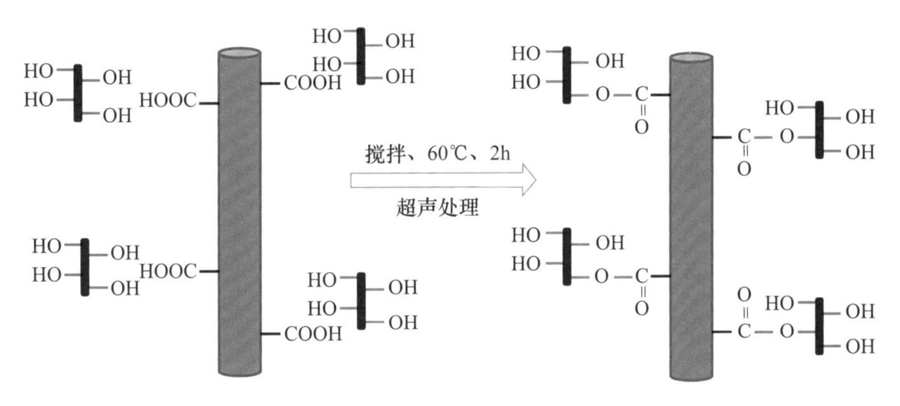

图 4.4 酯化反应枝接原理图

验具体操作如下：

称取一定质量的 MWCNTs-OH 倒入装有一定体积二甲基甲酰胺的烧杯中，按 1∶5 的质量比往里滴加液态的 CNTs 专用分散剂 TNDWIS，并放入磁搅拌转子，将烧杯放在磁力搅拌器上搅拌 15min；15min 后取出磁搅拌转子，盖上保鲜膜，将烧杯移入超声波细胞粉碎机内，以 30%功率超声处理 30min，为了避免烧杯中液体温度过高，超声时间以 4s 为一个循环，每超声 2s 停 2s，30min 后得到 MWCNTs-OH 分散液。然后，将一定质量的羧基化碳纤维加入装有 MWCNTs-OH 分散液的烧杯中，然后滴加几滴浓硫酸，再放入磁搅拌转子并盖上保鲜膜，移入图 4.5 所示的装置中，在 50%功率下以 60℃水浴加热，同时开启超声设备和磁力搅拌设备，搅拌的速度为 430r/min，为了避免烧杯中液体温度过高，超声时间以 20s 为一个循环，每超声 10s 停 10s，整个反应过程为 2h。2h 以后停止超声搅拌，将烧杯从装置内移出，静置至室温，然后使用抽真空过滤器多次洗涤反应产物，最后放入抽真空干燥箱内在 65℃下干燥 24 h，待进一步试验。

图 4.5 碳纤维枝接碳纳米管合成装置

③定向排列碳纤维枝接碳纳米管改性水泥基试件的制备。

定向排列碳纳米管枝接碳纤维改性水泥基材料的制备与定向排列碳纤维改性水泥基材料的制备流程类似。唯一不同的是，在制备定向排列碳纳米管枝接碳纤维复合水泥净浆试件时使用的是 120mm×30mm×30mm 三联试模。定向排列碳纤维枝接碳纳米管复合水泥净浆试件的配合比见表 4.4。

表 4.4　定向排列碳纤维枝接碳纳米管复合水泥净浆试件配合比

编号	CF	CF-CNTs	浇筑工艺	减水剂（g）	水（g）	硅灰（g）	水泥（g）
Plain Cement	0	0	传统浇筑	3	170	133	520
ACF@CP	5.2	0	挤出喷射	3.5	170	133	520
ACFNT@CP	0	5.2	挤出喷射	3.5	170	133	520

注：表中编号 Plain Cement 表示空白对照组；ACF@CP 表示掺有体积分数为 1%定向排列碳纤维的试验组；ACFNT@CP 表示掺有体积分数为 1%定向排列碳纤维枝接碳纳米管的试验组。

4.2.3　表征方法

（1）流动度测试

为了满足挤出喷射技术对于水泥浆体的要求，本试验在水泥基材料中掺入了一定量的硅灰，故体系的黏度在硅灰和碳纤维的作用下变大导致流动性较小。本试验依据《水泥胶砂流动度测定方法》（GB/T 2419—2005）测试水泥浆体流动度。具体操作如下：将玻璃板放置在水平位置，用湿布将跳桌平台、截锥圆模、搅拌器及搅拌锅均匀擦过，使其表面湿而不带水渍，然后在跳桌平台表面和截锥圆模的内表面均匀涂上一层油；将截锥圆模放在玻璃板的中央，并用湿布覆盖待用。按设定的配比称取水泥、硅灰、减水剂、拌和水、碳纤维倒入搅拌锅内，加入一定掺量的减水剂及去离子水，搅拌 4min。将拌好的净浆迅速注入截锥圆模内，用刮刀刮平，将截圆模按垂直方向提起，同时开启秒表计时，任水泥净浆在玻璃板上流动，至少 30s，启动跳桌振动 25 次，然后用直尺量取流淌部分互相垂直的两个方向的最大直径，取平均值作为水泥净浆流动度。

（2）复合材料力学性能测试

本试验主要从抗折强度和抗压强度来研究定向排列 CF 和 CF-CNTs 对水泥净浆力学性能的影响，测试方法与第 2 章 2.2.2 节中力学性能测试方法一致。

（3）复合水泥试件和 CF-CNTs 的微观形貌观察试验

本试验中使用 SEM 观测碳纤维复合水泥试件以及 CF-CNTs 的微观形貌。

碳纤维枝接碳纳米管微观形貌观察：使用扫描电子显微镜观察混酸氧化碳纤维表面的形貌变化、不同反应条件下碳纤维枝接碳纳米管的效果和复合水泥试块的微观形貌。试验采用高真空模式，测试前对样品进行抽真空干燥和表面喷金处理，避免空气中的水分影响样品的导电性从而对观察的效果造成负面影响。

碳纤维复合水泥试件和定向排列碳纤维枝接碳纳米管复合水泥试件的微观形貌观察试验方法与第 2 章中水泥样品微观形貌观察试验方法一致。

（4）碳纤维枝接碳纳米管合成效果表征

本研究使用 Nicolet Nexus 670 傅立叶变换红外光谱仪对碳纤维枝接碳纳米管的枝接效果进行表征，试验扫描的波长范围为 750～4000cm^{-1}，每一次扫描的累计量为 64，碳纤维表面官能团的表征试验使用压片法。

（5）碳纤维定向排列程度表征

使用金刚石低速切割机从含有碳纤维的样品中切下尺寸约为 3mm×10mm×10mm 的薄片，对样品进行打磨抛光，使碳纤维露出在水泥样品表面，然后放在体式显微镜下观察，对于每个样品随机取 6 个含有碳纤维的点进行拍照，然后将照片导入图像处理软件“Image J”中识别碳纤维，再使用 directionality 插件对图中碳纤维的排列角度进行统计，对 6 张照片中碳纤维的排列角度为±20°的碳纤维所占比例求平均值作为该样品的定向排列程度定量值，如图 4.6 所示。

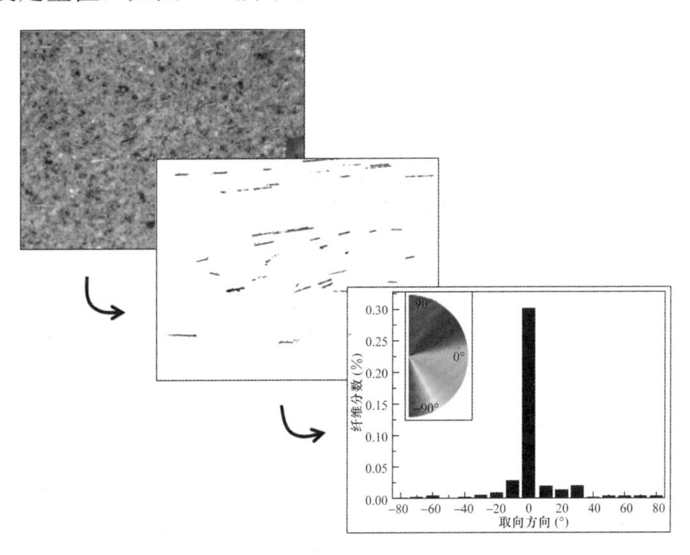

图 4.6 碳纤维定向排列程度统计方法示意图

4.3 定向排列碳纤维改性水泥基材料的研究

4.3.1 碳纤维在水泥基材料中的定向排列

碳纤维不但自身具有非常优异的力学性能，而且很适合作为水泥材料的增强增韧组分来使用。基于已有的挤出法引导纤维基体定向排列的研究成果[21]，本书使用类似的原理，通过采用喷嘴喷射技术使短切碳纤维在水泥中定向排列以增强水泥材料的抗弯性能。研究了不同定向排列碳纤维掺量对水泥力学性能的影响规律；对碳纤维的定向排列程度进行了定量表征，并结合微观手段观察了碳纤维改性水泥净浆试件的微观形貌和界面特性；最后对碳纤维作为碳纳米管定向排列载体的可行性作了研究。

为了观察碳纤维在水泥中定向排列的程度，本试验使用光学显微镜拍摄了应用挤出喷射技术制备的不同碳纤维掺量复合水泥试件的照片。图 4.7（a）为挤出法制备的定向排列碳纤维复合水泥净浆样品断口形貌；图 4.7（b）为传统浇筑法制备的纤维复合水泥样品；图 4.7（c）～图 4.7（g）分别为碳纤维掺量为 1%～5%的定向排列碳纤维改性水泥样品（由于碳纤维掺量为 1%的样品中碳纤维的量较少，在水泥中显示不显著，故在图片中用黑色线标出）。

从图 4.7（b）中可以看出，使用传统浇筑法制备的碳纤维改性水泥试件中，碳纤维的排列杂乱无章，并无明显的纤维排列取向；而在图 4.7（c）中，在碳纤维掺量相同的情况下，应用挤出喷射技术制备的碳纤维复合水泥浆体中碳纤维明显朝着相同的方向排列；从图 4.7（c）～图 4.7（g）中可以看出，随着碳纤维掺量的增大，碳纤维在水泥基体中定向排列的现象越明显。此外，碳纤维定向排列的现象在图 4.7（a）样品的断口边缘处也十分明显。因此，根据以上结果可知，挤出喷射技术能使水泥浆中的碳纤维朝着特定方向排列。

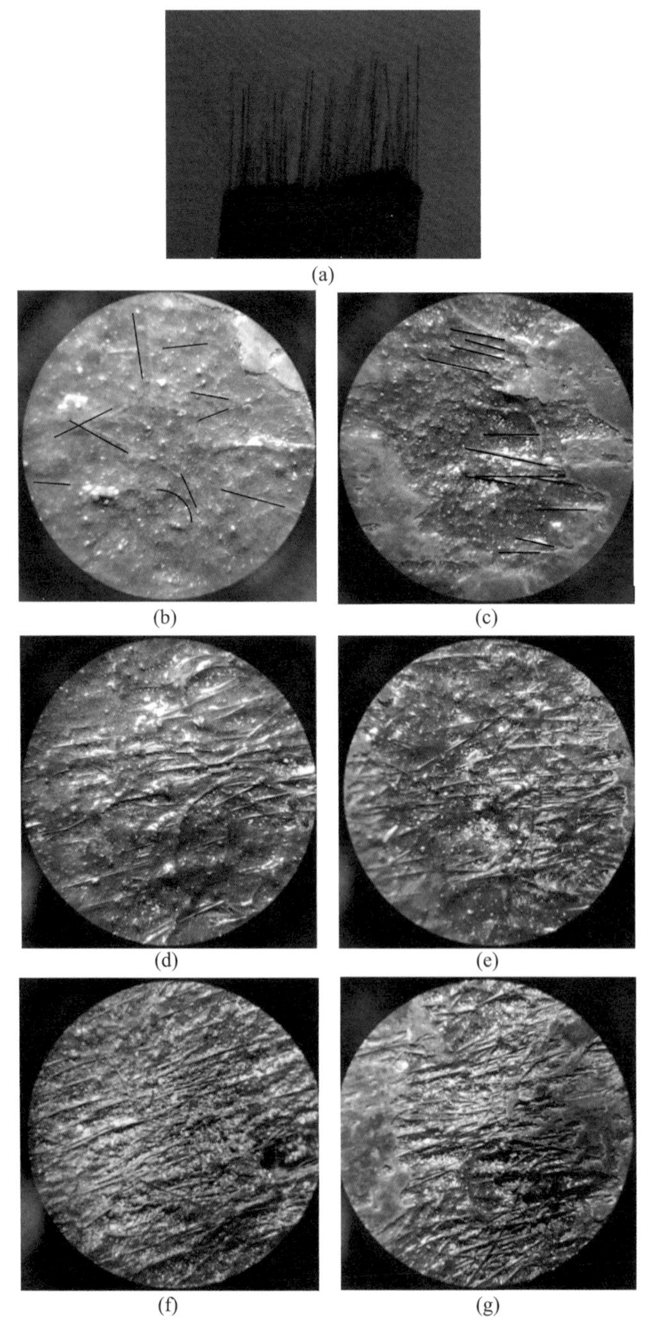

图 4.7　不同掺量碳纤维在水泥基体中分布的光学显微镜照片

4.3.2　力学性能测试

一般而言，为了使纤维改性水泥基材料的抗折/拉强度获得显著提升，以下条件必须符合：作为增强相的纤维的弹性模量必须高于基材的弹性模量[22]。本书中使用的短切碳纤维抗拉强度高达4900MPa，弹性模量达到了238GPa，一般情况下水泥材料的平均抗拉强度为5MPa，弹性模量为20GPa[23]。因此，理论上，碳纤维的掺入会使水泥材料的抗折强度获得显著提升。为了研究定向排列碳纤维对水泥净浆抗折强度的影响，试验对所有的样品进行三点抗弯测试，测试结果如表4.5和图4.8所示。

表4.5　不同掺量碳纤维改性水泥试件的快速养护3d与标准养护28d抗折强度测试结果

编号	快速养护3d			标准养护28d		
	抗折强度（MPa）	提高（%）	标准差	抗折强度（MPa）	提高（%）	标准差
1	8.56	—	0.532	8.67	—	0.2168
2	12.8	49.53	0.408	13.49	55.60	0.1026
3	16.8	96.26	1.002	17.54	102.54	0.1178
4	25.82	201.64	0.365	26.33	203.80	0.545
5	35.43	313.90	2.535	37.30	330.36	2.7625
6	47.72	457.48	2.715	48.35	457.82	1.4592
7	54.9	541.36	2.7152	55.55	540.89	1.19

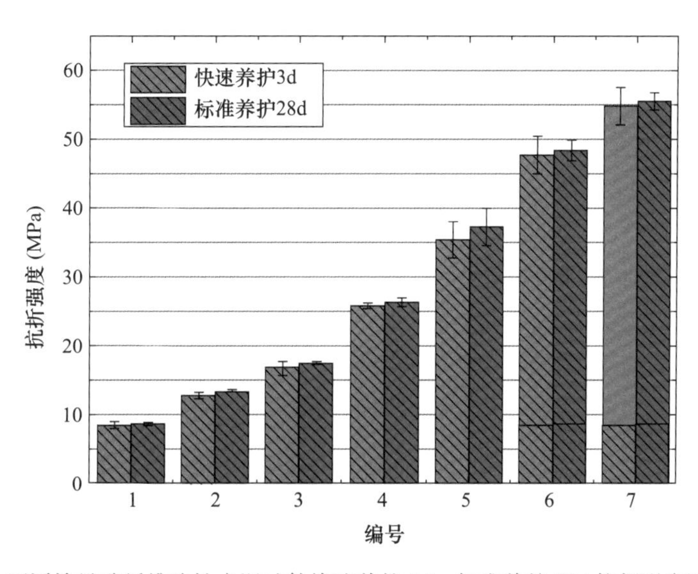

图4.8　不同掺量碳纤维改性水泥试件快速养护3d、标准养护28d抗折强度测试结果

从图4.8中可以看出，碳纤维的掺入显著提高了水泥试件的抗折强度，而且定向排列的碳纤维能使水泥试件的强度进一步得到提升。此外，随着定向排列碳纤维的体积分数的升高，碳纤维改性水泥试件的抗折强度也随之提高。不同龄期的抗折强度测试结果显示标准养护28d试件的抗折强度比快速养护试件的抗折强度略高。

如表4.5所示，与空白水泥试件相比，体积分数为1%掺量的无序排列碳纤维能使标准养护 28d 的水泥试件的抗折强度从 8.67MPa 提高到 13.49MPa，提高了 55.6%，这与文献［24-27］的研究结果一致。而体积分数为 1%掺量的定向排列的碳纤维可使水泥试件的抗折强度提升到 17.54MPa，相对于空白组显著提高了 102.31%。这是由于当外力作用时，碳纤维在水泥中的定向排列使水泥基体中有更多的碳纤维起到抵抗外部荷载的作用。由此可见挤出喷射技术能显著提高碳纤维在水泥里定向排列的程度。随着定向排列碳纤维掺量的增加，复合水泥试件的抗折强度也由 17.54MPa 提高到了 55.55MPa。其中，定向排列碳纤维改性水泥试件的抗折强度相对于空白水泥试件的最大提高幅度高达 540.89%。此外，试验还发现抗折强度升高的幅度与定向排列碳纤维的掺量之间接近正比例关系，这说明各试验组中应用挤出喷射技术制备的复合浆体中碳纤维定向排列程度接近相同。

研究[28]显示，水泥试件在受外力作用时会在内部产生单一的裂纹，随着应力的继续增大裂纹不断扩展直至破坏，而掺入短切碳纤维的水泥试件内部的裂纹数量较多但裂纹宽度显著减小，因此可以吸收更多能量。这种水泥试件在受弯开裂过程中的抗力大于开裂应力的现象称为“变形硬化”，这个现象使得水泥胶凝材料的抗弯性能得到很大的提升；而定向排列的碳纤维能提高碳纤维在水泥基体中的利用率，进一步提高水泥复合材料抵抗外部荷载的能力。

4.3.3 碳纤维定向排列程度的表征

不同掺量碳纤维改性水泥净浆样品中碳纤维排列方向与试件挤出方向夹角分布如图 4.9 所示。黑色柱代表传统浇筑法制备的体积分数为 1%掺量碳纤维改性复合水泥，从角度分布来看传统浇筑制备的复合水泥浆体中碳纤维的排列并无明显取向。尽管在 0°处的数量稍大于其他角度的数量，但这可能是由于在浇筑过程中倾倒水泥浆时搅拌锅边缘处的“边界效应”导致的。相比之下，采用挤出喷射技术制备的水泥样品中碳纤维在 0°附近

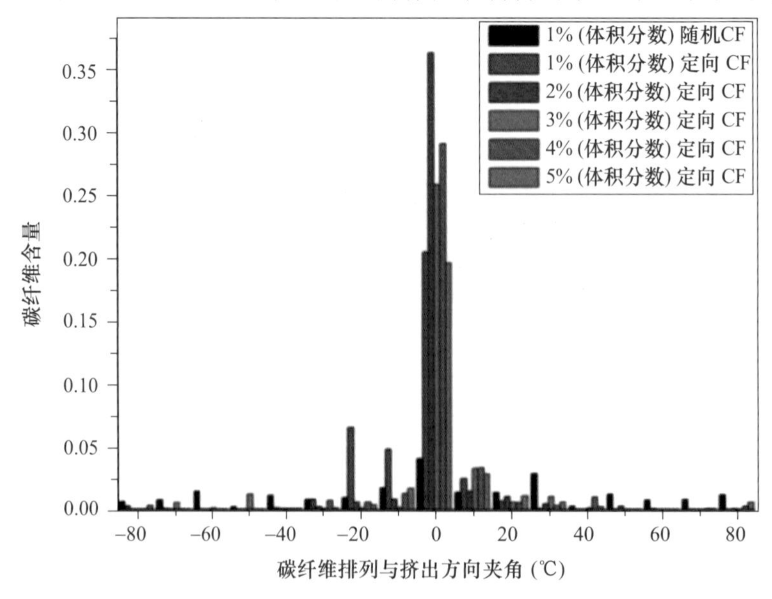

图 4.9　水泥中碳纤维定向排列程度统计结果

存在一个明显的峰，这说明挤出喷射技术能使得水泥里的碳纤维定向排列。为了更加直观地表达碳纤维在水泥基体中的分布取向，作者将方向夹角为0°±20°的碳纤维含量百分比相加用以表示定向排列程度，计算结果见表4.6。

表4.6　碳纤维定向排列程度统计结果

编号	碳纤维掺量（体积分数，%）	制备工艺	定向排列程度（%）
1	1	传统浇筑	47.60
2	1	挤出喷射	83.83
3	2	挤出喷射	86.75
4	3	挤出喷射	85.67
5	4	挤出喷射	85.80
6	5	挤出喷射	86.64

从表4.6中可以看出，应用挤出喷射技术制备的复合水泥浆体中碳纤维定向排列程度未有明显差别，这与抗折强度测试的结果相符。所以随着定向排列碳纤维掺量的增大，抗折强度的提高幅度也接近线性增大。

4.3.4　SEM微观观察分析

水泥混凝土是硬脆性的材料，但韧性较差，表现出典型的线弹性断裂行为，而碳纤维改性复合水泥材料具有高韧性的特征，具有多种增韧机理[29-30]。文献［8］的研究结果显示无序排列碳纤维改性水泥试件在应力达到极限应力的75%之前展现出线弹性特征，之后则表现出一定的延性，最后随着应力的继续增大而破坏；而由文献［31］和［32］可知，碳纤维改性水泥试件在外力作用下变形达到极限变形的0.3%时，试件内部会出现“变形硬化”现象，从而在试件内部形成多重裂缝；而当变形为极限变形的0.3%～0.5%时水泥试件内的纤维会从基体中拔出而出现变形松弛现象。这种多重开裂现象和纤维拔出现象可以消耗大量能量[33]，因此无序排列的碳纤维能显著提高水泥试件的抗折强度。然而，在掺有体积分数为1%定向排列的碳纤维的复合水泥试件中，当试件所受应力小于极限应力的50%时定向排列碳纤维改性水泥试件表现出线弹性行为，此时抵抗外力的主要是水泥基材。随着外力的进一步增大，试件内部开始产生多重开裂，变形硬化现象开始在试件内部发生，此时连接在裂缝之间的碳纤维开始发挥作用，将拉应力传递给水泥基体，并将各个裂缝连接起来，如图4.10（a）和（b）所示；然而，由于碳纤维与水泥基体之间黏结较弱，仅靠机械咬合来发挥作用，故当外力继续增大，定向排列的碳纤维所承受的应力逐渐变大，直至被拔出或拉断，如图4.10（c）和（d）所示；由于定向排列碳纤维改性的水泥试件中大部分碳纤维垂直于应力方向排列［图10（c）］，所以变形硬化现象、纤维拔出现象［图4.10（d）］和多重开裂现象在定向排列碳纤维复合水泥试件中的增强增韧效果更加显著，宏观表现为定向排列碳纤维改性水泥试件的抗折强度的进一步提高[34]。

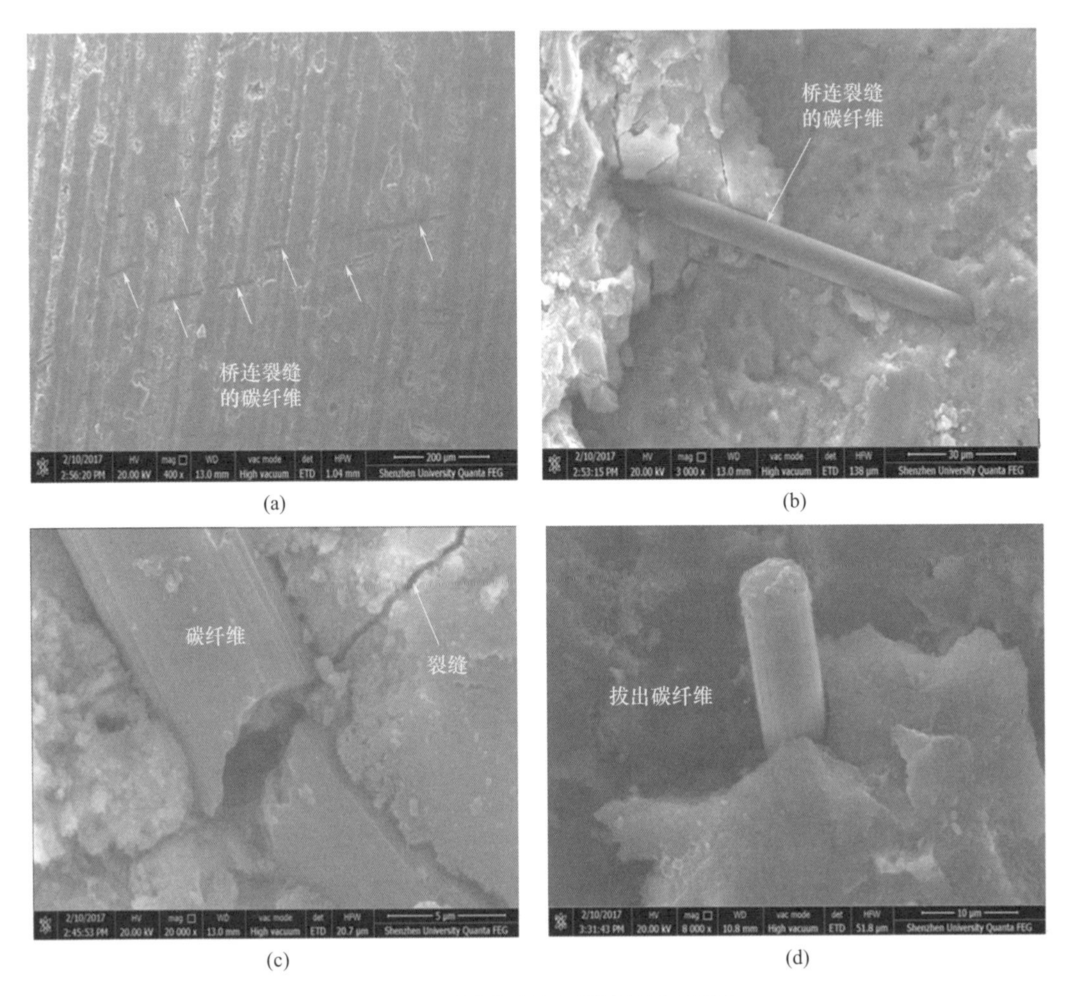

(a) (b) (c) (d)

图 4.10　碳纤维改性水泥试件微观形貌

4.4　定向排列碳纤维枝接碳纳米管改性水泥基材料的研究

碳纤维和碳纳米管在增强水泥基材料方面都有着不错的效果，然而它们只能在各自的尺寸发挥作用。有研究人员将碳纤维与碳纳米管进行混掺作为增强组分加入水泥材料中，但试验结果显示其增强效果还有进一步提高的空间。此外，多尺度碳材料增强体在树脂基复合材料中的应用已经取得了不错的效果[35]。已有的研究表明：通过化学枝接[36]、偶联反应[37]或电涌沉积[38]等方法将碳纳米管枝接在碳纤维的表面能显著地改变碳纤维的表面特性[39]，并使碳纤维表面的润湿度和粗糙度都得到显著改善；将一定量的碳纳米管枝接碳纤维掺入复合材料中能够有效改善碳纤维和基体之间的界面黏结[40]，并大幅提高界面的剪切应力[41,42]。

本研究首先通过酯化反应[43]将 MWCNTs-OH 枝接在羧基化的碳纤维表面，使MWCNTs-OH 与碳纤维之间以共价键的形式相连接。然后，将 CF-CNTs 掺入水泥中，应用“喷嘴喷射”技术使 CF-CNTs 在水泥浆体中定向排列，使枝接在碳纤维表面的碳纳米管随着碳纤维的定向排列而朝着特定的方向定向排列。研究了不同种酸溶液对碳纤维的氧化效果，并结合多种测试手段分析了碳纳米管的长度、碳纳米管与碳纤维质量比和枝接工艺对合成 CF-CNTs 效果的影响，并使用 SEM 对其微观形貌和界面特性进行了观察和分析，最后对定向排列 CF-CNTs 改性水泥试件的力学性能进行测试。

4.4.1 碳纤维的氧化

不同酸溶液氧化碳纤维的红外光谱图如图 4.11 所示，图中的（a）（b）（c）和（d）依次代表未经处理的碳纤维、70%浓硝酸氧化的碳纤维、98%浓硫酸氧化的碳纤维和 98%浓硫酸与 70%浓硝酸体积比 3∶1 混合制备的溶液氧化的碳纤维。从图中可以看出未经氧化的普通碳纤维在 $2850cm^{-1}$、$1637cm^{-1}$ 和 $3440cm^{-1}$ 处出现吸收峰，它们分别代表—CH_2—、—C ═ C—和—OH[44]，而经酸溶液氧化过的碳纤维在 $3459cm^{-1}$、$1716cm^{-1}$ 和 $955cm^{-1}$ 处出现吸收峰，分别代表羟基—OH、C ═ O 和 C—OH，而 $2917cm^{-1}$ 处的吸收峰消失了，说明碳纤维表面的原子被氧化，形成了含氧官能团—COOH[45]。

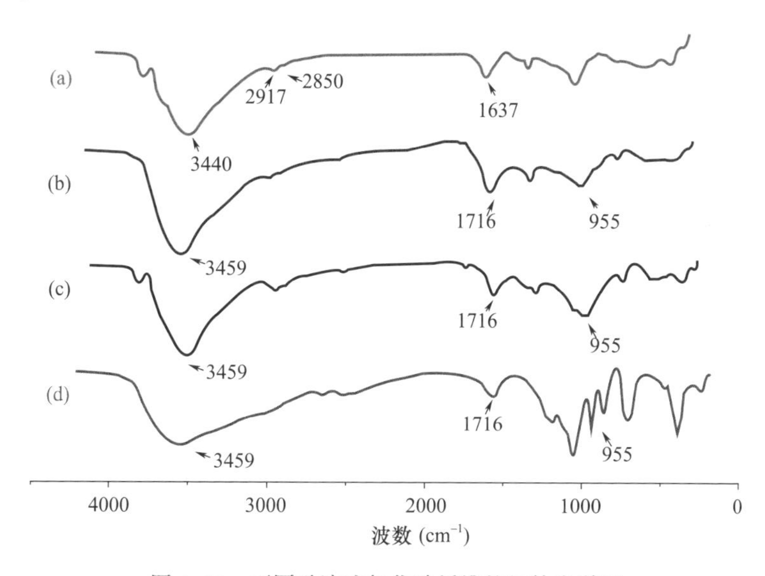

图 4.11 不同酸溶液氧化碳纤维的红外光谱图

为了区分三种酸溶液制备的羧基化碳纤维对枝接效果的影响，本研究分别使用以上三种氧化溶液制备的氧化碳纤维进行碳纳米管枝接反应，并用扫描电子显微镜对枝接效果以及 CF-CNTs 的微观形貌进行了观察，如图 4.12 所示。

图 4.12（a）是未经处理过的碳纤维 SEM 照片，图 4.12 中的（b）（c）（d）是分别用三种酸溶液氧化碳纤维在相同试验条件下通过回流的方法制备的碳纳米管枝接碳纤维的微观形貌照片。从图中可以看出，未经氧化的碳纤维表面光滑而且沟壑清晰，而图 4.12（b）和 4.12（c）中碳纤维表面有剥落的现象，这是由于浓硝酸溶解碳纤维表面缺陷使其从纤维中剥落。从碳纳米管枝接的效果来看，三种氧化碳纤维表面的枝接密度都非常低，仅有少数碳纤维表面枝接有碳纳米管。其中，图 4.12（b）和图 4.12（c）中的碳纳米管以团聚的形式附着在碳纤维表面，图 4.12（d）中碳纤维表面的碳纳米管

(a) (b)

(c) (d)

图 4.12 不同氧化碳纤维表面枝接碳纳米管微观形貌

分布较均匀。从枝接效果来看，使用 98%浓硫酸与 70%浓硝酸体积比 3∶1 的混合酸溶液制备的氧化碳纤维枝接的效果最好。

研究显示[46]，浓硫酸和浓硝酸可以分别使碳纤维的六角碳网片层发生硝化和磺化反应，但硝化反应仅能氧化碳纤维表面的碳原子，而磺酸基为强吸电子基团能大幅提高周围碳原子的反应活性，所以磺化反应不仅可以有效促进氧化的过程，而且能够对碳纤维进行深入氧化，故本书使用 98%浓硫酸与 70%浓硝酸体积比为 3∶1 的混合酸溶液作为氧化剂来氧化碳纤维。

4.4.2 枝接工艺的优化

目前，对于 CF-CNTs 的化学合成试验主要在烧瓶中用回流的方法来操作，但是这种合成工艺的产量和效率较低，不能满足 CF-CNTs 改性水泥试件的制备对量的需求；故本试验使用回流、磁搅拌、边搅拌边超声三种工艺来合成碳纳米管枝接碳纤维，通过扫描电子显微镜对其微观形貌直接观察，对比不同工艺对枝接效果的影响。试验结果如图 4.13所示。

图 4.13 中（a）（b）（c）是分别通过回流、磁搅拌、边搅拌边超声三种工艺来合成的 CF-CNTs 的微观形貌照片，三张图中的碳纳米管均出现了严重的团聚现象，（a）和

(a) (b) (c)

图 4.13 不同枝接工艺下制备碳纳米管枝接碳纤维的微观形貌

(b) 中的碳纳米管团聚在碳纤维表面上，而 (c) 图中的碳纳米管团聚出现在碳纤维之间，虽然碳纤维表面枝接的碳纳米管分布较为均匀，但碳纤维表面的枝接密度依然较低，不能满足试验要求。这可能是由于试验中碳纳米管的长度及长径比较大使得相邻的碳纳米管容易重新团聚，从而降低了枝接效率，减弱了枝接效果；而且由于团聚碳纳米管的质量相对枝接力来说较大，所以碳纳米管很难固定在碳纤维表面，所以图 4.13 (a) 和图 4.13 (b) 中的碳纳米管均以团聚的形式存在；而采用超声结合磁搅拌工艺合成碳纤维枝接碳纳米管时，在超声波的不断轰击下，体系中的碳纳米管团聚被打散而始终处于分散状态，所以图 4.13 (c) 中的碳纳米管能均匀地枝接在碳纤维的表面。

4.4.3 碳纳米管长度及浓度的优化

图 4.13 中均出现了较多的碳纳米管团聚，这一方面是由于碳纳米管长度太长而容易互相缠绕形成团聚，另一方面是由于过量的碳纳米管在体系中增大了碳纳米管团聚的概率，即使采取超声结合磁搅拌的制备工艺，图 4.13 (c) 中仍然有碳纳米管团聚的出

现。团聚的碳纳米管不但减弱化学枝接的效果，而且会在水泥基体中形成缺陷给试验结果带来负面影响，同时也造成了材料的浪费。故本试验采用超声结合磁搅拌的工艺，使用不同长度（2μm 和 20μm）的碳纳米管，在不同的碳纳米管浓度条件下来合成 CF-CNTs，并通过微观形貌观测对比碳纳米管长度及浓度对枝接效果的影响。

不同碳纳米管长度和浓度枝接碳纤维的微观形貌如图 4.14 所示：从图中可以看出，当氧化碳纤维和 20μm 碳纳米管的质量比为 1∶1 时，碳纳米管以单根或是小团聚的形式枝接在碳纤维表面，较大的碳纳米管团聚出现在碳纤维之间；而当氧化碳纤维和 2μm 碳纳米管的质量比为 1∶1 时，可以看到碳纳米管均匀地枝接在碳纤维的表面，且碳纤维的表面无团聚现象，但碳纤维之间仍然有团聚出现，说明混合液中掺入了过量的碳纳米管；当 2μm 碳纳米管的掺量降低到氧化碳纤维质量的 1/5 时，2μm 碳纳米管被发现均匀地枝接在碳纤维表面，说明当氧化碳纤维和短碳纳米管的质量比为 5∶1 时，2μm 碳纳米管均匀地枝接在碳纤维表面。

(a) (b)

(c) (d)

图 4.14 不同碳纳米管长度和浓度枝接碳纤维的微观形貌

由以上的试验结果可确定本书合成 CF-CNTs 的最佳参数为：制备氧化碳纤维的氧化溶液为 98％浓硫酸与 70％浓硝酸体积比 3∶1 的混合溶液；酯化枝接的工艺为“磁搅拌＋超声”；碳纳米管长度为 2μm；2μm 碳纳米管与氧化碳纤维的质量比为 1∶5。本试验合成的 CF-CNTs 的扫描电镜照片和红外光谱图分别如图 4.15、图 4.16 所示。

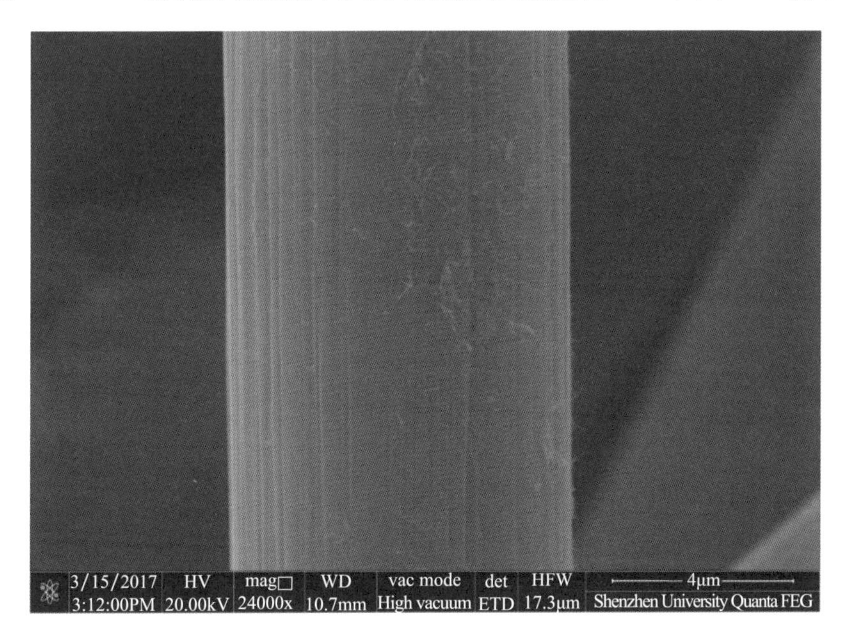

图 4.15 掺入水泥的碳纳米管枝接碳纤维微观形貌

从图 4.15 中可以看出，碳纳米管均匀地枝接在碳纤维的表面，枝接效果较理想。

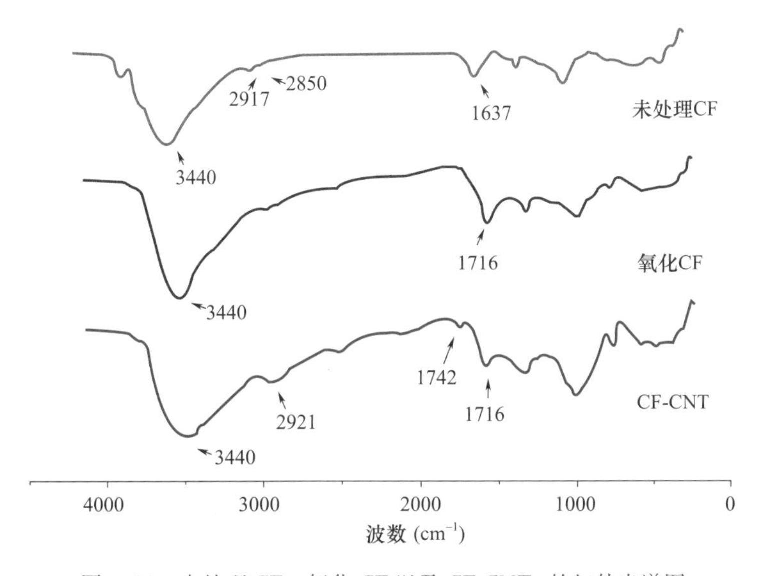

图 4.16 未处理 CF、氧化 CF 以及 CF-CNTs 的红外光谱图

图 4.16 中 CF-CNTs 主要显示 4 个特征峰：2921cm^{-1}处的—CH_3—振动伸缩峰，3440cm^{-1}处的—OH 振动伸缩峰和 1742cm^{-1}处的—C ═O—振动伸缩峰以及 1716cm^{-1}处的—C—O—振动伸缩峰，以上特征峰说明碳纳米管与碳纤维之间以酯基相连接[47-48]。

4.4.4 碳纤维枝接碳纳米管改性水泥基材料的力学性能

将碳纳米管枝接在碳纤维表面，使碳纳米管随着碳纤维的定向排列而定向排列在水泥基体中，碳纳米管也可以随着碳纤维的均匀分散而均匀分布在水泥基体中；同时，碳纳米管能改善碳纤维的表面特性，使碳纤维与水泥基材的界面也得到改善。定向排列CF-CNTs改性水泥试件标准养护3d、7d和28d样品的力学性能测试结果如表4.7和图4.17所示，表中编号Plain CP表示空白对照组，ACF@CP表示掺有体积分数为1%定向排列碳纤维的试验组，ACFNT@CP表示掺有体积分数为1%定向排列碳纳米管枝接碳纤维的试验组。

表4.7　碳纤维枝接碳纳米管复合水泥试件力学性能测试结果

编号	抗折强度								
	3d			7d			28d		
	抗折强度（MPa）	标准差	提高（%）	抗折强度（MPa）	标准差	提高（%）	抗折强度（MPa）	标准差	提高（%）
Plain CP	7.28	0.24	0	10.24	1.61	0	13.3	0.57	0
ACF@CP	26.5	1.58	264.01	27.00	1.28	163.68	29.52	0.86	121.95
ACFNT@CP	28.91	1.11	297.12	32.12	0.92	213.69	34.76	2.36	161.35

编号	抗压强度								
	3d			7d			28d		
	抗压强度（MPa）	标准差	提高（%）	抗压强度（MPa）	标准差	提高（%）	抗压强度（MPa）	标准差	提高（%）
Plain CP	47.76	4.24	0	59.59	4.24	0	85.44	3.04	0
ACF@CP	57.07	2.72	19.49	70.87	3.53	18.93	109.52	4.80	28.18
ACFNT@CP	59.17	0.68	23.89	75.39	2.73	26.51	117.33	5.13	37.32

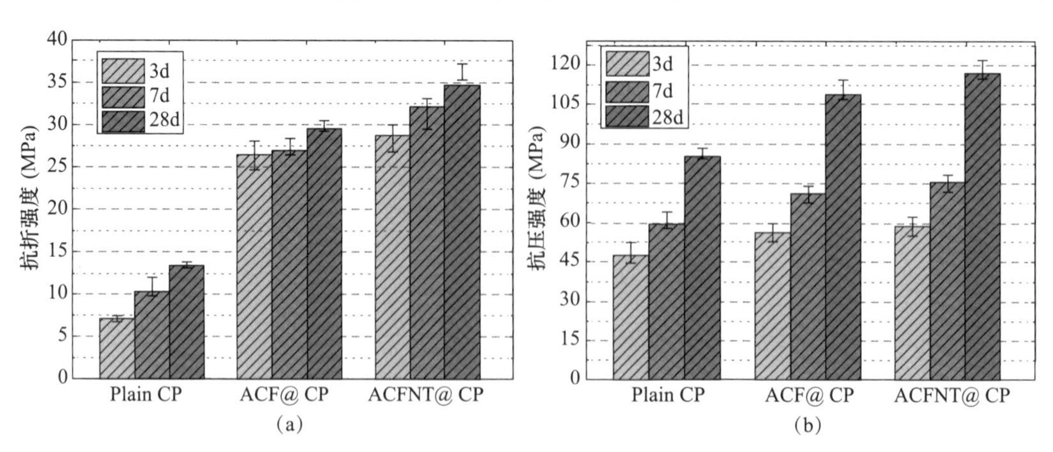

图4.17　碳纤维枝接碳纳米管复合水泥试件力学性能测试结果

从图4.17中可以看出，定向排列的碳纳米管枝接碳纤维能显著地提高水泥净浆样品的抗折强度和抗压强度；这种增强的效果在抗折强度测试的结果中尤为明显，

ACFNT@CP 样品 3d、7d、28d 的抗折强度相比于空白对照组分别提高了 297.12%、213.69%和 161.35%；与 ACF@CP 样品相比，其 3d、7d、28d 的抗折强度分别提高了 9.09%、18.96%、17.75%；这是由于 CF-CNTs 表面的碳纳米管提高了碳纤维表面的粗糙度，使碳纤维与水泥基材之间有更强的机械咬合力；另一方面是由于 MWCNTs-OH 比表面积大[49]，增强了碳纤维与水泥基体之间的黏结，使得复合材料在受到外力作用时界面间的荷载传递效率更高。此外，碳纳米管比表面积大，能够吸附更多的拌和水，使得 ACF@CP 与水泥基材之间的界面区域水化更充分，界面强度更高[50]。定向排列 CF-CNTs 对水泥净浆样品的抗压强度的影响也比较显著，当养护龄期为 3d、7d 时，ACFNT@CP 样品的抗压强度相对于空白组样品和 ACF@CF 分别提高了 23.89%、26.51%和 3.68%、6.38%；当养护龄期为 28d 时，ACFNT@CP 样品的抗压强度相对于空白组样品和 ACF@CF 分别提高了 37.32%和 7.13%；这一方面是由于充分水化的基体能够承受更大的荷载，充分水化的界面更密实；另一方面是由于碳纳米管提高了界面处荷载的传递效率，提高了复合材料承受荷载的能力。

4.4.5　SEM 微观结构分析

ACF@CP 和 ACFNT@CP 样品的微观形貌分别如图 4.18 和图 4.19 所示。从两个图中都能观察到埋在水泥基材中的碳纤维朝着相同的方向近乎平行地排列。在图 18 (a) 中能明显观察到拔出 CF 留下的凹槽，而图 4.19 中这种情况较少，说明掺有 ACFNT 的水泥样品具备更高的界面强度。另外，通过图 4.18 (b) 可以看出，普通碳纤维表面光滑而且与水泥基材料的界面疏松（下部）并出现了明显的滑移现象（上部），这说明普通碳纤维和水泥基之间的界面黏结较弱。而在图 4.19 (d) 中，CF-CNTs 表面被一层致密的水化产物包裹，而且其与水泥基材之间的界面明显要比普通碳纤维和水泥基材之间的界面紧密；一方面是由于碳纳米管促进了界面过渡区水泥的水化；另一方面是由于碳纳米管枝接碳纤维表面的碳纳米管填充了界面过渡区的纳米孔隙，使得过渡区更加致密。从图 4.19 (c) 中 ACFNT@CP 的凹槽里能看碳纳米管填充并桥连着界面过渡区的纳米孔隙，这说明水化产物渗透进入了碳纤维表面的碳纳米管网络，这一现象的示意图如图 4.20 所示。

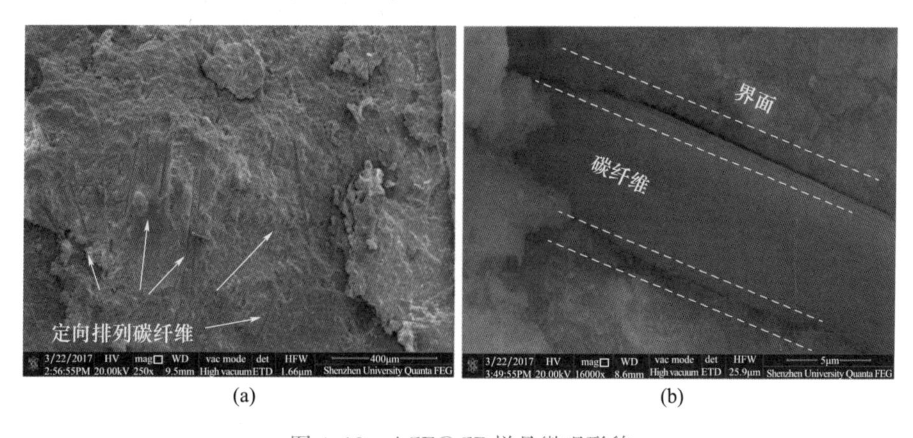

图 4.18　ACF@CP 样品微观形貌

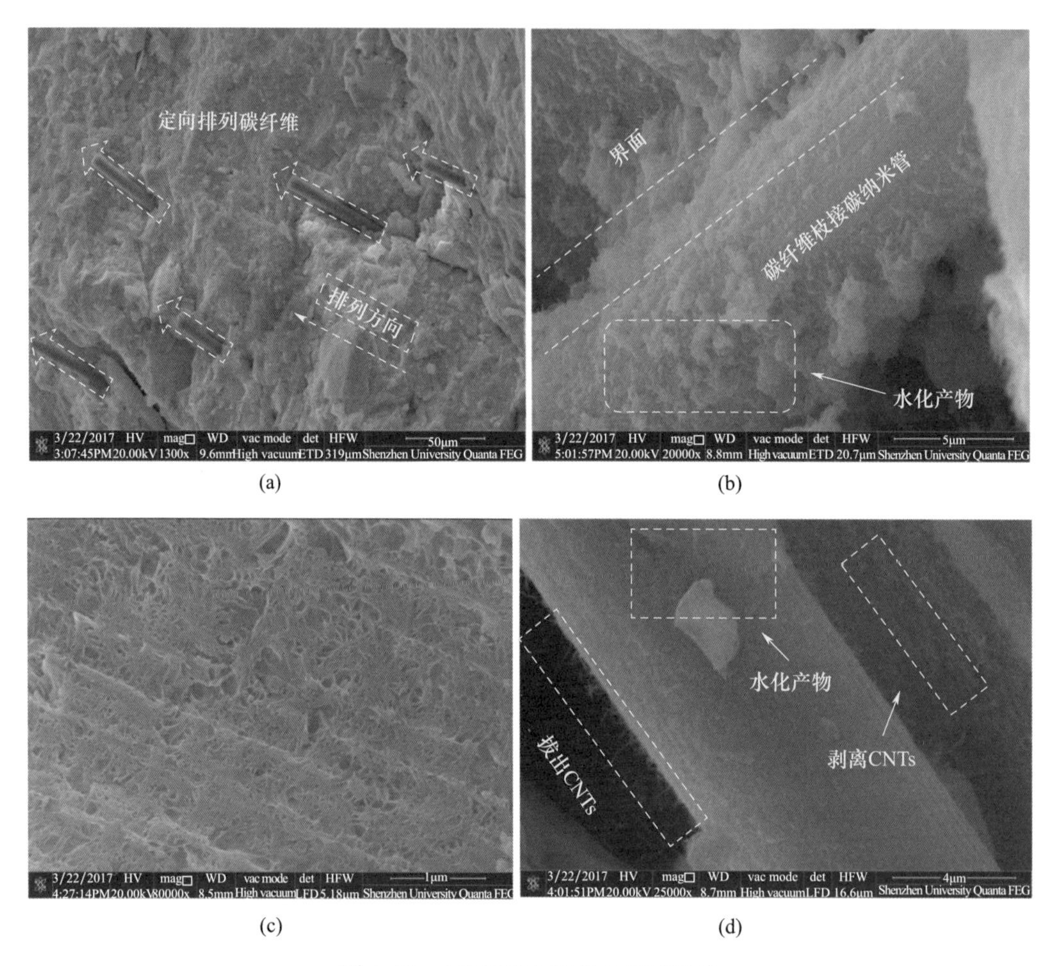

图 4.19 ACFNT@CP 样品微观形貌

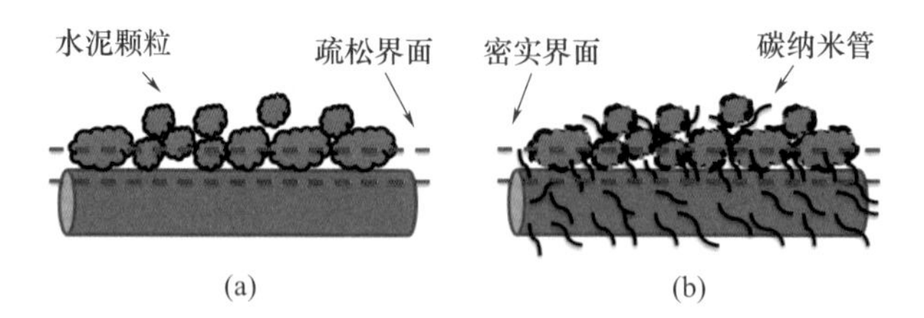

图 4.20 碳纤维和碳纳米管枝接碳纤维与水泥基材之间的界面示意图

(a) 碳纤维；(b) 碳纳米管枝接碳纤维

碳纤维表面枝接的碳纳米管在复合材料中起着填充和桥连界面纳米孔的作用，促进界面过渡区的水泥水化。同时，在复合材料承受外界荷载时，碳纳米管本身具有抵抗外力和传递荷载的功能。然而，在这个过程中，碳纤维表面的碳纳米管可能会出现两种失效形式，即拔出和剥离。当复合材料承受外界荷载时，荷载通过碳纳米管传递给碳纤维，碳纳米管会消耗能量，阻止界面过渡区裂缝的产生和扩展。如果碳纳米管所受应力大于其与基材之间的黏结强度，碳纳米管就会从界面过渡区被拔出。另一方面，如果碳纳米管与基材之间的黏结力大于碳纳米管与碳纤维之间的枝接强度，碳纳米管就会在碳纤维表面受拉而剥离脱落，如图 4.19（d）所示。当复合材料在承受外界荷载时，基材将荷载通过碳纳米管传递给碳纤维，与此同时碳纳米管消耗能量，阻止界面过渡区裂缝的产生和扩展。当碳纳米管所受应力大于其与基材之间的黏结强度时，碳纳米管被从界面过渡区拔出；而当碳纳米管与基材间的黏结力大于碳纳米管与碳纤维之间的枝接强度时，碳纳米管则在碳纤维表面受拉而剥离脱落，这两种失效形式的示意图如图 4.21 所示。

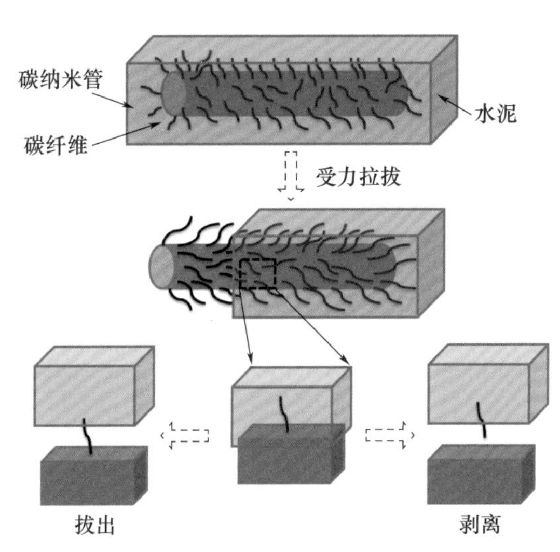

图 4.21　碳纤维枝接碳纳米管在水泥中受力拉拔过程中碳纳米管在碳纤维表面的两种失效形式示意图

碳纤维表面的碳纳米管层通过与界面过渡区的水化产物结合、填充界面过渡区的纳米孔在碳纤维界面处形成多层次结构；与掺入普通碳纤维的水泥净浆样品相比，多层次结构的存在显著提升了复合材料整体的力学性能，并提高了碳纳米管的利用率。

4.5　结论

经过对碳纤维和碳纳米管枝接碳纤维改性复合水泥浆的力学性能和微观形貌的研究，我们得出以下结论：

（1）使用直径为 2mm 的喷嘴喷射技术可以实现碳纤维在水泥浆体中的定向排列，且定向排列程度大于 80%。不同碳纤维掺量的复合水泥材料通过挤出喷射技术制备，其碳纤维在水泥基体中的定向排列程度相似。

（2）定向排列的碳纤维显著提高了水泥试件的抗折强度。相比空白水泥试件，体积分数为 5%掺量的定向排列碳纤维使水泥试件的抗折强度提高了 540.89%，从 8.67MPa 增加到 55.55MPa。相比之下，体积分数为 1%掺量的无序排列碳纤维仅使水泥试件的抗折强度提高了 55.6%。

（3）扫描电镜观察结果显示，在定向排列碳纤维改性水泥试件中出现了多重裂缝，碳纤维连接在裂缝之间，消耗更多能量，这是提高抗折强度的主要原因。

（4）通过混酸氧化法对碳纤维进行处理，最佳合成 CF-CNTs 的参数为：氧化溶液为 98%浓硫酸与 70%浓硝酸体积比 3∶1 的混合溶液；酯化枝接的最佳工艺为“磁搅拌+超声”；碳纳米管长度为 2μm；碳纳米管与氧化碳纤维的质量比为 1∶5。

（5）定向排列的 CF-CNTs 显著提高了水泥净浆样品的抗折强度和抗压强度。与空白对照组相比，ACFNT@CP 样品的抗折强度在 3d、7d 和 28d 分别提高了 297.12%、213.69%和 161.35%；抗压强度在 3d、7d 和 28d 分别提高了 23.89%、26.51%和 37.32%。

（6）微观观察的结果显示，CF 表面的 CNTs 能填充和桥接过渡区纳米孔隙、促进过渡区水泥水化，提高界面荷载的传递效率从而提高 CF-CNTs 改性水泥试件抵抗外力的能力，CF 表面的 CNTs 在试件承受荷载的过程中主要以拔出和剥离两种方式失效。

参考文献

[1] ZOLLO RF. Fiber-reinforced concrete: an overview after 30 years of development [J]. Cement & Concrete Composites, 1997 (19): 107-22.

[2] LAO J C, HUANG B T, XU L Y, et al. Seawater sea-sand engineered geopolymer composites (EGC) with high strength and high ductility [J]. Cement and Concrete Composites, 2023 (138): 104998.

[3] GONG J, MA Y, FU J, et al. Utilization of fibers in ultra-high performance concrete: a review [J]. Composites Part B: Engineering, 2022: 109995.

[4] LI V, OBLA KH. Effect of fiber length variation on tensile properties of carbon-fiber cement composites [J]. Composites Engineering, 1994 (4): 947-64.

[5] KHAN MB, WAQAR A, BHEEL N, et al. Optimization of fresh and mechanical characteristics of carbon fiber-reinforced concrete composites using response surface technique [J]. Buildings, 2023.

[6] HAN B, ZHANG L, ZHANG C, et al. Reinforcement effect and mechanism of carbon fibers to mechanical and electrically conductive properties of cement-based materials [J]. Construction & Building Materials, 2016 (125): 479-89.

[7] PELED A, SHAH SP. Processing effects in cementitious composites: extrusion and casting [J]. Journal of Materials in Civil Engineering, 2003 (15): 192-9.

[8] HAMBACH M, MÖLLER H, NEUMANN T, et al. Portland cement paste with aligned carbon fibers exhibiting exceptionally high flexural strength (>100MPa) [J]. Cement and Concrete Research, 2016 (89): 80-6.

[9] DAS TK, GHOSH P, DAS NC. Preparation, development, outcomes and application versatility of carbon fiber-based polymer composites: a review [J]. Advanced Composites and Hybrid Materials, 2019 (2): 214-33.

[10] FENG L, LI KZ, LU JH, et al. Effect of growth temperature on carbon nanotube grafting morphology and mechanical behavior of carbon fibers and carbon/carbon composites [J]. Journal of Materials Science & Technology, 2017 (33): 65-70.

[11] WANG Y, MENG L, FAN L, et al. Preparation and properties of carbon nanotube/carbon fiber hybrid reinforcement by a two-step aryl diazonium reaction [J]. Rsc Advances, 2015 (5): 44492-8.

[12] MEI L, HE X, LI Y, et al. Grafting carbon nanotubes onto carbon fiber by use of dendrimers [J]. Materials Letters, 2010 (64): 2505-8.

[13] ISLAM MS. Grafting carbon nanotubes directly onto carbon fibers for superior mechanical stabili-

ty: towards next generation aerospace composites and energy storage applications [J]. Carbon, 2016: 701-710.

[14] RANDALL JD, EYCKENS DJ, SERVINIS L, et al. Designing carbon fiber composite interfaces using a "graft-to" approach: surface grafting density versus interphase penetration [J]. Carbon, 2019 (146): 88-96.

[15] ZHENG H, ZHANG W, LI B, et al. Recent advances of interphases in carbon fiber-reinforced polymer composites: a review [J]. Composites Part B: Engineering, 2022 (233): 109639.

[16] GUAN X, LI Z, GENG X, LEI Z, et al. Emerging trends of carbon-based quantum dots: nanoarchitectonics and applications [J]. Small, 2023: 2207181.

[17] SRIVASTAVA AK, DESAI U, SINGH A. Effect of graphene coating on modified and pristine carbon fibers on the tribological response of carbon fiber epoxy composites [J]. Composites Part B: Engineering, 2023 (250): 110412.

[18] DING S, WANG X, QIU L, et al. Self-sensing cementitious composites with hierarchical carbon fiber-carbon nanotube composite fillers for crack development monitoring of a maglev girder [J]. Small, 2023 (19): 2206258.

[19] WU Q, BAI H, YE Z, et al. Design of an alternating distributed large and small amounts of CNT/polyether amine coating on carbon fiber to derive enhancement in interfacial adhesion [J]. Composites Science and Technology, 2023 (232): 109855.

[20] XIA W, LU S, BAI E, et al. Strengthening and toughening behaviors and dynamic constitutive model of carbon-based hierarchical fiber modified concrete: cross-scale synergistic effects of carbon nanotubes and carbon fiber [J]. Journal of Building Engineering, 2023 (63): 105482.

[21] QING L, SUN H, ZHANG Y, et al. Research progress on aligned fiber reinforced cement-based composites [J]. Construction and Building Materials, 2023 (363): 129578.

[22] LI M, LI S, TIAN Y, et al. A deep learning convolutional neural network and multi-layer perceptron hybrid fusion model for predicting the mechanical properties of carbon fiber [J]. Materials & Design, 2023 (227): 111760.

[23] LI VC, MISHRA DK, WU HC. Matrix design for pseudo-strain-hardening fibre reinforced cementitious composites [J]. Materials and Structures, 1995 (28): 586-95.

[24] AKIHAMA S, SUENAGA T, BANNO T. Mechanical properties of carbon fibre reinforced cement composites [J]. International Journal of Cement Composites & Lightweight Concrete, 1986 (8): 21-38.

[25] TOUTANJI HA, EL-KORCHI T, KATZ RN. Strength and reliability of carbon-fiber-reinforced cement composites [J]. Cement & Concrete Composites, 1994 (16): 15-21.

[26] GUO Z, ZHUANG C, LI Z, et al. Mechanical properties of carbon fiber reinforced concrete (CFRC) after exposure to high temperatures [J]. Composite Structures, 2021 (256): 113072.

[27] MUTHUKUMARANA T, ARACHCHI M, SOMARATHNA H, et al. A review on the variation of mechanical properties of carbon fibre-reinforced concrete [J]. Construction and Building Materials, 2023 (366): 130173.

[28] KIM J-W, GARDNER JM, SAUTI G, et al. Multi-scale hierarchical carbon nanotube fiber reinforced composites towards enhancement of axial/transverse strength and fracture toughness [J]. Composites Part A: Applied Science and Manufacturing, 2023: 107449.

[29] LU M, XIAO H, LIU M, et al. Carbon fiber surface nano-modification and enhanced mechanical properties of fiber reinforced cementitious composites [J]. Construction and Building Materials,

2023 (370): 130701.
[30] CUI K, LIANG K, CHANG J, et al. Investigation of the macro performance, mechanism and durability of multiscale steel fiber reinforced low-carbon ecological UHPC [J]. Construction and Building Materials, 2022 (327): 126921.
[31] WILLE K, EL-TAWIL S, NAAMAN AE. Properties of strain hardening ultra high performance fiber reinforced concrete (UHP-FRC) under direct tensile loading [J]. Cement & Concrete Composites, 2014 (48): 53-66.
[32] FANTILLI AP, MIHASHI H, VALLINI P. Multiple cracking and strain hardening in fiber-reinforced concreteunder uniaxial tension [J]. Cement & Concrete Research, 2009 (39): 1217-29.
[33] DU Y, LU S, XU J, et al. Experimental study of impact mechanical and microstructural properties of modified carbon fiber reinforced concrete [J]. Scientific Reports, 2022 (12): 1-14.
[34] CHAN YW, LI VC. Effects of transition zone densification on fiber/cement paste bond strength improvement [J]. Advanced Cement Based Materials, 1997 (5): 8-17.
[35] THOSTENSON ET, CHOU TW. On the elastic properties of carbon nanotube-based composites: modelling and characterization [J]. Journal of Physics D Applied Physics, 2003 (36): 573.
[36] LI N, CHENG S, WANG B, et al. Chemical grafting of graphene onto carbon fiber to produce composites with improved interfacial properties via sizing process: a step closer to industrial production [J]. Composites Science and Technology, 2023 (231): 109822.
[37] WU Q, YANG X, HE J, et al. Improved interfacial adhesion of epoxy composites by grafting porous graphene oxide on carbon fiber [J]. Applied Surface Science, 2022 (573): 151605.
[38] LI H, ZHAO D, LIEBSCHER M, et al. An experimental and numerical study on the age depended bond-slip behavior between nano-silica modified carbon fibers and cementitious matrices [J]. Cement and Concrete Composites, 2022 (128): 104416.
[39] LI H, LIEBSCHER M, YANG J, et al. Electrochemical oxidation of recycled carbon fibers for an improved interaction toward alkali-activated composites [J]. Journal of Cleaner Production, 2022 (368): 133093.
[40] YAO Z, WANG C, WANG Y, et al. Effect of CNTs deposition on carbon fiber followed by amination on the interfacial properties of epoxy composites [J]. Composite Structures, 2022 (292): 115665.
[41] MA J, JIANG L, DAN Y, et al. Study on the inter-laminar shear properties of carbon fiber reinforced epoxy composite materials with different interface structures [J]. Materials & Design, 2022 (214): 110417.
[42] CAI JY, LI Q, EASTON CD, et al. Surface modification of carbon fibres with ammonium cerium nitrate for interfacial shear strength enhancement [J]. Composites Part B: Engineering, 2022 (246): 110173.
[43] LAACHACHI A, VIVET A, NOUET G, et al. A chemical method to graft carbon nanotubes onto a carbon fiber [J]. Materials Letters, 2008 (62): 394-7.
[44] LI S, LI J, CUI Y, et al. Liquid oxygen compatibility of epoxy matrix and carbon fiber reinforced epoxy composite [J]. Composites Part A: Applied Science and Manufacturing, 2022 (154): 106771.
[45] TANG H, LI W, ZHOU H, et al. One-pot synthesis of carbon fiber/carbon nanotube hybrid using lanthanum (Ⅲ) chloride for tensile property enhancement of epoxy composites [J]. Applied Surface Science, 2022 (571): 151319.

[46] PITTMAN CU, WU B, GARDNER SD, et al. Chemical modification of carbon fiber surfaces by nitric acid oxidation followed by reaction with tetraethy lenepentamine [J]. Carbon, 1997 (35): 317-31.

[47] WU D, HAO Z, SHENG Y, et al. Construction of an orderly carbon fiber/carbon nanotubes hybrid composites by a mild, effective and green method for highly interface reinforcement [J]. Advanced Materials Interfaces, 2022: 2201360.

[48] DARıCıK F, TOPCU A, AYDıN K, et al. Carbon nanotube (CNT) modified carbon fiber/epoxy composite plates for the PEM fuel cell bipolar plate application [J]. International Journal of Hydrogen Energy, 2023 (48): 1090-106.

[49] MENDOZA O, SIERRA G, TOBÓN JI. Influence of super plasticizer and $Ca(OH)_2$ on the stability of functionalized multi-walled carbon nanotubes dispersions for cement composites applications [J]. Construction and Building Materials, 2013 (47): 771-8.

[50] WU Q, BAI H, GAO A, et al. High-density grafting of carbon nanotube/carbon nanofiber hybrid on carbon fiber surface by vacuum filtration for effective interfacial reinforcement of its epoxy composites [J]. Composites Science and Technology, 2022 (225): 109522.

5 储能功能化碳基材料改性水泥基材料的研究

5.1 概述

中国建筑节能协会能耗统计专业委员会公布的《中国建筑能耗研究报告（2022）》显示，2020年建筑运行阶段碳排放已占全国碳排放的21.3%，其中超过50%的碳排放源自建筑制冷制热用能需求[1]。当前日益增长的建筑能耗需求导致建筑领域的可持续发展面临着能源短缺与环境污染的双重压力。2022年1月，国务院颁布了《关于印发"十四五"节能减排综合工作方案的通知》，明确指出到2025年，全国单位生产总值能耗比2020年下降13.5%[2]。此外，2022年3月，国务院也印发了《"十四五"建筑节能与绿色建筑发展规划》，提出到2025年，完成既有建筑节能改造面积3.5亿 m^2 以上，建设超低能耗、近零能耗建筑0.5亿 m^2 以上，城镇建筑可再生能源替代率达到8%[3]。因此，在国家"双碳"目标指引下，建筑产业需要向低碳、绿色方向转型。

提高建筑结构材料储能密度，高效利用太阳能是现代建筑节能减排与可持续发展的重要途径之一。与传统的显热性材料不同，相变储能材料（PCM）是利用相变潜热来存储或者释放热能，具有储能密度大、蓄放热过程近似等温等优点[4]，如图5.1所示。因此，将相变储能材料与混凝土进行有效结合，发展结构-功能一体化相变储能混凝土，可利用其相变潜热存储或者释放热能的特性调控室内温度，提高太阳能在建筑领域中的利用率，使得建筑由"消极应对气候"向"积极适应气候"转变，实现节约建筑运行能耗与减少碳排放的目的[5]。然而，储能混凝土在实际建筑工程的应用过程中面临着换热效率低等问题，导致无法实现对室内温度调控的快速响应，限制其在建筑领域中的广泛应用。

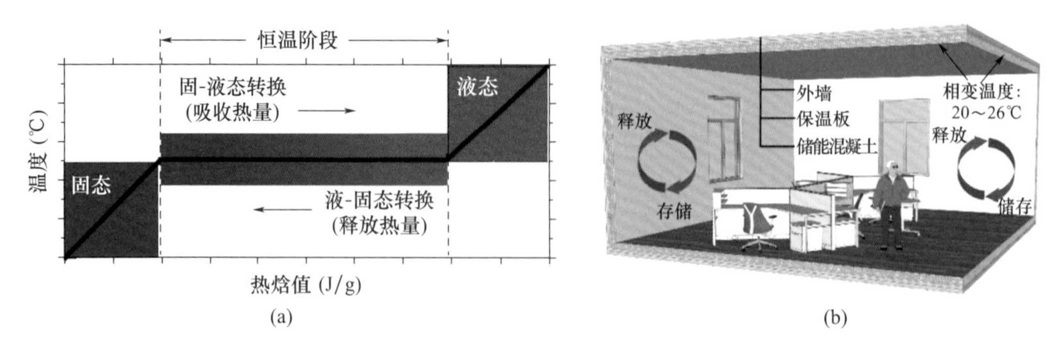

图5.1 相变储能材料及储能混凝土在建筑中的应用

（a）相变储能材料相变过程的原理示意图；（b）储能混凝土建筑及其热调温原理示意图

前期研究中，研究者们致力于利用多孔骨料，包括膨胀珍珠岩[6]、膨胀蛭石[7]以及陶粒[8]，存储石蜡、酯酸类以及聚乙二醇等有机相变材料，发展定形相变材料，并将其取代普通骨料，从而发展具有结构-功能一体化的储能混凝土。然而，利用低导热多孔材料所制备的定形相变材料导热性能较低，致使相变材料不能充分发挥其调温作用。多孔碳基材料（膨胀石墨和多层石墨烯片）拥有超高的导热性能，故将其作为定形相变复合材料的载体材料，可以提高相变储能材料的热交换效率[9]。Lee 等人[10]利用活性炭吸附十八烷相变储能材料，制备碳基定形相变材料。试验结果发现，活性炭基定形相变材料的导热系数为 1.01W/（m·K），远高于纯十八烷的导热系数［0.26W/（m·K)］。相似地，Sari 等人[11]将质量分数为 10%的乙二醇（EG）加入石蜡相变储能材料中，发现其导热率提高了约 273%。另外，Silakhori 等人[12]发现将质量分数为 1.6%的石墨烯添加至棕榈酸后，其导热性能增加了 34.3%。因此，可以推断将高导热性的多孔碳基材料作为相变储能材料的载体，可以大幅度地提高相变储能材料对室内环境的热调节效率。

基于此，本研究选取了两种高导热性的多孔碳基材料（膨胀石墨和多层石墨烯片）作为定形相变复合材料的载体材料，从而进一步提高相变复合材料的热交换效率。本研究利用抽真空吸附的方法制备以膨胀石墨和多层石墨烯片作为支撑材料和石蜡作为相变材料的定形相变复合材料，并利用扫描电子显微镜（SEM）、热重分析（TGA）、差示扫描量热法（DSC）和傅立叶红外光谱（FT-IR）对定形相变材料的宏观和微观形貌、化学相容性、热性能和热稳定性进行测试分析。同时，也将定形相变材料（膨胀石墨/石蜡和工业级多层石墨烯/石蜡）掺入水泥浆体，制备具有结构-功能一体化的储能水泥基复合材料，并且对其水泥水化热、调温效果和力学性能等进行研究。

5.2 试验材料与制备方法

5.2.1 试验材料

（1）石蜡：本试验所用的相变材料均为工业级石蜡，购买于中国石化集团；其熔点和凝固温度分别为 26.24℃和 23.77℃，平均热焓值约为 165J/g。

（2）膨胀石墨：由于其多孔性可以用作定形相变复合材料的载体材料，其粒径约为 0.5mm，膨胀倍数为 300 倍，购买于青岛腾盛达碳素机械有限公司，其微观形貌如图 5.2 所示。

（3）工业级多层石墨烯片：用作定形相变复合材料的载体，其直径为 5～7μm，层数大于 20 层，购买于中国科学院成都有机化学有限公司，其微观形貌如图 5.3 所示。

（4）水泥：采用的是 P·Ⅱ 52.5R 水泥，用于多孔碳基定形相变材料水泥基材料的制备，购买于广东华润水泥股份有限公司。其符合 BS12—1996 标准，密度为 3.44g/cm^3，比表面积为 3980cm^2/g，其化学成分详情见表 5.1。

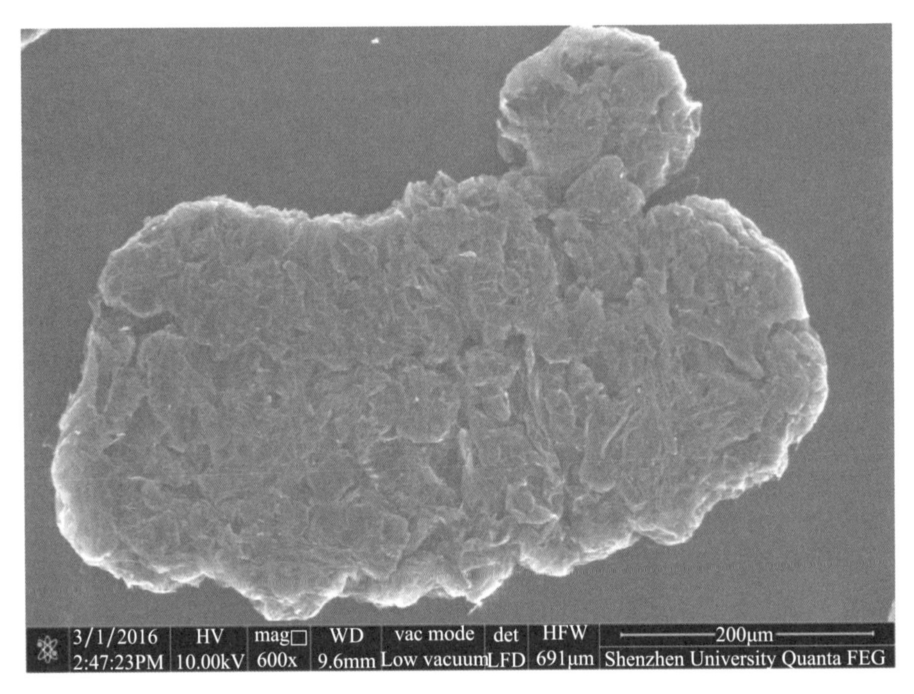

图 5.2　膨胀石墨的微观形貌

图 5.3　工业级多层石墨烯的微观形貌

表 5.1　广东华润水泥化学成分　　质量分数，%

CaO	SiO_2	Al_2O_3	Fe_2O_3	K_2O	MgO	TiO_2	Si/Ca
64.6	20.9	6.10	3.10	—	1.00	—	0.327

5.2.2 样品制备

(1) 多孔碳基定形复合相变材料样品的制备

本试验利用抽真空吸附的方法制备两种多孔碳基定形复合相变材料（膨胀石墨/石蜡和工业级多层石墨烯/石蜡）。制备步骤如下：首先，将100g载体材料（膨胀石墨或工业级多层石墨烯）和300g石蜡搅拌混合并放入真空皿中，随后持续进行约2h的抽真空（真空度达到1.32×10^{-3}Pa）；等待复合材料中存在的空气完全排出，依靠压强作用将石蜡浸入支撑材料孔中；其次，将已经真空吸附后的定形相变材料通过抽真空过滤的方式过滤，以除去多余的石蜡；然后，将过滤后的定形相变材料平铺在多层高吸附性纸张上，并将其放入60℃的烘箱中，待纸张全部浸满石蜡后更换纸张，如此反复多次，直到纸张没有多余的石蜡。最后，制备出无渗漏现象的定形相变复合材料，并随后测试其各项性能。与其他方法比较，抽真空吸附的方法制备的多孔定形相变材料具有最高的相变材料吸附量。

(2) 碳基定形相变材料/水泥复合材料的制备

为了进一步探索多孔碳基定形复合相变材料在水泥基中应用的可行性，膨胀石墨/石蜡和工业级多层石墨烯/石蜡被掺入普通硅酸盐水泥基（P·O 52.5R）中，其配合比见表5.2。根据《水泥胶砂强度检验方法（ISO法）》（GB/T 17671—2021）规范程序进行制备水泥基复合材料，步骤如下：首先，将水泥和相变材料低速慢干拌1min，使其均匀分散。随后，加入聚羧酸减水剂和水的混合物，并继续进行低速搅拌2min，然后继续高速搅拌2min；最后将搅拌好的水泥浆体倒入钢模具中成型，并且在振动台上振捣。需要成型的试块分别用作红外热成像测试ϕ30mm×4mm的圆柱体试块和用作标准水泥净浆力学性能测试的试块（40mm×40mm×160mm）。此外，为了防止水分蒸发，所有试块都用保鲜塑料膜覆盖。试样在24h后脱模并储存在养护室（20℃±1℃和99% RH），直到特定的龄期再进行测试。

表5.2 多孔碳基定形相变/水泥复合材料的配合比

样品	水泥（g）	水（g）	相变材料（g）	减水剂（g）
纯水泥	1200	420	0	1.8
膨胀石墨/石蜡-10%	1200	420	120	3.6
膨胀石墨/石蜡-20%	1200	420	240	5.4
工业级多层石墨烯/石蜡-10%	1200	420	120	3.6
工业级多层石墨烯/石蜡-20%	1200	420	240	5.4

5.2.3 试验表征

(1) 水泥水化热

使用水泥水化热测定仪（ToniCal Trio 7338，Germany）评估掺有或者没有相变材料的水泥浆体的水化热，测试时间为水化开始的最初72h。水灰比与之前试块成型的水灰比一样（$W/C=0.35$）。步骤如下：先将5g水泥与1.25g（25%）的相变材料搅拌均匀；然后再将其倒入测试管中，再用针筒称量一定量的水，一起装入测定仪中；待水泥水化测定仪的腔体温度达到平衡后，再将针筒中的水注入水泥中；最后，待测试 72h 后，导出数据，并用 Origin 作图软件进一步对数据进行处理。

（2）热调温性能

使用红外热成像仪（FLIR T440，USA）来评估储能水泥基复合材料的热工性能。为了避免样品温度升得太快，在测试样品和加热板之间放置 5mm 厚的聚四氟乙烯小圆盘（ϕ30mm）。为了进行更精准的聚焦，将显微镜镜头放置在距离样品上表面 30cm 处，如图 5.4 所示。在测试之前，将样品冷却至 3℃，然后将其放置在恒温 40℃的加热板上，并用红外热成像仪开始记录温度变化。最后，录制视频从红外热像仪中导出，并且后期使用 Photoshop 进一步进行图像处理。

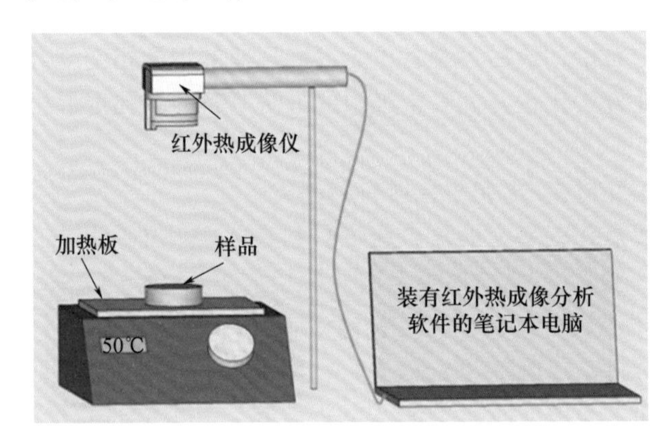

图 5.4　热红外成像仪测试构造

（3）热物性能

使用差示扫描量热仪（DSC-Q200，TA Instruments Corp.，Newcastle，USA）分别测定石蜡与定形相变复合材料的潜热值，并计算出定形相变复合材料的吸附量。样品在氮气环境下，以 40mL/min 的流速，2℃/min 的加热/冷却速率进行测试，其温度范围在 0～60℃。测试结果使用 TA Instruments Universal Analysis 软件提取与计算，再将数据导入 Origin 作图软件中进一步进行处理。

（4）热可靠性表征

热可靠性的判断是根据样品在温度循环箱（东莞贝尔制造）内进行 100 次加热/冷却循环后的性能变化来确定的，其中性能包括化学结构和潜热值。将样品放置于测试室中，温度循环箱以 4℃/min 的加热/冷却速率，并且控制温度分别在 50℃和 10℃保持 30min，使样品受到反复 10℃到 50℃的温度循环。热循环后，样品将进一步进行 FTIR 与 DSC 测试并分析结构与热性能的变化。

（5）热稳定性

使用热重分析仪（STA409PC，NETZSCH，Germany）评估定形相变复合材料的热稳定性。样品在氮气环境下，氮气流速为 20mL/min，从室温到 600℃进行测试，加热速率为 20℃/min。结果使用系统自带软件提取与计算，数据再由 Origin 作图软件进一步处理。

此外，多孔碳基相变材料的微观形貌、化学相容性和力学性能分别利用 SEM、FT-IR 和压力试验机进行测试，具体的测试方法见第 2 章 2.2.2 节相关内容。

5.3 多孔碳基定形相变材料的表征

5.3.1 多孔碳基定形相变材料的宏观、微观形貌

图 5.5 和图 5.6 展示了多尺度的膨胀石墨、工业级多层石墨烯、膨胀石墨/石蜡和工业级多层石墨烯/石蜡形貌。与浅灰色的膨胀石墨［图 5.5（a）］相比，膨胀石墨/石蜡样品颜色更深，显深灰色［图 5.5（c）］。膨胀石墨的微观照片如图 5.6（a）所示，在细观尺度上，膨胀石墨为蠕虫状；从微观尺度上，膨胀石墨由多个微单元连接在一起，微单元内有许多细小的孔，形成了扁平而不规则蜂窝网络。正是由于膨胀石墨具有大量的毛细管使其具有巨大的虹吸效应和表面张力，这使得膨胀石墨能长久地吸附相变材料。膨胀石墨/石蜡在环境扫描模式下的电镜照片与膨胀石墨类似。在环境扫描状态下，由于石蜡的导电性不好，使得样品整体比较明亮。在宏观层面上，工业级多层石墨烯粉末为黑色，吸附石蜡后的样品不容易反光，这使得颜色变得更黑［图 5.6（b）和（d）］。在微观尺度上［图 5.6（c）］所示工业级多层石墨烯（片状）表现出光滑的平面多层结构，这是由于其具有大比表面积，导致石墨烯片之间相互吸附[12]。同时，这也是工业级多层石墨烯/石蜡的表面能够吸附较多石蜡的原因［图 5.6（d）］[12]。

图 5.5　碳基材料吸附相变材料前后

（a）膨胀石墨；（b）工业级多层石墨烯；（c）膨胀石墨/石蜡；（d）工业级多层石墨烯/石蜡

图 5.7 展示了膨胀石墨/石蜡和工业级多层石墨烯/石蜡在水泥浆中分布的形貌以及碳元素分布图。从能谱图片（EDS）可以清晰看出，膨胀石墨/石蜡和工业级多层石墨烯/石蜡在水泥浆中具有良好的分散效果，不会造成大的试块缺陷，并且这将有助于热量能够被均匀存储。

图 5.6　扫描电镜下碳基吸附相变材料前后形貌变化
(a) 膨胀石墨；(b) 膨胀石墨/石蜡；(c) 工业级多层石墨烯；(d) 工业级多层石墨烯/石蜡

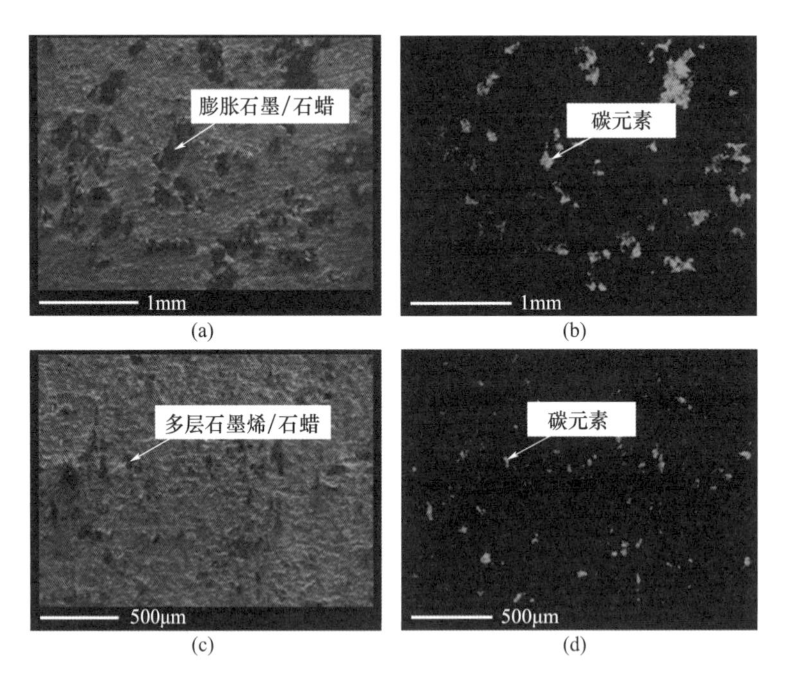

图 5.7　两种多孔碳基定形相变材料在水泥基材料中的分布
(a) 掺入膨胀石墨/石蜡-10%的水泥基的 SEM 分布图；(b) 掺入膨胀石墨/石蜡-10%的元素能谱 (EDS) 分布图；(c) 掺入工业级多层石墨烯/石蜡-10%的水泥基材料的 SEM 分布图；(d) 掺入工业级多层石墨烯/石蜡-10%的 EDS 分布图（绿色区域代表碳元素）

5.3.2　多孔碳基定形相变材料的化学相容性

图 5.8 为石蜡、膨胀石墨、膨胀石墨/石蜡的傅立叶红外光谱图（FT-IR）。石蜡的

谱图显示在 2917cm^{-1}、2851cm^{-1}、1459cm^{-1}、1371cm^{-1}和 720cm^{-1}处有明显的波峰。根据已有的研究结果，在 2917cm^{-1}和 2851cm^{-1}处的波峰与亚甲基的 C—H 伸缩振动键有关[13-14]。在 1459cm^{-1}振动引起的强峰与甲基/亚甲基的 C—H 弯曲振动键有关[13]，在 1371cm^{-1}处观察到的弱峰与甲基的 C—H 弯曲振动相对应[13]，在 720cm^{-1}处的波峰与亚甲基的摇摆振动键相对应[13,15-16]。此外，靠近 3430cm^{-1}处的区域的振动峰是由羟基的—OH 伸缩键引起的[17]。

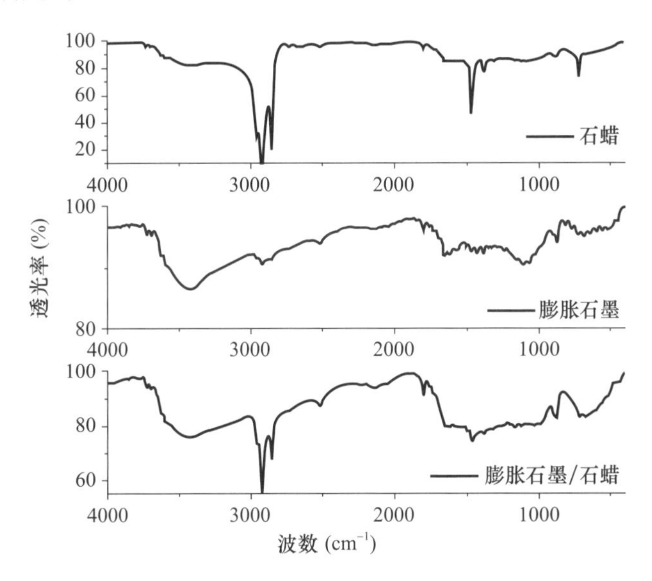

图 5.8 膨胀石墨吸附相变材料前后结构的变化

在 3421cm^{-1}处，膨胀石墨的谱图显示出更宽的谱带，这是由于—OH 基团的伸缩振动而导致的[17]。谱图还展示了在 2924cm^{-1}和 2868cm^{-1}（—CH_2的对称和不对称伸缩振动），1653cm^{-1}（—C═C—伸展结构振动）和 1466cm^{-1}（—C—C—拉伸）等位置的振动键。值得注意的是，在膨胀石墨/石蜡图谱都可以观察到膨胀石墨跟石蜡相关共价键的振动峰，这证明了它们之间并没有发生化学反应或产生新的化学键。

图 5.9 展示了石蜡、工业级多层石墨烯、工业级多层石墨烯/石蜡的傅立叶红外光谱谱图（FT-IR）。从工业级多层石墨烯的红外谱图中，可知 3417cm^{-1}处的较宽峰与—OH基团的伸缩振动相对应[18]，而在 2925cm^{-1}、2855cm^{-1}和 1463cm^{-1}处的谱带则分别对应着对称和不对称伸展振动的—CH_2键和—C—C—的拉伸键。

经过比较验证，膨胀石墨/石蜡和工业级多层石墨烯/石蜡的 FT-IR 光谱清晰地展示载体材料与相变材料之间是物理层面的相互作用。因此，我们可以推断出所制备的多孔碳基定形相变材料具有化学兼容性。

5.3.3 碳基定形复合相变材料的热性能

差示扫描测量仪（DSC）用于测定石蜡、膨胀石墨/石蜡和工业级多层石墨烯/石蜡复合相变材料的热性能，包括热焓值与相变温度点。图 5.10 为样品的 DSC 曲线，图中样品显示两个特征的转变峰，其中较小的次要峰对应的是石蜡的固-固相变，而较大的主峰对应的是石蜡的固-液相变[19-20]。从图 5.10 可知，石蜡的熔点和凝固点所对应温

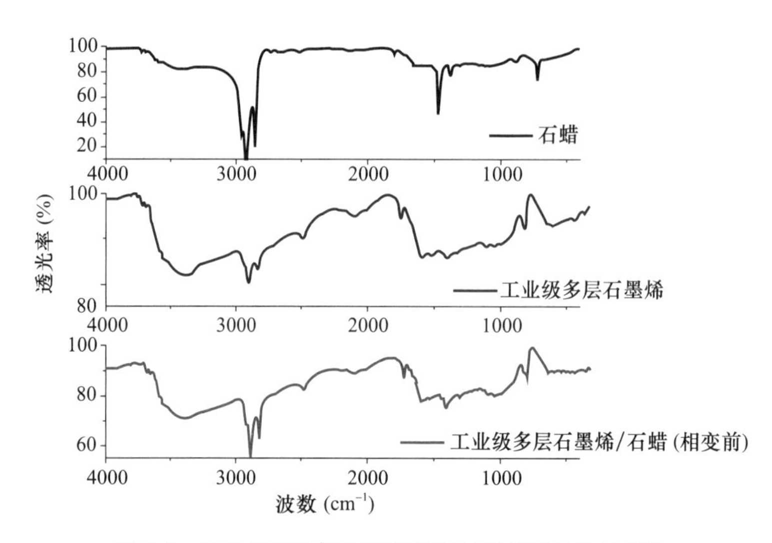

图 5.9　工业级石墨烯片吸附相变材料前后结构的变化

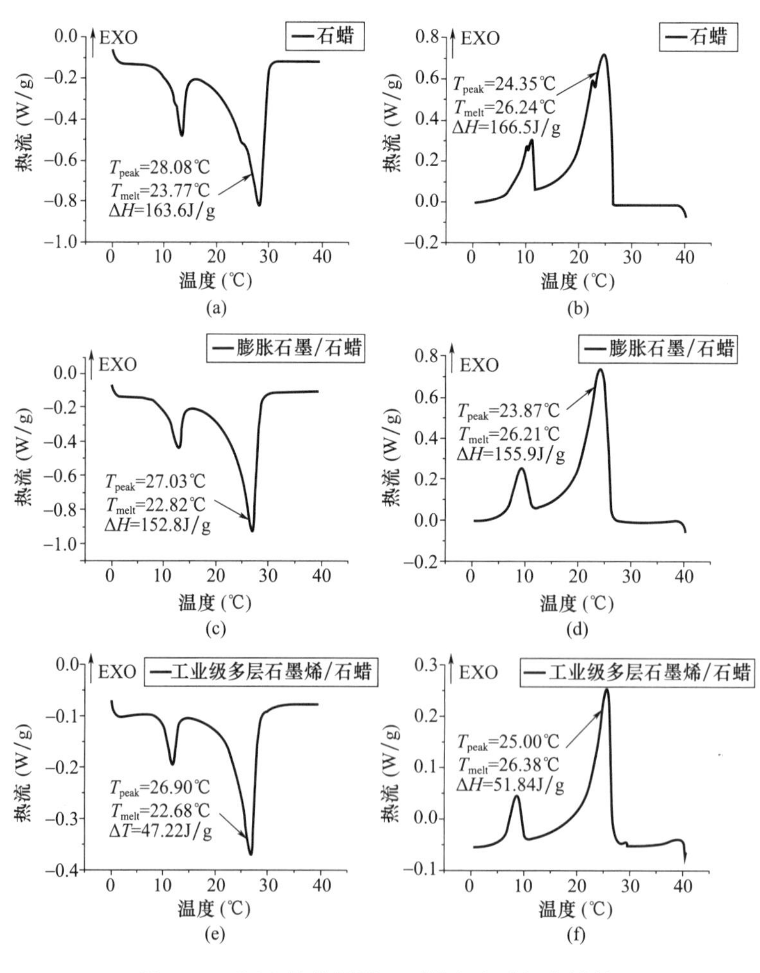

图 5.10　DSC 热分析图（石蜡和定形相变材料）

（a）石蜡的吸热曲线；（b）石蜡的放热曲线；（c）膨胀石墨/石蜡的吸热曲线；（d）膨胀石墨/石蜡的放热曲线；（e）工业级多层石墨烯/石蜡的吸热曲线；（f）工业级多层石墨烯/石蜡的放热曲线

度分别为 23.77℃和 26.24℃，而膨胀石墨/石蜡的对应温度分别为 22.88℃和 26.21℃，工业级多层石墨烯/石蜡的温度分别为 22.68℃和 26.88℃。这表明，随着膨胀石墨和多层工业级石墨烯的加入，石蜡的熔点降低。熔化温度降低的原因可能是由于添加具有较高热导率的膨胀石墨和工业级多层石墨烯，使得热传递增加。还可以观察到，石蜡浸入到膨胀石墨和工业级多层石墨烯后，其峰值熔化温度和凝固温度之间的温差降低了。例如，石蜡的熔化温度和凝固温度之间的峰值温差为 3.73℃，而膨胀石墨/石蜡和工业级多层石墨烯/石蜡复合相变材料的峰值温差分别为 3.16℃和 1.9℃。多孔碳基定形相变复合材料的峰值温度差减小的原因是由于膨胀石墨和工业级多层石墨烯的掺入，提高了复合相变材料的导热性。从图 5.10 中还可以发现，工业级多层石墨烯/石蜡复合材料在减少熔融阶段和凝固阶段之间的温差方面具有更显著的效果，这可能是因为工业级多层石墨烯的导热性能比膨胀石墨的高。

工业级多层石墨烯/石蜡复合相变材料在熔融阶段和凝固阶段之间存在更小温差的原因，可能与工业级多层石墨烯的微观形态特征有着直接的关系，石墨烯的厚度越小，其导热性越高[21]。进一步，对工业级多层石墨烯进行微观尺度的检测分析，如图 5.11 显示的原子力显微图像（AFM）。从图 5.11（a）和（b）可以看出，工业级多层石墨烯的大部分的厚度在 5～8nm 范围内［图 5.11（b）］，这意味着工业级多层石墨烯能够增强导热性。基于此，我们可以推断工业级多层石墨烯/石蜡在水泥基材料中的热交换效率优于膨胀石墨/石蜡。

根据 DSC 测试可以准确地计算出相变材料的熔化和凝固的潜热能，其中石蜡的融化和凝固的热焓值分别为 163.6J/g 和 166.5J/g，膨胀石墨/石蜡分别为 152.8J/g 和 155.9J/g，工业级多层石墨烯/石蜡分别为 51.84J/g 和 47.22J/g。依据式（5-1）和式（5-2）可以计算定形相变材料的吸附率，由此可知膨胀石墨/石蜡和工业级多层石墨烯/石蜡的吸附率分别为 93.51％和 30.02％。

$$\eta=\frac{(\Delta H_{\mathrm{m,EG\text{-}paraffin}}+\Delta H_{\mathrm{f,EG\text{-}paraffin}})}{(\Delta H_{\mathrm{m,Paraffin}}+\Delta H_{\mathrm{f,Paraffin}})}\times 100\% \tag{5-1}$$

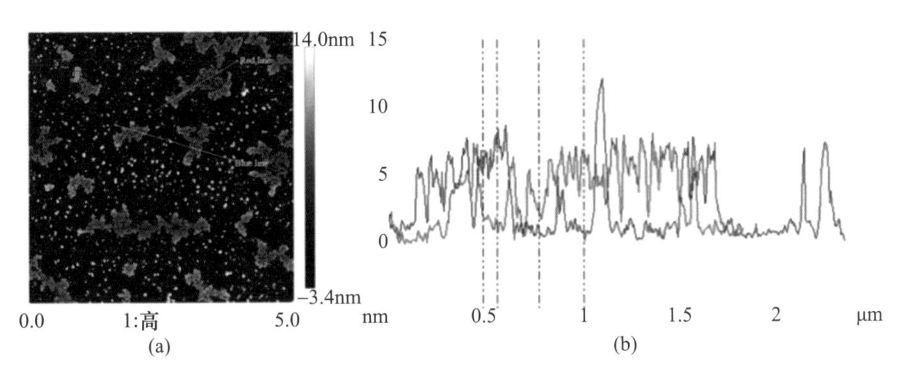

图 5.11 原子力显微镜图片

（a）原子力显微镜图片；（b）截面的二维图像

$$\eta=\frac{(\Delta H_{\mathrm{m,GNP\text{-}paraffin}}+\Delta H_{\mathrm{f,GNP\text{-}paraffin}})}{(\Delta H_{\mathrm{m,Paraffin}}+\Delta H_{\mathrm{f,Paraffin}})}\times 100\% \tag{5-2}$$

式中，η 为定形相变材料的吸附率；$\Delta H_{\mathrm{m,Paraffin}}$ 和 $\Delta H_{\mathrm{f,Paraffin}}$ 分别为石蜡的融化和凝固的热

焓值；$\Delta H_{m,EG\text{-}Paraffin}$ 和 $\Delta H_{f,EG\text{-}Paraffin}$ 分别为膨胀石墨/石蜡的融化和凝固的热焓值；$\Delta H_{m,GNP\text{-}Paraffin}$ 和 $\Delta H_{f,GNP\text{-}Paraffin}$ 分别为工业级多层石墨烯/石蜡的融化和凝固的热焓值。

在 Mehrali 等人进行的研究中发现[18]，比表面积为 300m²/g、500m²/g 和 750m²/g 的三种石墨烯对棕榈酸的最大吸附率分别为 77.99%、83.1%和 91.94%。相比之下，对于本研究中使用的工业级多层石墨烯（表面积为 100m²/g），拥有约 30%的吸附率是可接受的。此外，通过比较不同比表面积石墨烯的成本可以发现，750m²/g 的石墨烯成本为 150 美元/g，而 100m²/g 的成本仅为 0.2 美元/g。因此，在本研究中使用的比表面积为 100m²/g 的石墨烯成本仅为比表面积为 750m²/g 的石墨烯的 1/750，性价比高。

5.3.4 多孔碳基定形相变材料的热可靠性能

使用傅立叶红外光谱（FT-IR）和差示扫描量热仪（DSC）共同测定复合相变材料经过冷/热循环 100 次前后的化学结构和热性能的变化来判断其热可靠性。制备的复合相变材料的 FT-IR 谱图如图 5.12 所示。通过比较热循环前后的多孔碳基定形相变复合材料的峰值位置，可以推断出冷热循环后，定形相变复合材料本身的共价键并没有明显的差异，这表明冷/热循环没有使制备的复合相变材料的化学结构发生变化。

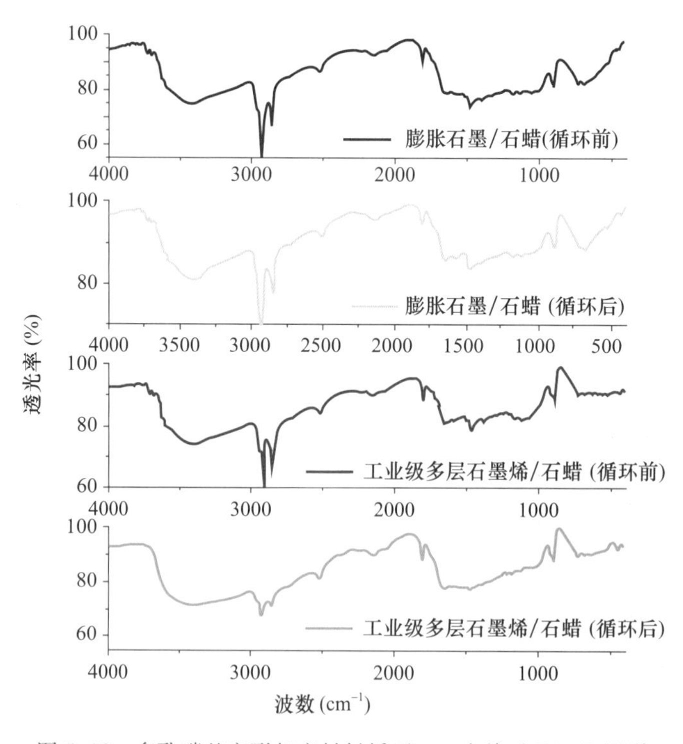

图 5.12 多孔碳基定形相变材料循环 100 次前后 FT-IR 图谱

冷热循环前后复合相变材料（膨胀石墨/石蜡和工业级多层石墨烯/石蜡）的热性能如图 5.13 所示。冷热循环后，膨胀石墨/石蜡的熔融温度和凝固温度分别变化了 0.44℃和 0.03℃，而熔融和凝固的潜热值分别改变了 1.2J/g 和 1.1J/g。对于工业级多层石墨烯/石蜡，熔融和凝固的温度分别变化 0.41℃和 0.02℃，而熔融和凝固的潜热分别变化 0.86J/g 和 1.87J/g。这表明经过 100 次的冷/热循环试验后，相变温度和潜热值的变化极小。这同时说明真空吸附方法制备的多孔碳基定形相变材料并没有出现泄漏现象。因此，本研究制备的多孔定形相变复合材料具有较高的热可靠性，并且适合热能存储应用。

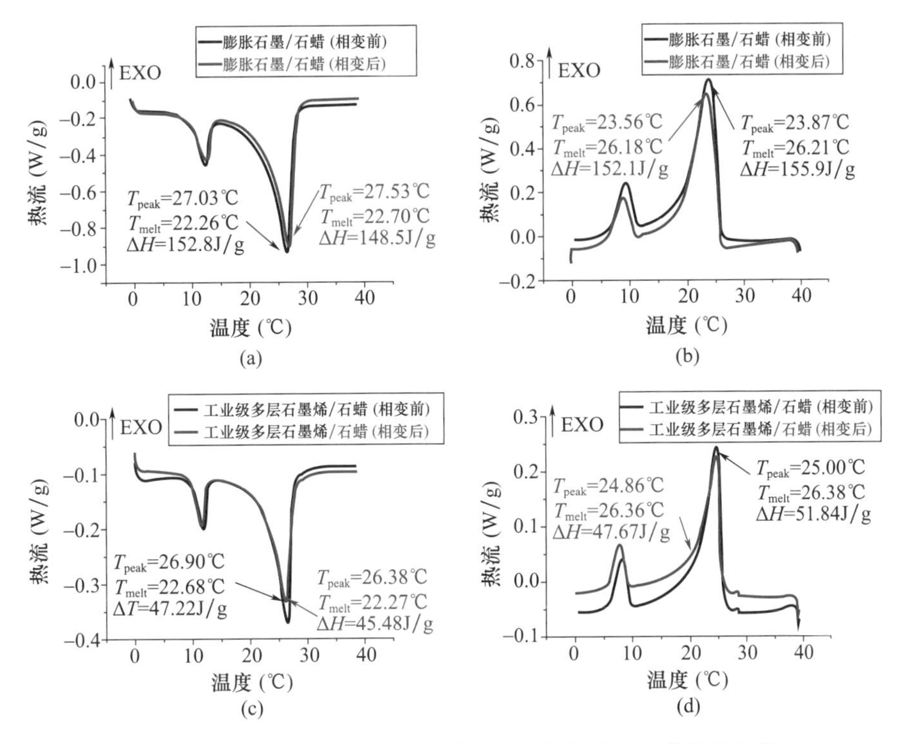

图 5.13 碳基定形相变材料在循环 100 次前后 DSC 曲线的变化

(a) 膨胀石墨/石蜡的吸热曲线；(d) 膨胀石墨/石蜡的放热曲线；

(c) 工业级多层石墨烯/石蜡的吸热曲线；(d) 工业级多层石墨烯/石蜡的放热曲线

5.3.5 多孔碳基定形相变材料的热稳定性能

确定多孔碳基定形复合相变材料的热稳定性，以确保其能够在工作温度范围内稳定工作。图 5.14 是纯石蜡和多孔碳基定形复合相变材料的热重分析（TGA）结果。从图中可以看出，与纯石蜡相比，复合后的相变材料初始分解温度更高，这表明多孔碳基定形复合相变材料的热稳定性更强。结果还表明，膨胀石墨和工业级多层石墨烯片有利于放慢石蜡降解速度。这可能是因为最初的热能主要被膨胀石墨和工业级多层石墨烯片吸收。因此，只有等到较高的温度时才有足够的能量使石蜡分解[21,22]。此外，还有研究认为这是由于膨胀石墨和工业级多层石墨烯片的表面可能吸附了挥发性分解产物，反过来阻碍了其样品的扩散，因此在稍高的温度下才能观察到质量损失[21,22]。TGA 数据还可以得到定形复合相变材料包含相变材料的比例。如图 5.14 所示，膨胀石墨/石蜡的吸附率高达 93.1%，而工业级多层石墨烯片/石蜡的吸附率是 30.9%。计算得到复合相变材料中石蜡的质量损失与之前 DSC 数据计算的结果（93.51%和 30.02%）相符合。因此，本研究制备的多孔碳基定形复合相变材料在正常的工作温度下是满足热稳定性要求的。

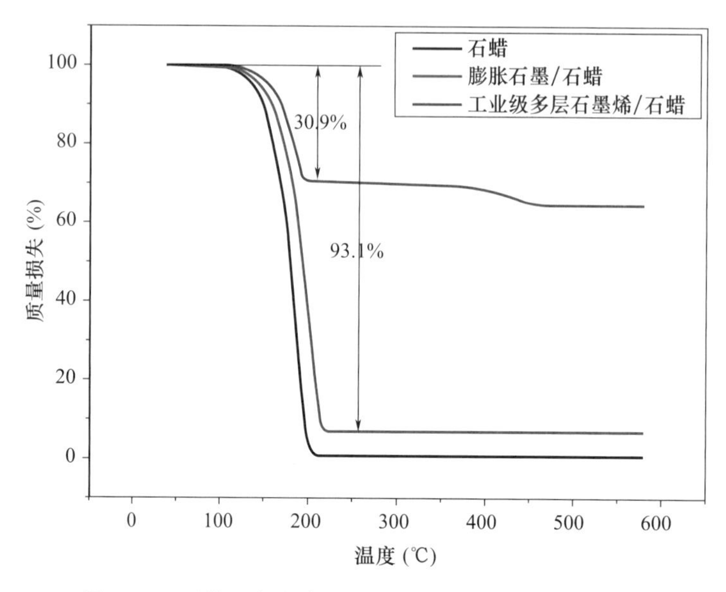

图 5.14　石蜡和多孔碳基定形复合相变材料的热重分析

5.4　结构-功能一体化相变储能水泥材料的研究

5.4.1　相变储能水泥基复合材料的水化热

相变储能水泥浆体水化热的结果如图 5.15 所示。对于普通硅酸盐水泥基材料和储能水泥基复合材料而言，水化总放热量都会随水化时间的增加而增加。但是，多孔碳基定形复合相变材料会在水泥水化放热过程中吸收热量，并且相变材料会通过吸热熔融储存热能。简而言之，掺入多孔碳基定形复合相变材料对水泥水化热的影响被认为有两个方面：①由于水泥浆体积的减少（相变材料替换水泥）而起到的稀释功能的作用；②相变材料巨大的潜热能吸收部分的水泥水化热量[23]。因此，储能水泥浆体释放的总水化热量会更少。

图 5.15 显示了在最初的 72h 中的纯水泥和含有 25%定形相变复合材料（膨胀石墨/石蜡和工业级多层石墨烯片/石蜡）的储能水泥的水化放热总量和水化速率 dQ/dt。从中可以观察到 6 个阶段：快速溶解期（S0）、第 1 次减速期（S1）、诱导或休眠期（S2）、加速期（S3）、第 2 次减速期（S4）和缓慢持续反应期（S5）[24]。可以看出，在前 3 个小时中，含有复合定形相变材料的水泥浆的水化速率与不含复合相变材料对照组样品近似。从第 3 小时起，样品开始进入加速期。与纯水泥相比，储能水泥的 S3 阶段的放热速率较低且往右移。由于相变材料的蓄热能力较强，相变材料在水泥浆体中高热容性能是导致曲线右移现象的主要原因。从图中还可以观察到，两种相变储能水泥都在前 72h 有较低的水化放热速率，水化热放热速率和总放热量的改善对于具有相当大的质量和体积的结构是非常重要的，因此储能水泥基材料可以用于较大体积的混凝土浇筑工程中，以降低温度应力。同时，大体积混凝土水化的热量在早期阶段会非常高而且难以扩散，

这就会导致温度裂缝，因此将相变材料应用到混凝土中可以减少早期开裂。从这方面来看，相变材料在改善水泥基材料的耐久性方面具有优异的性能。这方面的应用也被其他研究者证实，根据Šavija和Schlangen[25]等人报道，微胶囊相变材料的潜热储存能力有助于防止混凝土中热应力引起的体积变化和微裂纹。因此，可将储能水泥基材料应用于能源桩中，从而大大地提高热能储存能力和桩基结构的耐久性。

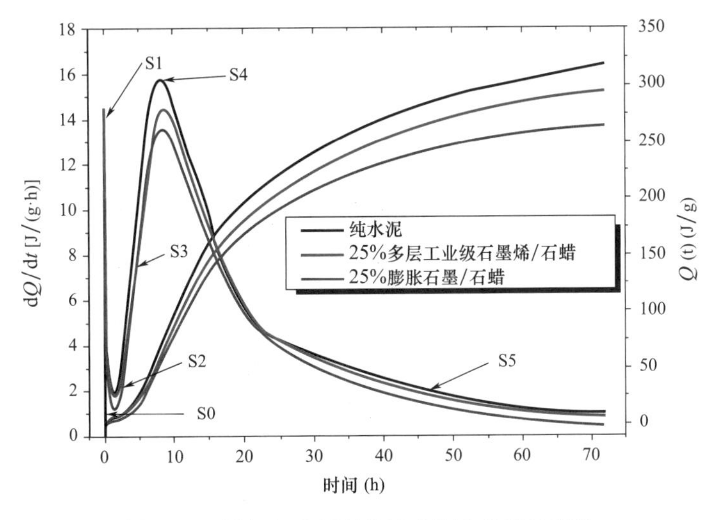

图 5.15 添加相变材料前后水泥水化热的变化

5.4.2 储能水泥基复合材料的调温效果

图5.16是用热红外成像仪在加热40℃条件下测试的储能水泥基复合材料圆柱样品表面温度随时间变化的数据。图中显示了不同相变材料含量的水泥基试块在不同时间段的表面温度分布。各个时间段不同相变材料含量的水泥试块之间的温度差值列在表5.3中。从整体上看，含有相变材料的水泥基材料在不同阶段温度都会低于普通硅酸盐水泥基试块。这种现象表明掺入相变材料后的水泥浆体具有良好的调温效果。在6.05min时，两个样品（膨胀石墨/石蜡-10%和多层工业级石墨烯/石蜡-20%）几乎同时达到相变温度点。根据DSC测试，已知膨胀石墨/石蜡和工业级多层石墨烯/石蜡的相变温度点分别为27.03℃和26.90℃。这意味着膨胀石墨/石蜡和多层工业级石墨烯/石蜡从0到6.05min吸收相同量的热能。事实上，膨胀石墨/石蜡-10%只含有9.3%的石蜡，而工业级多层石墨烯/石蜡-20%只含有6.2%的石蜡。这表明，与膨胀石墨/石蜡-10%（9.3%）相比，工业级多层石墨烯/石蜡-20%（6.2%）中的石蜡能够更有效吸收热能，从而与膨胀石墨/石蜡-10%（9.3%）具有相同的控制温度的能力。其原因可能是工业级多层石墨烯比膨胀石墨具有更高的导热能力。根据研究[26]，石墨烯的导热系数高达3000～5000W/（m·K），而膨胀石墨的导热系数约为500W/（m·K），即工业级多层石墨烯的导热系数比膨胀石墨高6～10倍。这意味着较高的导热系数的载体能够使相变材料（石蜡）更加高效地吸收热量。

从表5.3还可以看出，样品的表面温度从6.05min到7.02min变化不大，因此储能水泥基温度调控能力在第6.05min时几乎达到最大值，这是由于相变材料已经全部熔化或者部分融化的原因。在 7.02min 时，膨胀石墨/石蜡-20%和膨胀石墨/石蜡-10%的试块平均温差分别降低了 2.8℃和 1.9℃。在整个阶段，膨胀石墨/石蜡-20%的温度差值都高于多层工业级石墨烯/石蜡-20%的温度差值，这正是膨胀石墨的高吸收容量起到了巨大的作用。在 14min 时，可以看到含有与不含相变材料的水泥基材料的温度差逐渐减少到了 1℃左右，储能水泥基调温能力基本失效。这表明，当环境温度超过相变材料的相变温度时，相变材料对温度调控的能力会逐渐降低，即过多的热量输入超出相变材料所能吸收的能量会使相变材料失效。

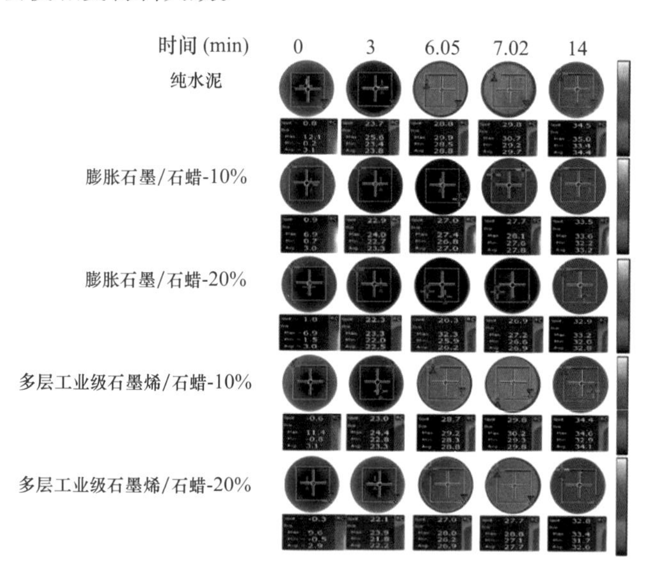

图 5.16　热红外成像仪表征储能水泥基复合材料的热工性能

表 5.3　有和没有相变材料的水泥基温度差

种类	$\Delta T_{平均}$ (min)				
	0	3	6.05	7.02	14
膨胀石墨/石蜡-10%（℃）	−0.1	−0.5	−1.8	−1.9	−1.2
膨胀石墨/石蜡-20%（℃）	−0.1	−1.3	−2.6	−2.8	−1.4
多层工业级石墨烯/石蜡-10%（℃）	0.0	−0.5	0.0	0.1	−0.3
多层工业级石墨烯/石蜡-20%（℃）	−0.2	−1.6	−1.9	−2.0	−1.8
种类	$\Delta T_{中间点}$ (min)				
	0	3	6.05	7.02	14
膨胀石墨/石蜡-10%（℃）	0.1	−0.8	−1.8	−2.1	−1.0
膨胀石墨/石蜡-20%（℃）	1.0	−1.4	−2.5	−2.9	−1.6
多层工业级石墨烯/石蜡-10%（℃）	−1.4	−0.7	−0.1	0.0	−0.1
多层工业级石墨烯/石蜡-20%（℃）	−1.1	−1.6	−1.8	−2.1	−1.7

5.4.3 储能水泥基复合材料的力学性能

图 5.17 展示了 28d 龄期储能水泥基复合材料的力学性能，表 5.4 中列出了其详细的力学强度及密度。随着定形相变材料在储能水泥基复合材料中的占比增加，其抗压强度呈现下降的趋势。在掺入 10%和 20%的膨胀石墨/石蜡相变材料后，发现其抗压强度大幅度下降，降低了 77.9%和 86.4%。与膨胀石墨/石蜡相比，掺入同等比例的工业级多层石墨烯/石蜡后抗压强度下降程度较低，分别为 44%和 61.3%。在 Zhang 等人的研究[27]中，发现含有 2.5%正十八烷/膨胀石墨的水泥砂浆立方体的抗压强度降低了 55%。Xu 等人[28]提出了同样的研究结果，他们在把硅藻土/石蜡掺入普通硅酸盐水泥基时发现，在 28d 时，与对照水泥基复合材料相比，含有 30%的硅藻土/石蜡的储能水泥基复合材料的抗压强度降低了 48.7%[28]。据报道，对于掺入 5%微囊化相变材料的储能自密实混凝土，其抗压强度降低高达 69%[29]。以上的研究表明加入相变材料使力学性能降低是普遍的现象，这主要由于是相变材料强度比较低，其加入相当于增加了缺陷，这导致强度显著地下降。然而，根据上述研究，对于大多数以结构为目的的应用来说，掺入 3%微胶囊化相变材料时的力学性能（35MPa）是满足要求的。并且，在我们的研究中，用多层工业级石墨烯/石蜡代替 10%水泥的储能水泥基复合材料的抗压强度可达到 37.1MPa，根据文献［28，30，31］和建筑材料国家标准《墙体材料应用统一技术规范》（GB 50574—2010）所报道的，这对于许多应用是可接受的。

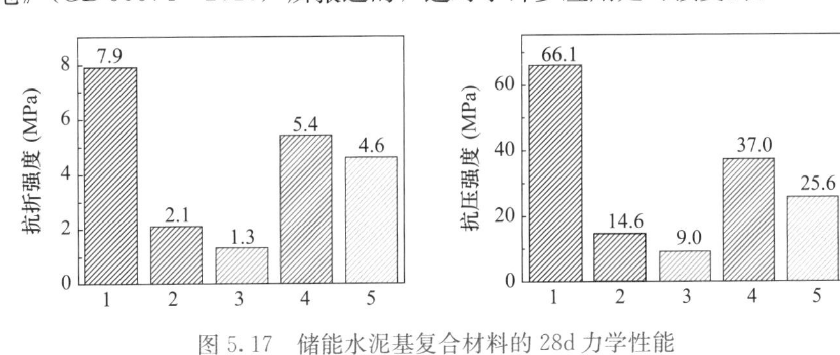

图 5.17 储能水泥基复合材料的 28d 力学性能

（a）抗折强度；（b）抗压强度

表 5.4 储能水泥基复合材料的 28d 力学性能和密度

种类	抗折强度（MPa）	降低率（%）	抗压强度（MPa）	降低率（%）	密度（kg/m³）	降低率（%）
纯水泥	7.9	—	66.1	—	2471	—
膨胀石墨/石蜡-10%	2.1	73.4	14.6	77.9	1783.6	21.81
膨胀石墨/石蜡-20%	1.3	83.5	9.0	86.4	1736.5	29.76
多层工业级石墨烯/石蜡-10%	5.4	31.6	37.0	44.0	2297.6	7.02
多层工业级石墨烯/石蜡-20%	4.6	35.4	25.6	61.3	2117	14.33

本研究还测定了储能水泥基复合材料的抗折强度。随着定形相变材料在储能水泥基复合材料中的占比增加，其抗折强度也展示下降的趋势。发现膨胀石墨/石蜡和多层工

业级石墨烯片掺量分别为10%和20%时，含膨胀石墨/石蜡储能水泥试块的抗折强度在28d分别降低了73.4%和83.5%，而发现含有工业级多层石墨烯/石蜡储能水泥试块的抗折强度分别降低了31.6%和35.4%。在Xu等人的研究[28]中，与对照组纯水泥基相比，掺入30%硅藻土/石蜡后的抗折强度（28d）减少了47.5%。在Xu等人的另一项研究中[32]，用50%和100%石蜡/膨胀蛭石作为细骨料替代物（按体积计算）的储能水泥基复合材料的抗折强度分别降低了23.3%和31.9%。抗折强度的大幅度下降可能是由于相变材料与水泥基是两种不同的物相，它们之间会产生界面过渡区，并且可能会有间隙。此外，对水泥基基材而言，相变材料作为弱相，因此也会导致抗折强度的下降。

表5.4、图5.17还展示了各组水泥试块的密度值。密度随相变材料相对密度的增加而降低。当掺入10%和20%相变材料时，发现28d的膨胀石墨/石蜡储能水泥试块的密度分别降低了27.81%和29.76%，而工业级多层石墨烯/石蜡储能水泥试块的密度分别降低了7.02%和14.33%。对于相同的掺入量，与工业级多层石墨烯/石蜡储能水泥基复合材料比较，膨胀石墨/石蜡储能水泥浆体的密度下降程度更高。尽管多孔碳基材料吸附了大量的石蜡，但是相对于水泥而言，复合后的相变材料的密度比较低。因此，储能水泥基复合材料的密度会随着定形相变材料的占比增加而下降。Xu等人[32]还发现，掺入50%和100%膨胀蛭石/石蜡的轻质储能水泥基复合材料作为细骨料替代物（按体积计）的密度分别降低了20.1%和24.7%。

5.5 结论

本章主要使用相变温度为23.77℃的石蜡作为相变材料，以膨胀石墨和多层工业级石墨烯作为载体，通过真空吸附的方法制备了两种多孔碳基定形相变材料（膨胀石墨/石蜡和工业级多层石墨烯/石蜡）。对这些材料的性能进行了测试和表征，包括微观形貌、热稳定性、热可靠性和热物理性能。此外，还将这些材料添加到水泥基材料中，研究了结构-功能一体化的水泥基复合材料的热工性能和力学性能。根据本章的试验结果，得出以下结论：

（1）通过抽真空吸附的方法，膨胀石墨和工业级多层石墨烯可以实现最大的吸附量。热重分析（TGA）和差示扫描量热法（DSC）的数据分析表明，膨胀石墨和工业级多层石墨烯对石蜡的吸附量分别达到了93.1%和30.9%。TGA和DSC的结果也证实了这种制备方法可以均匀制备定形相变材料。从微观形态上观察，膨胀石墨的超多毛细孔和强表面张力使得相变材料能够稳定地储存在其蜂窝结构中，而工业级多层石墨烯的较大比表面积为吸附相变材料提供了更有利的条件。

（2）根据傅立叶红外光谱（FT-IR）的结果，定形相变复合材料中各组分之间的相互作用是物理结合的，因此制备的碳基复合材料的组分之间是化学兼容的。

（3）通过差示扫描量热法（DSC）分析结果发现，基于多孔碳基材料制备的定形相变材料具有相当大的潜热能。膨胀石墨/石蜡和工业级多层石墨烯/石蜡的潜热值分别为152.8J/g和51.84J/g，因此可以应用于工程中，降低建筑能耗。

（4）根据热稳定性结果，发现在相变材料（石蜡）中引入碳基材料，能够将初始分解温度点转移到较高温度，表明基于碳基定形相变复合材料的热稳定性更高。此外，碳基定形相变复合材料在100℃以下没有呈现任何退化迹象。因此，它具有热稳定性，并且可以在正常环境下用于热能储存系统。

（5）碳基定形相变材料经过100次的温度循环后，再用DSC和FT-IR分析，试验结果证明制备的碳基复合相变材料的化学结构和热物理性能不受多次温度循环的影响。因此，碳基定形相变复合材料具有热可靠性，并且适用于实际工程。

（6）根据水泥水化热的试验结果，掺入碳基复合相变材料，不仅能更有效地降低水泥水化放热总量，而且还能有效地降低水化放热的速率。因此，相变材料可用于较大体积结构或构件，如大坝和能源桩等，以降低水泥的水化热，减少裂缝的产生。

（7）从红外热像分析结果看，发现含有碳基定形相变材料的水泥浆体的热调温性能更加优越。此外，与膨胀石墨/石蜡-20%相比，工业级多层石墨烯石蜡-10%由于自身的石墨烯拥有较高的导热系数而表现出较好的热调温性能。另外，还发现当环境温度超过相变材料的熔点时，储能水泥基材料中相变材料的温度调控能力逐渐降低。

（8）工业级多层石墨烯/石蜡水泥基复合材料在28d时的抗压强度达到了37MPa，因此可以满足工程的结构强度要求。此外，从试验结果可知随着相变材料在储能水泥浆中的占比增加，储能水泥基复合材料的力学性能和密度都表现出下降趋势。电子能谱（EDS）展示了碳基定形相变材料被很好地分散在水泥浆中，不存在团聚问题，可以满足工程应用要求。

参考文献

[1] 中国建筑节能协会能耗碳排专委会.2022中国建筑能耗与碳排放研究报告［R］. https://mp.weixin.qq.com/s/7Hr__rkhS70owqTbYI_XuA.

[2] 国务院.国务院关于印发“十四五”节能减排综合工作方案的通知［Z］.

[3] 中华人民共和国住房和城乡建设部.住房和城乡建设部关于印发“十四五”建筑节能与绿色建筑发展规划的通知［Z］. https://www.mohurd.gov.cn/gongkai/zhengce/zhengcefilelib/202203/20220311_765109.html

[4] YANG H, BAO X, CUI H, et al. Optimization of supercooling, thermal conductivity, photothermal conversion and phase change temperature of sodium acetate trihydrate for thermal energy storage applications［J］. Energy, 2022 (254): 124280.

[5] YANG H, XU Z, CUI H, et al. Cementitious composites integrated phase change materials for passive buildings: an overview［J］. Construction and Building Materials, 2022 (361): 129635.

[6] HUANG R, FENG J, LING Z, et al. A sodium acetate trihydrate-formamide/expanded perlite composite with high latent heat and suitable phase change temperatures for use in building roof［J］. Construction and Building Materials, 2019 (226): 859-867.

[7] REN S, LI J, HUANG K, et al. Effect of composite orders of graphene oxide on thermal properties of $Na_2HPO_4 \cdot 12H_2O$/expanded vermiculite composite phase change materials［J］. Journal of Energy Storage, 2021 (41): 102980.

[8] MOHSENI E, TANG W, KHAYAT K H, et al. Thermal performance and corrosion resistance of structural-functional concrete made with inorganic PCM［J］. Construction and Building Materials, 2020 (249): 118768.

[9] YU Z T, FANG X, FAN L W, et al. Increased thermal conductivity of liquid paraffin-based sus-

pensions in the presence of carbon nano-additives of various sizes and shapes [J]. Carbon, 2013, 53 (3): 277-285.

[10] LEE J, WI S, JEONG S G, et al. Development of thermal enhanced n-octadecane/porous nano carbon-based materials using 3-step filtered vacuum impregnation method [J]. Thermochimica Acta, 2017 (655): 194-201.

[11] SARI A, KARAIPEKLI A. Thermal conductivity and latent heat thermal energy storage characteristics of paraffin/expanded graphite composite as phase change material [J]. Applied Thermal Engineering, 2007, 27 (8): 1271-1277.

[12] SILAKHORI M, FAUZI H, MAHMOUDIAN M R, et al. Preparation and thermal properties of form-stable phase change materials composed of palmitic acid/polypyrrole/graphene nanoplatelets [J]. Energy and Buildings, 2015 (99): 189-195.

[13] J COATES. Interpretation of infrared spectra, a practical approach, encyclopedia of analytical chemistry [M]. John Wiley & Sons, 2006.

[14] SEVERCAN F, TOYRAN N, KAPTAN N, et al. Fourier transform infrared study of the effect of diabetes on rat liver and heart tissues in the CH region [J]. Talanta, 2000, 53 (1): 55-59.

[15] MEMON S A, LO T Y, BARBHUIYA S A, et al. Development of form-stable composite phase change material by incorporation of dodecyl alcohol into ground granulated blast furnace slag [J]. Energy and Buildings, 2013 (62): 360-367.

[16] NOR ALIYA H, MOHD RAFIE J. Optical and FTIR studies of CdSe quantum dots [R]. 2010 3rd International Nanoelectronics Conference (INEC), 2010: 887-887.

[17] CHENG Q Q, CAO Y, YANG L, et al. Synthesis and photocatalytic activity of titania microspheres with hierarchical structures [J]. Materials Research Bulletin, 2011, 46 (3): 372-377.

[18] MEHRALI M, LATIBARI S T, MEHRALI M, et al. Preparation and characterization of palmitic acid/graphene nanoplatelets composite with remarkable thermal conductivity as a novel shape-stabilized phase change material [J]. Applied Thermal Engineering, 2013, 61 (2): 633-640.

[19] MEHRALI M, LATIBARI S T, MEHRALI M, et al. Shape-stabilized phase change materials with high thermal conductivity based on paraffin/graphene oxide composite [J]. Energy Conversion and Management, 2013 (67): 275-282.

[20] 姜传飞，蒋小曙，李书进，等，石蜡相变复合材料的研究 [J]. 化学工程与装备，2010 (8): 13-15.

[21] MURARIU M, DECHIEF A L, BONNAUD L, et al. The production and properties of polylactide composites filled with expanded graphite [J]. Polymer Degradation and Stability, 2010, 95 (5): 889-900.

[22] MOCHANE M J, LUYT A S. The effect of expanded graphite on the thermal stability, latent heat, and flammability properties of EVA/wax phase change blends [J]. Polymer Engineering & Science, 2015, 55 (6): 1255-1262.

[23] FERNANDES F, MANARI S, AGUAYO M, et al. On the feasibility of using phase change materials (PCMs) to mitigate thermal cracking in cementitious materials [J]. Cement and Concrete Composites, 2014 (51): 14-26.

[24] CUI H, YANG S, MEMON S A. Development of carbon nanotube modified cement paste with microencapsulated phase-change material for structural-functional integrated application [J]. International journal of molecular sciences, 2015, 16 (4): 8027-8039.

[25] ŠAVIJA B, SCHLANGEN E. Use of phase change materials (PCMs) to mitigate early age thermal

cracking in concrete: theoretical considerations [J]. Construction and Building Materials, 2016 (126): 332-344.

[26] YANG J, ZHANG E, LI X, et al. Cellulose/graphene aerogel supported phase change composites with high thermal conductivity and good shape stability for thermal energy storage [J]. Carbon, 2016 (98): 50-57.

[27] ZHANG Z, SHI G, WANG S, et al. Thermal energy storage cement mortar containing n-octadecane/expanded graphite composite phase change material [J]. Renewable Energy, 2013 (50): 670-675.

[28] XU B, LI Z. Paraffin/diatomite composite phase change material incorporated cement-based composite for thermal energy storage [J]. Applied Energy, 2013 (105): 229-237.

[29] HUNGER M, ENTROP A G, MANDILARAS I, et al. The behavior of self-compacting concrete containing micro-encapsulated phase change materials [J]. Cement and Concrete Composites, 2009, 31 (10): 731-743.

[30] PANIA M, YUNPING X. Effect of phase-change materials on properties of concrete [J]. Materials Journal, 109 (1): 71.

[31] MESHGIN P, XI Y, LI Y. Utilization of phase change materials and rubber particles to improve thermal and mechanical properties of mortar [J]. Construction and Building Materials, 2012, 28 (1): 713-721.

[32] XU B, MA H, LU Z, et al. Paraffin/expanded vermiculite composite phase change material as aggregate for developing lightweight thermal energy storage cement-based composites [J]. Applied Energy, 2015 (160): 358-367.

6 碳纤维与二氧化硅协同增强储能水泥基材料的研究

6.1 概述

从 20 世纪 80 年代开始，美国已经开始相变材料应用于建筑领域的研究，但我国相变储能混凝土的研究和应用成果在最近 10 多年才刚刚起步。比如，在 2010 年，石伟[1]等人提出将相变材料应用于大体积混凝土中以防止热裂缝的产生。浇筑时，将相变材料添加到新搅拌混凝土中，相变材料的潜热能会吸收巨大的热量，可以降低大体积混凝土的内部温度，从而防止大体积混凝土热裂缝的展开。崔宏志等人[2]通过真空浸渍的方法将十八烷（相变材料）注入到空心钢球（载体）中制备相变钢球。测试结果表明，大约有 80.3%的十八烷被封装进空心钢球中，其相变钢球的潜热值高达 200.5J/g。并且，将其添加到混凝土后，在 28d 时的混凝土抗压强度能够维持在 22～40MPa。室内热调温测试表明，含有十八烷基相变钢球的混凝土能够降低室内的峰值温度和减少室内温度的波动。Zhu 等人[3]和 Wang 等人[4]利用陶粒制备了相变粗骨料，也发现了这些相变骨料的加入使得混凝土的力学性能大幅降低。上述研究都将力学性能下降的原因归咎于：（1）储能相变骨料与基材之间较差的界面；（2）储能骨料本身较弱的力学性能。

崔宏志等人[5]研究了相变陶粒封装及相变储能混凝土中界面改性的问题，从材料设计出发，开展了硅灰和石墨对相变陶粒混凝土的界面改性。试验结果也证明，通过改善相变陶粒与基材之间的界面，能够显著地改善相变储能混凝土的热工性能、力学性能和耐久性。此外，崔宏志等人[6-8]也利用改性相变陶粒、改性相变微胶囊和相变钢球等制备不同类型的相变混凝土。研究显示，尽管随着相变储能骨料掺量的增大，混凝土强度会下降，但经过界面改性，其强度下降幅度有明显改善。

由于相变微胶囊性能有差异，不同研究者研究的相变微胶囊混凝土的蓄热能力及力学性能并不完全一致。其中，Urgessa 等人发现[9]，在水泥基材料中掺入水泥质量的 20%的相变微胶囊材料后，尽管储能水泥基材料的抗压强度下降了 53.1%，但仍具有高达 19MPa 以上的强度，能满足混凝土在结构工作中的最低应用要求。同样地，Ren 等人[10]在超高强混凝土中加入了相变储能微胶囊，测试结果显示，混凝土的抗压强度显著降低，他们认为相变微胶囊和基材的黏结力以及相变微胶囊的渗漏是造成强度下降的主要原因。

根据 Tourani 等人[11]的研究，在砂浆中添加纳米二氧化硅可以增加水化硅酸钙凝胶的数量，使得水泥基材料更加致密，从而进一步提高其力学性能。Bai 等人[12]对纳米二氧化硅进行了表面改性，发现改性后的纳米二氧化硅能够显著地减缓早期水泥浆体的水化放热。此外，Pourjavadi 等人[13]证实了，当添加 1%纳米二氧化硅时，由于产生了更多且更密集的水化硅酸钙（C-S-H）凝胶，硬化水泥浆体的孔隙率降低。另外，他们也提出由于纳米二氧化硅的在微纳米层次上的填充效应、火山灰反应以及促进早期的水化进程，水泥基材料微结构会被改善，从而提高水泥基材料的耐久性。在水化过程中，由于“壁效应”（wall effect），在水泥浆体和骨料界面过渡区中发现大量的氢氧化钙，这导致了混凝土的抗压强度降低。由于纳米二氧化硅颗粒的高活性反应和大比表面积，在水泥基中添加二氧化硅会消耗氢氧化钙，同时产生更多且更加密实的水化硅酸钙凝胶填充孔隙并改善界面过渡区，使得骨料与基体结合得更加紧密[14]。

据 Meng 等人[15]报道，加入体积分数为 0.3%的碳纤维后，超高强混凝土的拉伸强度从 5.87MPa 提高到 9.09MPa，能量吸收能力从 3.82 J 提高到 7.98 J。此外，为了实现短切碳纤维在水泥基体中的均匀分布，常旺等人[16]结合使用了新型分散剂羟乙基纤维素和超声预分散的方法，并重点研究了碳纤维长度、含量、水灰比、成型工艺、固化时间和硅粉含量对碳纤维水泥基材料复合材料力学性能的影响。结果表明，碳纤维增强水泥基材料的力学性能不仅仅与碳纤维含量有关，还与其他因素相关。

通过上述的国内外研究现状可知，关于着重研究纳米材料和宏观纤维协同增强相变储能水泥基材料的课题几乎没有。现代节能要求与材料学的发展趋势已经显示出相变储能水泥基材料这一结构-功能一体化材料是未来建筑节能和蓄能材料的热点方向之一，然而，如果不解决其力学性能和热传导性能较差的问题，其在建筑中应用的广度和深度必然受到限制。同时，相较于水泥基材，有机相变材料自身的热导率较低，若要提高相变储能复合建筑材料的调温效果，必须要提高相变材料或者水泥基材的导热性，从而使水泥基材与相变材料两者之间具有良好的传热效率。因此，采用高导热性材料增强水泥基材料的导热性或者利用高导热性材料改性相变材料是未来相变储能水泥基材料的发展趋势。此外，根据现有的研究，相变材料的添加会使水泥基材料的力学性能大幅度地下降，这也会极大地限制储能水泥基材料在建筑领域中的应用。因此，发展既具有高效的相变储能功能又具有良好的力学性能的结构-功能一体化的建筑材料是研究热点。

本研究选取石墨改性的微胶囊化的相变材料作为储能材料，利用活性纳米二氧化硅（nano silica，NS）的碱硅反应来增强储能水泥基的力学性能，并且利用短切碳纤维（cutted fiber，CF）优异的抗拉和高导热性能进一步强化储能水泥基复合材料的力学性能和储热性能。通过探究纳米二氧化硅与碳纤维对结构-功能一体化储能水泥复合材料的力学性能、微观结构、导热和热调温等性能的影响，分析纳米二氧化硅与碳纤维双重强化储能水泥基复合材料的作用机理。

6.2　试验材料与测试方法

6.2.1　试验材料

（1）P·O 42.5R 型普通硅酸盐基准水泥，用于二氧化硅与碳纤维协同增强储能水泥基材料的制备，购买于中国建筑材料科学研究院。其密度为 3.15g/cm^3，比表面积为 3460cm^2/g，其化学组成见表 6.1。

表 6.1　普通硅酸盐基准水泥化学成分　　质量分数，%

SiO_2	Al_2O_3	Fe_2O_3	CaO	MgO	SO_3	Na_2O	f-CaO	Cl^-	烧失量
21.80	4.55	3.45	64.40	2.90	2.45	0.532	0.93	0.011	1.27

（2）减水剂：为使不同配合比之间保持相同的工作性能，使用聚羧酸减水剂（Sika，日本）增加各组水泥基浆体的流动度。

（3）微胶囊相变材料：本研究使用的微胶囊相变材料是文献[6]中使用的石墨改性的微胶囊化相变材料（GM-PCM），如图 6.1 所示。其熔化温度和凝固温度分别约为 27.7℃和 20.77℃，其热焓值约为 124.8J/g，并且经过多次冷热循环后其热焓值保持不变，其热性能如图 6.2 所示。

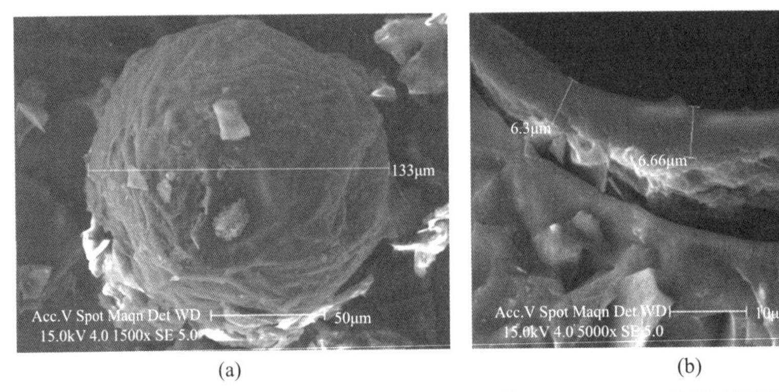

图 6.1　石墨改性的微胶囊相变材料（GM-PCM）的微观图片

（a）形貌；（b）壁厚

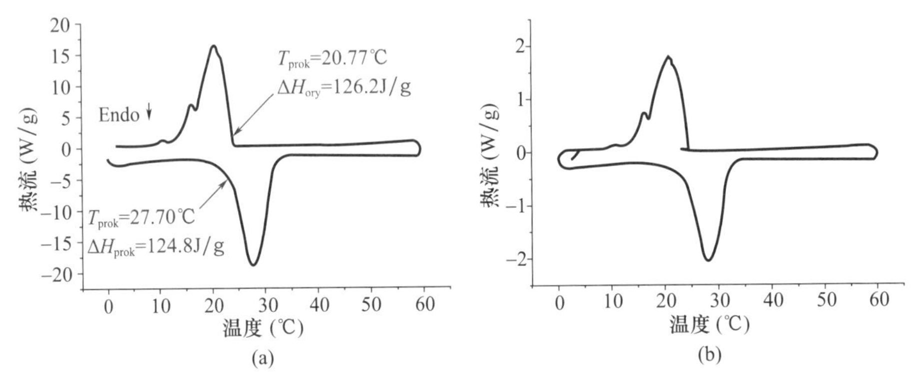

图 6.2　石墨改性的微胶囊相变材料的差示扫描量热法（DSC）曲线[6]

（a）单次循环；（b）多次循环

（4）碳纤维：聚丙烯腈基短切碳纤维（PAN-CF，700SC-12K），平均直径 7μm，长度 3mm，由日本东丽公司生产，购买于广州卡本复合材料有限公司。表 6.2 列出了该短切碳纤维的物理性质。其微观形态如图 6.3 所示。

表 6.2　短切碳纤维的物理性质

直径（μm）	长度（mm）	抗拉强度（GPa）	拉伸模量（GPa）	密度（g/cm^3）	碳含量（%）
7±0.2	7	约 4.9	约 230	1.8	95

图 6.3　短切碳纤维的微观扫描电镜（SEM）图片

（5）纳米二氧化硅：本研究中使用的二氧化硅购买于麦克林生化科技有限公司（中国上海），其物理性质见表 6.3。如图 6.4 所示，通过透射电子显微镜（TEM）和 X 射线衍射（XRD）展示了纳米二氧化硅的形态和活性特征。由 XRD 可知，该试验所使用的纳米二氧化硅为无定形二氧化硅。

表 6.3　二氧化硅的物理性质

参数	纯度（%）	粒径（nm）	密度（g/cm^3）
数值	>99.5	15±5	2.6

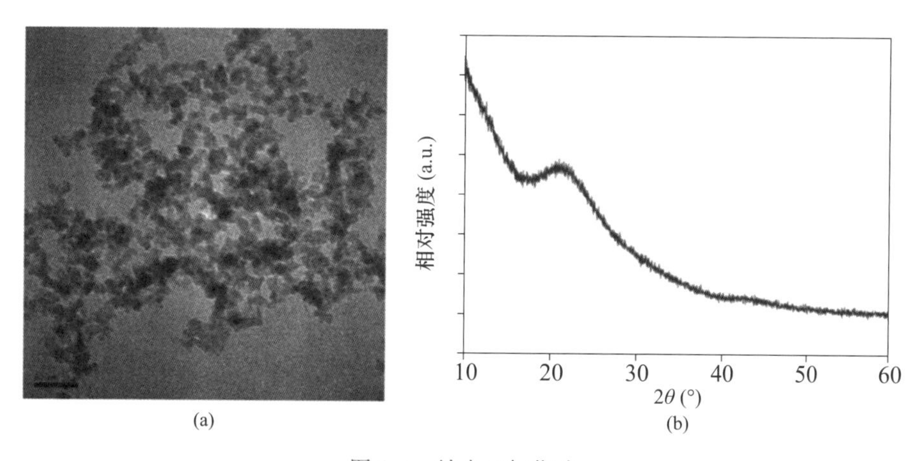

图 6.4　纳米二氧化硅

（a）TEM 微观图片；（b）XRD 数据曲线

6.2.2　二氧化硅与碳纤维协同增强储能水泥基复合材料制备

表 6.4 中列出了石墨改性的微胶囊化相变材料与水泥基复合材料的配合比。根据《混凝土外加剂均匀度测试方法》（GB/T 8077—2020）设计了八组配合比，编号如表 6.4中所示，所有配合比的水胶比均为 0.45，石墨改性的微胶囊化相变材料的含量为水泥质量的 20%。纳米二氧化硅掺量为质量分数 0.5%、1%和 2%三组，碳纤维掺量为质量分数 0.5%、1%和 1.5%三组。所有外掺物的质量百分比均是相对于水泥质量。

表 6.4　二氧化硅与碳纤维增强的储能水泥基复合材料的配合比

编号	水泥（g）	水（g）	GM-PCM（g）	二氧化硅（g）	碳纤维（g）	减水剂（g）
CP	1200	540	—	—	—	—
M-CP	1200	540	240	—	—	1.0
0.5NS-M-CP	1200	540	240	6	—	1.8
1NS-M-CP	1200	540	240	12	—	2.8
2NS-M-CP	1200	540	240	24	—	5.0
2NS-M-CP-0.5CF	1200	540	240	24	6	5.5
2NS-M-CP-1CF	1200	540	240	24	12	6.5
2NS-M-CP-1.5CF	1200	540	240	24	18	9.2

二氧化硅与碳纤维增强的功能-结构一体化储能水泥基复合材料样品的制备过程如下：首先，将一定量的纳米二氧化硅倒入 540g 的水中（含有一定量的减水剂），并使用功率为 390 W 的超声设备（JY92-IIN，宁波新芝）进行超声，加载时间为 30min，以实现二氧化硅的分散。然后，先将一定量的碳纤维和 GM-PCM 与 1200g 水泥低速干拌 1min，以保证其均匀性，然后将上述均匀分散好的二氧化硅分散液缓慢倒入搅拌锅，与此同时低速（140±5）r/min 继续搅拌 2min，接着再以高速（285±10）r/min 搅拌混合 2min。搅拌完成后，将搅拌物浇筑成多个不同尺寸的试样，以便用于测试各种参数性能。其中，使用标准水泥净浆力学性能测试的试块（40mm×40mm×160mm）来研究不同龄期的力学强度；使用 ϕ30mm×20mm 的圆柱体进行导热性和红外热成像分析；使用 20mm（厚度）×200mm（宽度）× 200mm（长度）的测试板进行房间模型测试。每个样品分两层浇筑，每层振动 30s。为了防止水分蒸发，所有的样品都用保鲜塑料膜覆盖。试样在 24h 后脱模并储存在标准养护室［（20±1)℃和 99% RH］，直到特定的龄期再进行测试。

6.2.3　表征方法

（1）导热系数

为了确定水泥样品的导热性能，用导热系数测试仪（西安夏溪科技，TC3000）进行测量，该仪器的测试方法采用热线法。在测试前样品需要进行预处理，使用精密金刚石锯片将水泥复合材料圆柱体（ϕ30mm）切成薄片样品（20mm）；切割后，样品用 400 号和 600 号砂纸进行打磨抛光。然后，样品再进一步用 6μm 和 1μm 的 Buehler 金刚石抛光悬浮液抛光，以获得足够的样品平整度。抛光后，在超声波清洗机中清洗样品 5min，除去样品表面上的杂质和灰尘。最后，用表面平整度测试仪 Nano-Profiler (Brucker，3D Optical Microscopes）对样品的粗糙度进行评估。试验结果表明，以上抛光方法可以保证每个样品在 400μm×400μm 的矩形区域内的粗糙度控制在 500nm 以下，远小于导热系数仪测试要求的 0.1mm。

在抛光后，样品通过使用热线法的导热系数测试仪进行测试。导线传感器被放置在两个相同样品的平整表面之间，以确保传感器和样本之间完全接触。通过瞬态温度平衡，分析样品的热导率。每个测试结果是三个重复测试样品的平均值，最大标准偏差小于 0.05 W/（m·K)。

（2）自制房屋模型测试

使用简单自制的加热系统评估储能水泥基复合材料的热工性能，如图 6.5 所示。该装置包括一个木箱子模型，两个隔室，由一个内部木板隔开，板开口为 200mm×200mm 的正方形。如图 6.5（a）所示，将具有与内木板开口相同尺寸的开口的测试室（由具有 200mm×200mm×200mm 的内部尺寸的泡沫制成）放置在底部的隔室内；在顶部隔间内装有反光纸，以确保产生均匀稳定的温度场。使用三根热电偶（K 型，分辨率在 ±0.3℃）来测量房间模型不同位置的温度。一根放置在测试室模型的中心，另一根放置在测试板的内表面中心，第三根测量环境温度。一个 500 W 的灯泡（用作加热源）放置在测试室上方 150mm 的距离处，所有测试样品都在相同条件温度下进行加热/冷却试验。测试方法为：加热灯开始运行 1h 以便给房屋模型加热，然后关闭热源，使房屋模型自然冷却 1h（环境温度控制在 18℃）。本方法重点评价加入相变材料或者碳纤维后储能水泥基复合材料热调温性能。

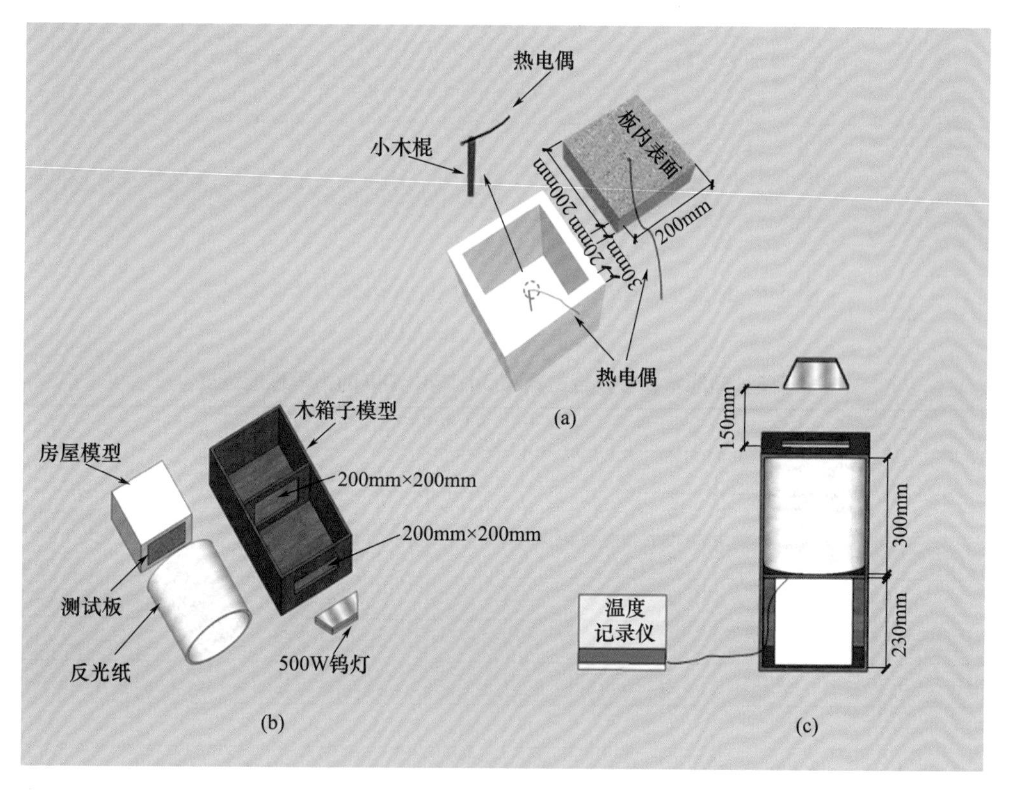

图 6.5 测试装置模型的构造

（a）房屋模型结构；（b）测试装置部件；（c）测试装置正面

此外，SEM、热红外成像表征方法和压力试验的具体测试步骤见第 2 章 2.2.2 节相关内容。

6.3 结构-功能一体化水泥基材料的力学性能

图 6.6 和表 6.5 中展示了在 3d、7d 和 28d 时纯水泥基材料（control paste，CP）力

学性能强度，相变微胶囊/水泥基复合材料（Micro-encapsulated Cement Paste，M-CP），掺入了 0.5%二氧化硅的相变微胶囊/水泥基复合材料（0.5NS-M-CP），掺入了 1%二氧化硅的相变微胶囊/水泥基复合材料（1NS-M-CP），掺入了 2%二氧化硅的相变微胶囊/水泥基复合材料（2NS-M-CP），掺入了 2%二氧化硅和 0.5%碳纤维的相变微胶囊/水泥基复合材料（2NS-M-CP-0.5CF），掺入了 2%二氧化硅和 1%碳纤维的相变微胶囊/水泥基复合材料（2NS-M-CP-1CF），以及掺入了 2%二氧化硅和 1.5%碳纤维的相变微胶囊/水泥基复合材料（2NS-M-CP-1.5CF）的抗折强度和抗压强度及其变化规律。

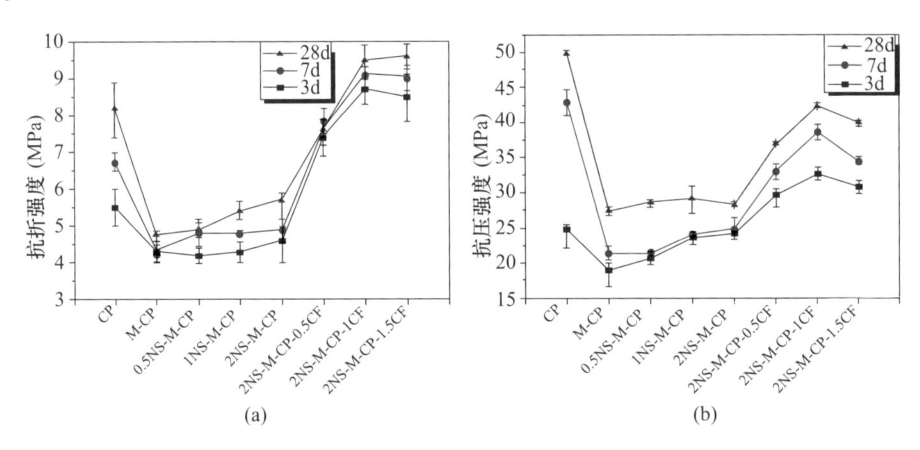

图 6.6 储能水泥基复合材料第 3d、7d、28d 的力学性能强度

(a) 抗折强度；(b) 抗压强度

表 6.5 储能水泥基复合材料第 3d、7d、28d 的力学性能强度

编号	抗折（MPa）/ 提升率（%）			抗压（MPa）/ 提升率（%）		
	3d	7d	28d	3d	7d	28d
CP	5.5/100	6.7/100	8.2/100	24.8/100	42.8/100	49.9/100
M-CP	4.3/-22	4.4/-34	4.8/-41	18.9/-24	21.3/-51	27.5/-45
0.5NS-M-CP	4.2/-24	4.8/-28	4.9/-40	20.6/-17	21.5/-49	28.7/-42
1NS-M-CP	4.3/-22	4.8/-28	5.4/-34	23.5/-5	24.0/-44	29.2/-41
2NS-M-CP	4.6/-16	4.9/-27	5.7/-30	24.1/-3	24.8/-42	28.4/-43
2NS-M-CP-0.5CF	7.4/35	7.6/13	7.6/-7	29.7/20	33.0/-23	37.0/-26
2NS-M-CP-1CF	8.7/58	9.1/36	9.5/16	32.7/32	38.6/-10	42.3/-15
2NS-M-CP-1.5CF	8.5/55	9.1/35	9.6/17	30.8/24	34.5/-19	40.0/-20

如图 6.6（a）所示，由于相变微胶囊掺入水泥浆体中，储能水泥基复合材料的力学性能（特别是抗压强度）急剧下降，这个现象与引言中的部分研究的规律相一致。导致强度降低的原因可能是：①由于相变微胶囊材料的加入，增加了水泥基复合材料的孔隙率；②相变微胶囊材料和水泥浆体之间的不相容；③由于相变微胶囊材料具有较低的剪切强度和刚度，所以储能水泥基复合材料受力后易破碎，并且在破坏后可能形成更多空隙[17]，进一步使试块强度降低。在添加二氧化硅后，储能水泥基复合材料的强度随

着二氧化硅掺入量的增加而增加，但仍低于对照样品（CP）。此外，正如表 6.5 所示，与抗压强度相比，二氧化硅对抗折强度改善的效果更显著。比如，当添加 2%NS 时，2NS-M-CP 的 28d 抗折强度比 M-CP 提高了 18.8%，而 28d 抗压强度只提高了 3%。这可能是由于二氧化硅可以填充相变微胶囊材料和水泥浆之间的空隙，并进行碱-硅反应，从而生成致密的水化硅酸钙[18-19]。同时，由于火山灰反应，氢氧化钙会被二氧化硅消耗，因此二氧化硅会改变界面过渡区的产物，从而产生更密实的（水化硅酸钙）C-S-H 并降低界面过渡区的孔隙率。因此，随着二氧化硅加入，相变微胶囊材料与水泥浆体之间存在的界面过渡区（ITZ）得到改善。此外，结果还表明二氧化硅可以提高水泥基材料的水化速率。当添加 2%NS 时，相对于 M-CP 而言，2NS-M-CP 的 3d 抗折强度和抗压强度分别提高了 7%和 27.5%。其显著地改善水泥基材料可能主要归因于二氧化硅能够加速水化过程并降低水泥浆的孔隙率，导致早期强度显著提高。这些理论也已经被 Madani 和 Rupasinghe 等人验证[20-21]，二氧化硅可以通过快速火山灰反应降低氢氧化钙的含量，并且大大地缩短水泥浆水化的早期阶段。

此外，储能水泥基复合材料的力学性能还随着碳纤维掺入量的增加而增加，特别是在样品硬化的早期阶段，从图 6.6 中可以观察到抗折性能的提升更为显著。与对照组相比，添加二氧化硅和碳纤维后的储能水泥基复合材料 3d 的抗折强度和抗压强度提高幅度都在 20%～58%。特别是 2NS-M-CP-1CF 这一组，3d 的抗折强度和抗压强度分别比 M-CP 高了 102%和 73%。这是因为早期阶段，水泥基基体抗折性能极差，由于碳纤维的加入，力学性能就会急剧变化。此外，纤维可以在裂缝间提供一定程度的抗拉能力，抵抗裂缝的生长，从而抑制水泥的破坏[22]。然而，当碳纤维的掺量高达 1.5%时，在 28d 龄期时，与添加了 1%的碳纤维组相比，抗折强度基本没有什么变化，但是其抗压强度轻微下降（表 6.5），这可能是由于碳纤维在水泥基中的不均匀分散，造成了水泥浆之间的空隙，并导致强度降低[23]。

6.4 结构-功能一体化水泥基材料的微观分析

图 6.7 展示了养护 28d 的储能水泥基复合材料的 SEM 图像。SEM 图像有助于解释掺入微胶囊后储能水泥基复合材料力学强度降低的原因，有助于揭示碳纤维增强储能水泥基复合材料的微观机理。从图 6.7（a）和（b）可以明显地看出，破碎的微胶囊分散在整个储能水泥基复合材料中，这是由于微胶囊的力学性能太低，受压时最先破坏，破坏后会在硬化的水泥浆体中产生空洞，导致储能水泥基复合材料的力学性能大幅度地降低。此外，如图 6.7（b）所示，在水泥基中微胶囊周围的水泥浆处观察到许多微裂纹。由于微胶囊较低的刚度（相对于水泥基），应力集中发生在硬化的水泥浆和微胶囊之间的界面处，因此在微胶囊周围开始产生微裂纹。此外，从图 6.7（c）可以看出球形微胶囊与硬化水泥浆之间存在明显的间隙，界面间隙的存在主要是由于微胶囊与基体之间不相容。

然而，当纳米二氧化硅添加到储能水泥基复合材料中时，微胶囊和水泥浆体之间的界面过渡区（ITZ）得到改善。从图 6.7（d）中可以清楚地看出，一些水化产物在微胶囊的表面附近生长，没有观察到明显的界面间隙，表明微胶囊和基质之间有良好的界面结合。这可以解释添加了二氧化硅的储能水泥基复合材料具有更高的抗折强度。这正是因为界面的改善，从而使微胶囊与基材之间有较强的黏结性能。另外，有研究表明二氧化硅不仅被认为是改善水泥微观结构的填充剂，而且也被认为是将氢氧化钙转化为水化硅酸钙的反应剂[24-25]。

图 6.7（e）和（f）展示了含有碳纤维的储能水泥基复合材料的微观结构形貌。从图 6.7（e）可以看出，在水泥浆中碳纤维均匀分布并交错紧密结合。由于它们具有较大的纵横比和较高的抗拉模量，研究者们一致认同碳纤维可以抑制裂纹的扩展［图 6.7（f)］，因此储能水泥基复合材料展现出较高的力学性能。此外，图 6.7（e）还展示了碳纤维穿过孔隙和水泥水化产物连接，也出现在储能水泥基复合材料的微胶囊周围，这将缓解胶囊和基体之间界面处应力集中的发展，也将进一步提高储能水泥基材料的力学性能。

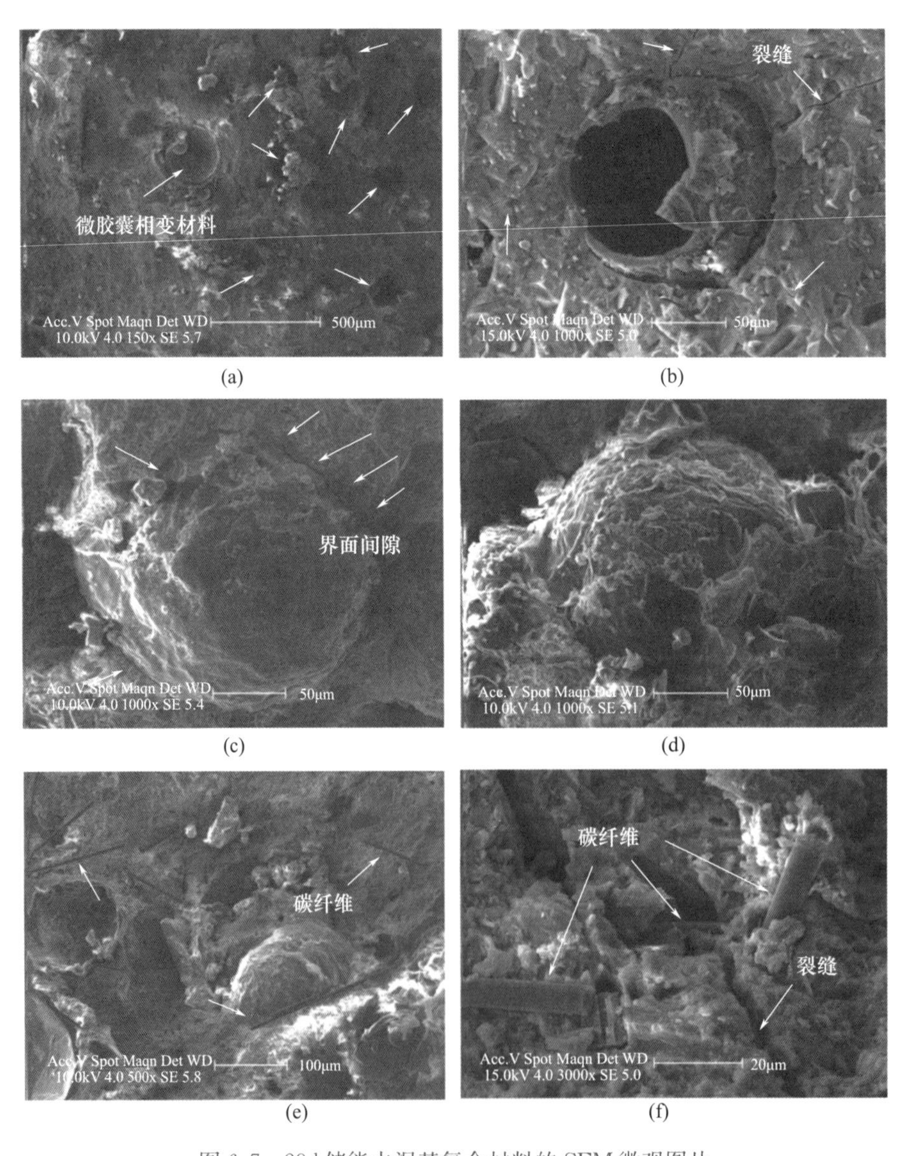

图 6.7　28d 储能水泥基复合材料的 SEM 微观图片

（a）低倍数的 M-CP 的 SEM 图像；（b）高倍数的 M-CP 的 SEM 图像；（c）微胶囊与水泥基体的间隙；（d）二氧化硅改性 ITZ 界面；（e）碳纤维分布；（f）碳纤维限制裂缝

6.5 结构-功能一体化水泥基材料的热工性能

6.5.1 导热性能

储能水泥基复合材料的导热系数是热交换效率的重要参数。如表 6.6 所示，储能水泥基复合材料的导热系数低于普通水泥浆（CP），添加 20%的微胶囊后，水泥基材料的导热系数降低了 14.1%。这主要是由于微胶囊的低导热特性以及微胶囊和水泥浆之间的界面间隙的存在。此外，复合材料的导热系数会随着二氧化硅含量的增加而下降，当二氧化硅的掺量为 2%时，相对于 M-CP，储能水泥基复合材料 2NS-M-CP 的热导率降低了 4.2%。根据 Pongsak 等人的结论[26]，添加二氧化硅后，在水泥基材中产生的微小空隙会抑制传热速率。然而，在添加碳纤维后，储能水泥基复合材料的导热系数大幅度地增加。如表 6.6 所示，储能水泥基复合材料 2NS-M-CP-1.5CF 的导热系数比 2NS-M-CP 高了 17.8%；相对于普通硅酸盐水泥，导热系数仅仅降低了 3.08%。尽管将大量的碳纤维添加到水泥基材料中可以大幅度地提高导热性能，从而提高微胶囊的相变效率，但是综合地考虑了经济成本方面与力学性能的要求，根据本研究的结果，认为掺量为 1%的碳纤维为最优。

表 6.6 28d 的储能水泥基复合材料的导热系数

编号	导热系数［W/（m·K）］	编号	导热系数［W/（m·K）］
CP	0.813	2NS-M-CP	0.669
M-CP	0.698	2NS-M-CP-0.5CF	0.708
0.5NS-M-CP	0.694	2NS-M-CP-1CF	0.754
1NS-M-CP	0.686	2NS-M-CP-1.5CF	0.788

6.5.2 热红外成像分析热调温性能

为了评估储能水泥基复合材料的热能储存效果，本研究采用红外热成像技术观察在 50℃加热条件下，具有和不具有微胶囊相变材料的水泥浆体样品的表面温度分布随时间的变化情况。图 6.8 展示了热图像和实时数据的变化，温度-颜色条显示了从 2℃到 40℃的数据范围。表 6.7 给出了 M-CP，2NS-M-CP 和 2NS-M-CP-1.5CF 与 CP 表面温度的差值。从图 6.8 和表 6.7 中可以清楚地看出，CP 与其他含有微胶囊相变材料的储能水泥基复合材料存在显著差异，储能水泥基复合材料的温度值比 CP 都低得多，其原因主要是相变材料在吸收热能中的显著作用。

添加二氧化硅后，发现复合材料的储热性能效果下降，与导热系数的规律相一致。如表 6.7 所示，2NS-M-CP 的差值略低于 M-CP。其原因是导热系数的降低影响微胶囊的热交换能力，从而降低其热工作效果。尽管如此，M-CP 和 2NS-M-CP 都具有优异的调温效果，并表现出类似的温度变化趋势。

此外，从图 6.8 中可以看出，具有碳纤维的储能水泥基复合材料在储能方面表现出更好的结果。当 M-CP 加热至 4.9min 时，表面平均温度为 27.8℃，而 2NS-M-CP-1.5CF 仅为 26.3℃。这个结果意味着 2NS-M-CP-1.5CF 可以比 M-CP 吸收更多的热能。当加热时间至 6.2min 时，2NS-M-CP-1.5CF 的表面平均温度为 28.1℃，明显低于 CP（37.3℃）并降低 9.2℃（表 6.7）。这可以认为是由于碳纤维的存在极大地提高了复合材料的导热系数，进而提高了相变材料的热吸收速度，以至于减少热量的进入。值得注意的是，储能水泥基复合材料的传热性能对于建筑物高储热和高排放率非常重要，因为它会影响相变材料有效地运行，决定相变是否能够快速并实时地进行温度调控，以维持舒适的生活环境。

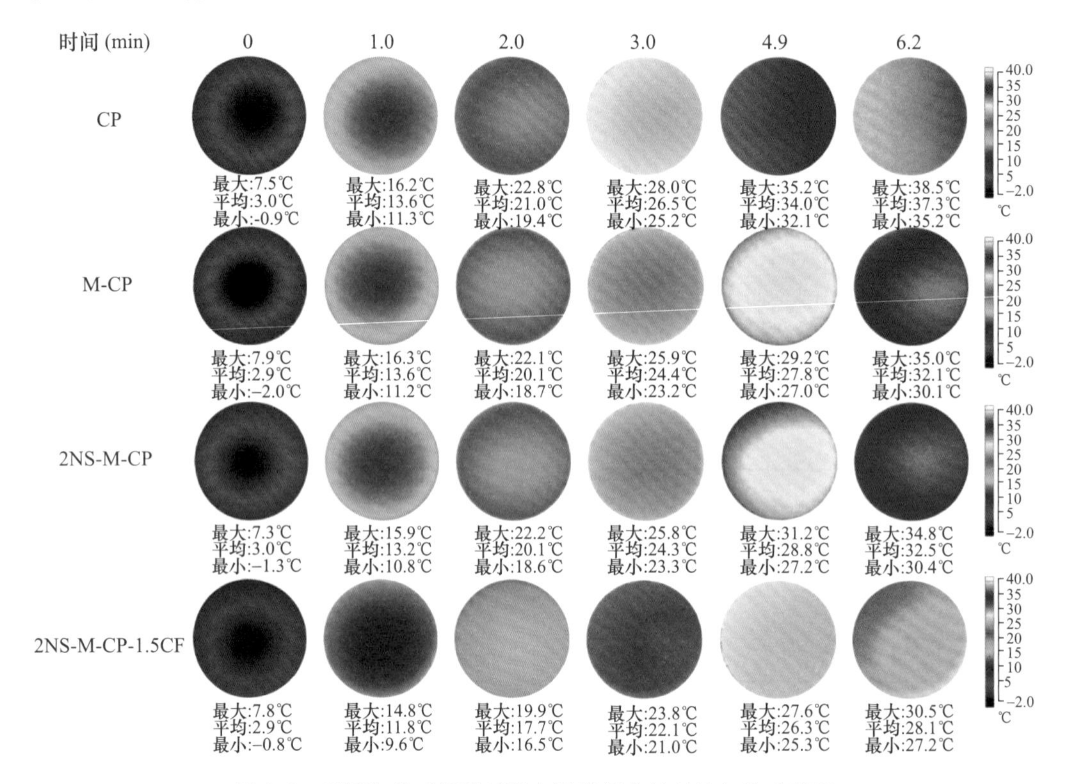

图 6.8 不同加热时间的储能水泥基复合材料热红外成像图

表 6.7 M-CP，2NS-M-CP，2NS-M-CP-1.5CF 与 CP 的表面温度差值

编号	（$\Delta T_{平均}$）					
	0min	1min	2min	3min	4.9min	6.2min
M-CP	−0.1	0	−1.9	−2.1	−6.2	−5.2
2NS-M-CP	0	−0.4	−1.9	−2.2	−5.8	−4.8
2NS-M-CP-1.5CF	−0.1	−1.8	−3.3	−4.4	−7.7	−9.2

6.6 房屋模型评估热工作性能

在本研究中，通过测试板体内表面的中心点和房屋模型内部的中心位置的实时温度变化（共 2h，其中 1h 加热和 1h 冷却），来评估具有二氧化硅和碳纤维的储能水泥基复合材料板的热工性能，结果如图 6.9 所示。

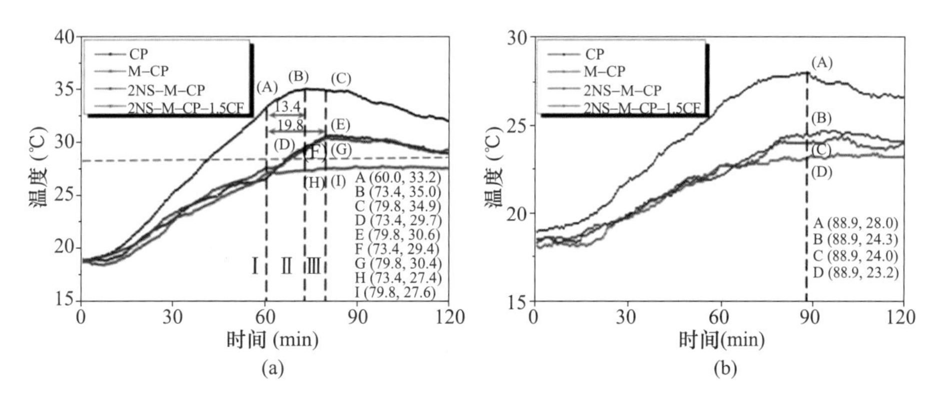

图 6.9　四组储能水泥基复合材料房屋模型温度变化曲线

（a）板内部中心点温度；（b）房屋模型内部中心点温度

在图 6.9（a）中，黑色虚线Ⅰ代表加热和冷却过程之间的边界线；虚线Ⅱ表示 CP 组被观察到的最高温度时刻；虚线Ⅲ表示 M-CP 被观察到的最高温度时刻。当连续加热 1h，CP 的内表面温度达到（A）点，由于余热，温度继续升高至峰值（B）点（35℃）。相同时间内，2NS-M-CP、M-CP 和 2NS-M-CP-1.5CF 的温度分别升高至（D）点（29.7℃）、（F）点（29.4℃）和（H）点（27.4℃）。在 CP 达到峰值后，CP 的温度逐渐降低，并下降至（C）点（34.9℃），而此时的 2NS-M-CP、M-CP 的温度值几乎达到温度最高值，分别是（E）点（30.6℃）和（G）点（30.4℃）。线Ⅱ和Ⅰ之间的时间差为 13.4min，而线Ⅲ和Ⅰ之间时间差为 19.8min，这说明添加微胶囊相变材料能够有效地降低温度波动的影响并维持在较低的温度水平。与 CP 相比，M-CP 需要花费更多时间（6.4min）达到峰值温度。在中国，白天的电费价格（每度）高于晚上的价格，同时电费实施阶梯电费的制度[21]，因此，应用微胶囊于建筑物中，将热能储存于混凝土中，延缓温度变化，减少室内制冷/制热，可以有效地节省电力成本，降低建筑物的用电负荷，并且远离高峰需求时间。此外，从图 6.9（a）可以看出，在冷却 1h 后，2NS-M-CP-1.5CF 的内表面温度仍然远低于相变材料（石蜡）的熔点（红色虚线），这证实了碳纤维在传热效率中的重要作用。

图 6.9（b）展示了具有不同组分的储能水泥基复合材料的面板的房间模型的室内中心点的温度变化曲线。（A）处 CP 观察到的最大室内温度为 28℃，高于（B）处的 2NS-M-CP、（C）处的 M-CP 和（D）处的 2NS-M-CP-1.5CF，其差值分别为 3.7℃、4℃和 4.8℃。值得注意的是，2NS-M-CP-1.5CF 面板的房屋模型内部温度比其他房型更加稳定。上述结果进一步表明，碳纤维可以提高储能水泥基复合材料的热储能和热控制能力。

综上所述，当室外温度高于相变材料石蜡的熔点温度（27.7℃）时，储能水泥基复合材料板开始吸收多余热量，调节并延缓建筑物内部温度的升高，如图 6.10 所示，这能够有效地减少建筑在夏季时的制冷需求。另外，如图 6.10 所示，由于碳纤维的加入增强了储能水泥基复合材料的导热性，这将加速微胶囊化石蜡材料的相变，并加快对热量的吸收。因此，高导热性材料的添加更有利于石蜡热调温能力的发挥。同时，碳纤维改性的储能水泥基材料具有更好的热调节性能和机械性能，这将更有利于节能、舒适、环保和可持续建筑潜力的发展。

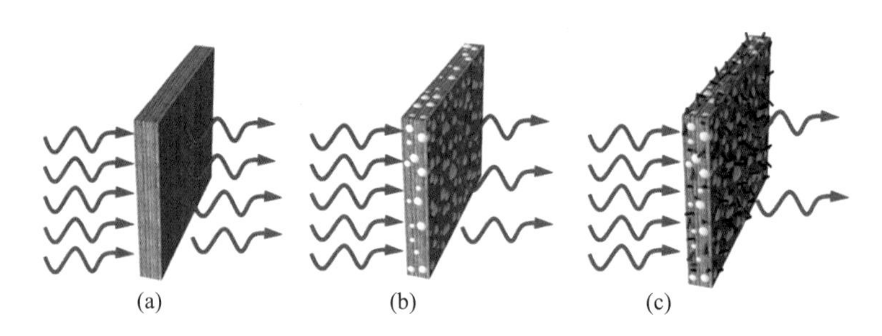

图 6.10 不同水泥基复合材料的热传递示意图

(a) 纯水泥；(b) 微胶囊/水泥基复合相变材料；(c) 碳纤维改性微胶囊/水泥复合相变材料

6.7 结论

基于二氧化硅和碳纤维协同增强储能水泥基复合材料的实验研究和结果讨论，本章可以得出以下结论：

(1) 储能水泥基复合材料的抗折强度和抗压强度都低于对照组水泥净浆，但强度会随着二氧化硅和碳纤维含量的增加而增加。与对照组相比，含有二氧化硅和碳纤维的储能水泥基复合材料的 3d 力学性能提高的幅度在 20%～58%。

(2) 微观结果表明，二氧化硅可以改善储能水泥基复合材料的微胶囊与水泥基体之间的界面过渡区（ITZ），而碳纤维能够限制裂纹的开展。同时碳纤维与水泥基体紧密交错结合，进一步促进储能水泥基材料力学性能的提升。

(3) 房屋模型和红外热成像分析的试验结果表明，碳纤维的存在可以显著提高储能水泥基复合材料的热交换效率，从而提高其热能储存和热调温功能。

(4) 通过结合使用二氧化硅和碳纤维，储能水泥基复合材料的结构和热工性能都能够得到大幅度的提高，促进相变复合材料在工程中的应用，并且发挥其潜在的经济效益。

参考文献

[1] SHI W, XIONG Z, DREYER J. Temperature control properties of mass concrete with phase change material [J]. Journal of Tongji University, 2010, 38 (4): 564-568.

[2] CUI H Z, ZOU J, GONG Z, et al. Study on the thermal and mechanical properties of steel fibre re-

inforced PCM-HSB concrete for high performance in energy piles [J]. Construction and Building Materials，2022 (350)：128822.

[3] ZHU L，DANG F，DING W，et al. Thermo-physical properties of light-weight aggregate concrete integrated with micro-encapsulation phase change materials：experimental investigation and theoretical model [J]. Journal of Building Engineering，2023 (69)：106309.

[4] WANG F，ZHENG W，QIAO Z，et al. Study of the structural-functional lightweight concrete containing novel hollow ceramsite compounded with paraffin [J]. Construction and Building Materials，2022 (342)：127954.

[5] MEMON S A，CUI H Z，ZHANG H，et al. Utilization of macro encapsulated phase change materials for the development of thermal energy storage and structural lightweight aggregate concrete [J]. Applied Energy，2015 (139)：43-55.

[6] CUI H Z，LIAO W，MI X，et al. Study on functional and mechanical properties of cement mortar with graphite-modified microencapsulated phase-change materials [J]. Energy and Buildings，2015 (105)：273-284.

[7] CUI H Z，TANG W C，QIN Q H，et al. Development of structural-functional integrated energy storage concrete with innovative macro-encapsulated PCM by hollow steel ball [J]. Applied Energy，2017 (185)：107-118.

[8] MEMON S A，CUI H Z，LO T Y，et al. Development of structural-functional integrated concrete with macro-encapsulated PCM for thermal energy storage [J]. Applied Energy，2015 (150)：245-257.

[9] URGESSA G，YUN K K，YEON J，et al. Thermal responses of concrete slabs containing microencapsulated low-transition temperature phase change materials exposed to realistic climate conditions [J]. Cement and Concrete Composites，2019 (104).

[10] REN M，WEN X，GAO X，et al. Thermal and mechanical properties of ultra-high performance concrete incorporated with microencapsulated phase change material [J]. Construction and Building Materials，2021 (273)：121714.

[11] TOURANI N，ARENA P，SAGOE-CRENTSIL K，et al. Loading-rate-dependent effects of colloidal nanosilica on the mechanical properties of cement composites [J]. Cement and Concrete Composites，2022 (131)：104583.

[12] BAI S，GUAN X，LI G. Early-age hydration heat evolution and kinetics of Portland cement containing nano-silica at different temperatures [J]. Construction and Building Materials，2022 (334)：127363.

[13] POURJAVADI A，FAKOORPOOR S M，KHALOO A，et al. Improving the performance of cement-based composites containing superabsorbent polymers by utilization of nano-SiO_2 particles [J]. Materials & Design，2012 (42)：94-101.

[14] RASHAD A M. A comprehensive overview about the effect of nano-SiO_2 on some properties of traditional cementitious materials and alkali-activated fly ash [J]. Construction and Building Materials，2014 (52)：437-464.

[15] MENG W，KHAYAT K H. Effect of graphite nanoplatelets and carbon nanofibers on rheology,

hydration, shrinkage, mechanical properties, and microstructure of UHPC [J]. Cement and Concrete Research, 2018 (105): 64-71.

[16] CHANG W, GENG-SHENG J, BING-LIANG L, et al. Dispersion of carbon fibers and conductivity of carbon fiber-reinforced cement-based composites [J]. Ceramics International, 2017, 43 (17): 15122-15132.

[17] LECOMPTE T, LE BIDEAU P, GLOUANNEC P, et al. Mechanical and thermo-physical behaviour of concretes and mortars containing phase change material [J]. Energy and Buildings, 2015 (94): 52-60.

[18] XU J, WANG B, ZUO J. Modification effects of nanosilica on the interfacial transition zone in concrete: a multiscale approach [J]. Cement and Concrete Composites, 2017 (81): 1-10.

[19] MOON J, TAHA M M R, YOUM K S, et al. Investigation of pozzolanic reaction in nanosilica-cement blended pastes based on solid-state kinetic models and 29Si MAS NMR [J]. Materials (Basel), 2016, 9 (2): 99.

[20] MADANI H, BAGHERI A, PARHIZKAR T. The pozzolanic reactivity of monodispersed nanosilica hydrosols and their influence on the hydration characteristics of Portland cement [J]. Cement and Concrete Research, 2012, 42 (12): 1563-1570.

[21] RUPASINGHE M, SAN NICOLAS R, MENDIS P, et al. Investigation of strength and hydration characteristics in nano-silica incorporated cement paste [J]. Cement and Concrete Composites, 2017 (80): 17-30.

[22] BOGHOSSIAN E, WEGNER L D. Use of flax fibres to reduce plastic shrinkage cracking in concrete [J]. Cement and Concrete Composites, 2008, 30 (10): 929-937.

[23] WANG C, LI K Z, LI H J, et al. Effect of carbon fiber dispersion on the mechanical properties of carbon fiber-reinforced cement-based composites [J]. Materials Science and Engineering: A, 2008, 487 (1-2): 52-57.

[24] TOBÓN J I, PAYÁ J J, M V BORRACHERO, et al. Mineralogical evolution of Portland cement blended with silica nanoparticles and its effect on mechanical strength [J]. Construction and Building Materials, 2012 (36): 736-742.

[25] KONTOLEONTOS F, TSAKIRIDIS P E, MARINOS A, et al. Influence of colloidal nanosilica on ultrafine cement hydration: physicochemical and microstructural characterization [J]. Construction and Building Materials, 2012 (35): 347-360.

[26] PONGSAK JITTABUT S P, PRASIT THONGBAI. Vittaya amornkitbamrung and prinya chindaprasirt effect of nano-silica addition on the mechanical properties and thermal conductivity of cement composites [J]. Chiang Mai J. Sci., 2016, 43 (5): 1160-1170.

7 展望

碳基材料在水泥基材料中的应用是一个备受关注的研究领域，其具有巨大的潜力和广阔的应用前景。在过去的几十年里，研究人员们通过不断深入的试验和理论研究，取得了一系列关于碳基材料在水泥基材料中的重要成果。本书将结合现有的文献知识，对碳基材料在水泥基材料中的应用进行详细扩展，从多个角度探讨其潜力、挑战和未来发展方向。

7.1 碳基材料在水泥基材料中的增强增韧效应

碳基材料具有优异的力学性能和化学稳定性，因此被广泛应用于水泥基材料的增强和增韧。以碳纳米管为例，其高强度、高弹性模量和优良的导电性质使其成为理想的增强材料。许多研究表明，在适当的添加量下，碳纳米管能够显著提高水泥基材料的力学性能，如抗压强度、抗弯强度和断裂韧性。然而，尽管碳基材料在纳米尺度上的增强效应已得到证实，但与宏观尺度的理论预测之间仍存在一定的差距。因此，建立碳基材料在不同尺度下增强增韧效应的定量关系是一个重要的研究方向。通过深入研究碳基材料与水泥基材料之间的界面性能、相互作用机制以及应力传递等关键因素，可以进一步提高碳基材料在水泥基材料中的增强增韧效果。利用先进的测试方法如同步辐射、冷冻电镜和纳米级计算机断层扫描技术等，可以从更细观的尺度上探明碳基材料对水泥基材料的改性效果。此外，借助数值模拟技术，如第一性原理计算、分子动力学模拟和介观界面有限元分析，可以深入揭示碳基材料增强水泥基材料的机理，并为碳基纳米材料在水泥基材料中的应用提供理论指导。

7.2 碳基材料的结构设计与水泥基材料的改性

为了进一步优化碳基材料在水泥基材料中的应用效果，研究人员们提出了多种结构设计策略。例如，通过对碳基材料的表面进行功能化处理，可以调控其与水泥基材料之间的相互作用，进而实现更好的增强效果。此外，采用多种碳基材料的复合增强也应被研究，如碳纳米管与石墨烯的复合材料、碳纳米管与碳纳米纤维的复合材料等，以实现多层次的增强效果。同时，研究人员们也应关注碳基材料与水泥基材料之间的界面性能。通过表征界面结构、界面化学反应和界面力学行为等方面的研究，可以深入了解碳基材料与水泥基材料之间的相互作用机制，为进一步优化界面性能提供理论指导。此外，一些新兴碳基材料如石墨炔、石墨烯、纳米炭黑等碳基材料也将被广泛研究和应用于水泥基材料的增强改性研究中，因此未来仍需持续不断地深入进行碳基材料改性水泥基材料的科学研究。

7.3 碳基材料增强水泥基复合材料的高值化应用

除了增强和增韧水泥基材料，碳基材料还具有丰富的功能化潜力。例如，氧化石墨烯具有优异的导电性和热导性，可以用于制备具有导电功能的水泥基材料，如导电混凝土和导电水泥复合材料。此外，石墨炔和碳纳米管等材料还具有优良的电磁屏蔽性能，可以应用于制备电磁屏蔽材料。通过在水泥基材料中引入碳基材料，可以赋予其压电、热电等多种功能，从而实现水泥基材料的高值化利用。

7.4 碳基材料在水泥基材料中的成本和实际应用问题

碳纳米材料的制备成本较高，制备过程复杂，且悬浊液制备量较少，这限制了其在实际注浆工程中的大规模应用。因此，降低碳基增强水泥基材料的制备成本成为一个重要的研究方向。研究人员们应致力于优化工业制备碳纳米材料悬浊液的工艺，提高制备效率和规模化生产能力。此外，碳基材料的预处理工艺稳定性和价格也是影响其规模化应用的重要因素。开展大规模预处理工艺研究和降低碳基材料价格的探索是实现碳基增强水泥基复合材料市场化的关键。然而，碳基材料的预处理工艺条件复杂，过程中使用的腐蚀性试剂对环境造成一定的污染。因此，进一步优化预处理工艺条件和减少使用腐蚀性试剂是未来的研究方向。

7.5 碳基材料在水泥基材料中的安全性和环境影响

在利用碳基材料进行水泥基材料改性时，安全防护是一个重要的考虑因素。碳纳米材料对人体健康有一定的潜在危害，特别是对肺功能的影响。因此，研究人员们需要深入研究碳纳米材料的渗出问题，以确保其在工程中的安全应用。此外，碳基材料的生产和应用过程可能对环境造成一定的影响。研究人员们应该进一步研究碳基材料制备和应用过程中的环境影响，并寻找减少环境污染的方法。

综上所述，碳基材料在水泥基材料中的应用具有广阔的前景和挑战。通过深入研究碳基材料的增强增韧机制、界面性能、功能化以及解决成本和实际应用问题，可以进一步推动碳基材料在水泥基材料中的应用。未来的研究将更加注重碳基材料的结构设计、性能优化和环境友好性，以实现碳基增强水泥基材料的智能化、多功能化和可持续发展。